司法警官职业教育系列教材

安防工程施工与监理

温怀疆　高福友　周俊勇　林秀杰　**编著**

中国政法大学出版社

司法警官职业教育系列教材
编 审 委 员 会

编写说明

　　为了适应司法警官高等应用型专门人才培养的客观需要,适应司法警官高等教育改革和发展的要求,在中国政法大学出版社的大力支持下,浙江警官职业学院组织编写了一套司法警官职业教育系列教材。

　　本套教材分为刑事执行、行政执行、司法警务、安全防范、法律事务、警务基础等六大类。教材编写根据司法警官高等职业院校人才培养目标和教育部对高职院校"突出实践应用能力培养、理论知识以必需够用为度"的教学要求,着重解决司法警官院校特有专业教材缺少的问题,同时积极进行精品(重点)课程教材建设,努力培育特色教材。在教材内容上,力求体现:

　　1.时代性。本套教材以最新法律法规的规定为依据,努力吸收当前国内相关的最新学术理论研究成果,注意借鉴国外有关的研究成果,结合社会和行业实际发展,具有较强的时代性。

　　2.实用性。本套教材在编写过程中贯彻实用性原则,坚持理论联系实际,采取理论研究与行业实际及实例说明相结合的形式,强调尽量满足学以致用和职业技能训练要求。在实例的选用上,均注重选用相关行业的实际案例,并经分析、整合、提炼后体现在文本中,以便学习者更易于接受。

　　3.系统性。本套教材充分考虑到学科知识体系的相对完整性,注重对相应学科中的基本概念、基本原理和基本实务问题的分析和阐述,力求释义准确,论点明确,重点突出,结构严谨,逻辑严密,便于学生系统地学习和掌握相关知识点。

　　4.通俗性。教材作者立足警官院校的实际,针对高职学生的特点,力求运用通俗易懂、简明流畅的言语或简单的案例来阐释理论,尽量做到可读、易懂。

　　本套教材适用于全日制警官高等职业院校相关专业,也可供其他院校及相关行业从业人员作为教学、业务培训、自学用书。

　　本套系列教材(第一期)将在2005—2007年间陆续与大家见面。由于教材编写是一项复杂的系统工程,任务繁重,时间紧迫,因此不足之处在所难免,我们真诚地希望得到广大师生、读者的厚爱、谅解、批评和指正,以使本套教材不断修改、充实和完善,更好地为警官高等教育事业服务。

司法警官职业教育系列教材编审委员会

2005年9月

前　　言

　　安防工程专业是一个新兴专业,同时我国的安防工程在施工规范和工程监理规范方面也正处于起步阶段,一些相关的规范和条例也在逐步制定和完善中,工程施工中的技术规范的研究还需要逐步完善和细化,因此到目前为止,国内还没有一本比较正式的关于安防工程施工和监理的高职教材。但为了我院安防工程专业教学需要,我们克服了时间紧、资料少、任务重等诸多困难,通过参考一些智能建筑方面的相关资料以及新颁布的国家标准《安全防范工程技术规范》GB 50348—2004 的内容并结合各自在教学、科研以及工程实践方面的经验,编写了这本《安防工程施工与监理》教材。本书共分 11 章,第 1 章常用工具及使用,第 2 章安防工程中的通用材料,第 3 章综合布线工程施工与监理,第 4 章入侵报警系统的施工与监理,第 5 章视频监控系统施工与监理,第 6 章电子巡更系统施工与监理,第 7 章入口控制系统施工与监理,第 8 章停车场(库)管理系统施工与监理,第 9 章电源系统的施工与监理,第 10 章接地和防雷系统的施工与监理,第 11 章工程监理基础知识,每章后面还设置了一些练习题和实训项目。本书强调实践能力的培养,注重实际应用水平的提高,为了形象化的教学需要,在书中配了大量图片和实际操作的照片,算是在编撰教材方面配合项目化教改进行的一种有益的尝试。

　　参加本书编著工作的有:温怀疆(编著第 1、2、3、5、6 章);高福友(编写第 11、10 章),周俊勇(编写第 4、7 章),林秀杰(编写第 8、9 章)。全书由温怀疆主编统稿,高福友为副主编。

　　本书在实训操作摄影方面得到苍南创联电脑公司罗明从先生的鼎力支持和帮助,在编辑、图片制作和文字校对方面得到浙江警官职业学院王巍、俞世平、刘青、李青等同学的大力支持,在此一并表示衷心感谢。

　　由于我们的学识和经验有限,加之时间仓促,书中难免存在不少错误和其他值得商榷之处,希望广大读者、老师和同学们提出批评意见和建议。

编著者

2007 年 7 月

目　　录

第1章 常用工具及使用

【内容提要】安防工程施工过程中需要用到许多工具,本章针对安防工程中经常使用的一些工具分八个大类进行介绍。通过本章的学习,要求能认识、熟悉和掌握一些重要工具的使用方法以及应注意事项。

1.1 旋 具 类

1.1.1 螺丝刀

螺丝刀又叫螺丝起子、螺丝批或改锥,是一种以旋转方式将螺丝紧定或松出的工具。

按刀口形状分主要有一字、十字、内六角、梅花等几种。按动力来源可分为手动、气动和电动等几种,在安防工程施工中配备一套扭矩大又可以调整的充电电动螺丝刀可以大大提高工作效率。此外手动螺丝刀又可分为传统螺丝刀和棘轮螺丝刀。传统螺丝刀是由一个塑胶手把外加一个可以旋螺丝的铁棒组成的,有50、100、150、200mm等多种规格。棘轮螺丝刀则是由一个塑胶手把外加一个棘轮装置组成的,这个棘轮装置可以让锁螺丝的铁棒顺时针或逆时针空转,通过事先设定的空转来达到旋螺丝的效率。在一些比较精细的设备的安装调试过程中,如安防工程中摄像机的调试还需要用到钟表批,也有一字、十字、六角梅花等几种。图1.1.1-1是几种螺丝刀的实物图。

螺丝刀使用主要分两种,大螺丝刀的使用和小螺丝刀的使用。大螺丝刀一般用来紧固比较大的螺丝,如摄像机支架等,使用时大拇指、食指、中指应夹住螺丝刀柄,同时掌心还应顶住螺丝刀柄,这样才可以使出较大的力气,对于较长的螺丝刀应采用双手把握,方法是右手抓住并旋动螺丝刀柄,左手握住螺丝刀的中部,防止螺丝刀从螺丝上脱落,见图1.1.1-2。小螺丝刀一般用来紧固小螺丝,如报警系统控制器接线柱等,使用时大拇指中指夹住螺丝刀柄,食指顶住螺丝刀柄的末端捻旋,见图1.1.1-3。

1.1.2 扳手

扳手是一种以旋转方式将螺栓紧定或旋出的省力工具,主要有活络扳手、固定呆扳手、螺丝套筒、内六角扳手等几种,此外对于一些特殊场合还需要用到测力矩扳手。

活络扳手又叫活扳手,是一种旋紧或拧松有角螺丝钉或螺母的工具,如图1.1.2-1。安防工程中常用的有150×19、200×24、250×30、300×36mm等几种,使用时应根据螺母的大小选配。活络扳手的扳口夹持螺母时,呆扳唇在上,活扳唇在下,在扳大螺丝的时候需要力矩较大,手应握在扳手柄尾处,如图1.1.2-2所示;在扳较小螺母时,所需力矩较小,但螺母过小时容易打滑,故手应握在扳手头部,以便及时调节蜗轮,收紧活扳唇防止打滑,如图1.1.2-3所示。活扳手切不可反过来使用。在扳动生锈的螺母时,可在螺母上滴几滴煤油或机油,这样就好拧动了;在拧不动时,切不可用钢管套在活络扳手的手柄上来增加扭力,因为这样极易损伤活络扳唇。另外,不得把活络扳手当锤子用。

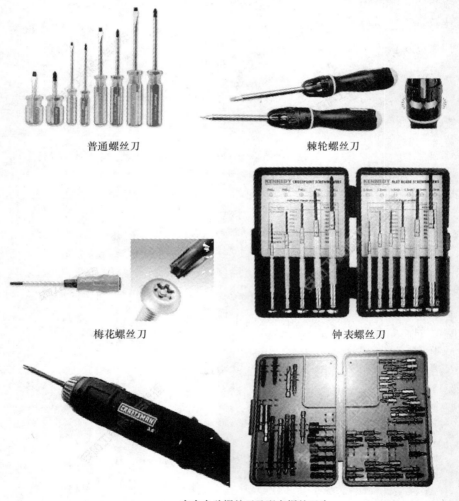

普通螺丝刀　　　　　　　　　　　棘轮螺丝刀

梅花螺丝刀　　　　　　　　　　　钟表螺丝刀

充电电动螺丝刀及配套螺丝刀头

图1.1.1-1　几种常见的螺丝刀

图 1.1.1-2 大螺丝刀的握法　　　　图 1.1.1-3 小螺丝刀的握法

在安防工程施工中还经常用到呆扳手(亦叫开口扳手),它有单头和双头两种,其开口是和螺钉头、螺母尺寸相适应的,并根据标准尺寸做成一套,如图1.1.2-4。

测力扳手有一根长的弹性杆,其一端装着手柄,另一端装有方头或六角头,在方头或六角头套装一个可换的套筒用钢珠卡住。在顶端还装有一个长指针。刻度板固定在柄座上,每格刻度值为1牛顿(或公斤/米)。当要求一定数值的旋紧力,或几个螺母(或螺钉)需要相同的旋紧力时,则用这种扳手,图1.1.2-5为其中一种。

图 1.1.2-1 活扳手　　　　图 1.1.2-2 活扳手拧大螺母的握法

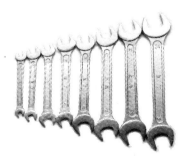

图 1.1.2-3 活扳手拧
小螺母的握法　　　　图 1.1.2-4 呆扳手

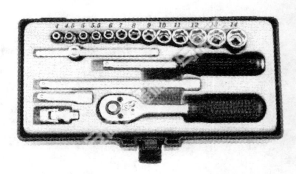

图 1.1.2‑5　力矩扳手　　　　　　　　图 1.1.2‑6　套筒扳手

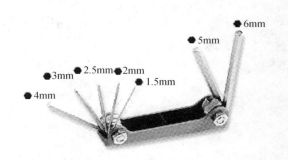

图 1.1.2‑7　内六角扳手　　　　　　　图 1.1.2‑8　内六角扳手

套筒扳手由一套尺寸不等的梅花筒组成,使用时用弓形的手柄连续转动,工作效率较高。当螺钉或螺母的尺寸较大或扳手的工作位置很狭窄时,就可用棘轮扳手。这种扳手摆动的角度很小,能拧紧和松开螺钉或螺母。拧紧时顺时针转动手柄。方形的套筒上装有一只撑杆,当手柄向反方向扳回时,撑杆在棘轮齿的斜面中滑出,因而螺钉或螺母不会跟随反转。如果需要松开螺钉或螺母,只需翻转棘轮扳手朝逆时针方向转动即可,如图 1.1.2‑6。

内六角扳手用于装拆内六角螺钉,常用于某些专业设备或产品的拆装,如图 1.1.2‑7、8。另外在一些精密设备中还经常会看到一些内梅花螺钉,对于这些螺钉则需要内梅花扳手来装拆,如图 1.1.2‑9。

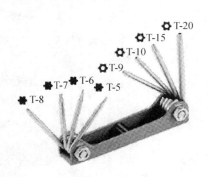

图 1.1.2‑9　梅花扳手

1.2　钳　子　类

1.2.1　尖嘴钳

尖嘴钳也叫尖头钳,有普通尖嘴钳和长尖嘴钳、带绝缘柄和不带绝缘柄、带刀口和不带刀口之分。尖嘴钳的规格有 130、160、180、200mm 等几种,主要用来夹小螺丝帽,绞合硬钢线,剪切线径较细的单股与多股线以及给单股导线接头弯圈、剥塑料绝缘层等,如图 1.2.1-1 所示。

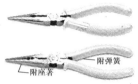

尖嘴钳在使用中一般有两种握法,如图 1.2.1-2 所示。

图 1.2.1-1　尖嘴钳

用尖嘴钳弯导线接头的时候,应先将线头向左折,然后紧靠螺杆依顺时针方向向右弯即成,这样做主要是考虑到通常螺丝钉是顺时针方向拧紧的。

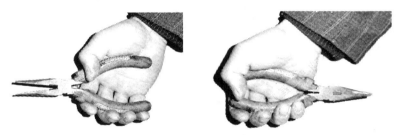

图 1.2.1-2　尖嘴钳的两种握法

1.2.2　斜口钳

斜口钳又称断线钳,专门用于剪断直径在 3mm 以下细导线或修剪焊接后多余的线头,如图 1.2.2-1 所示,也有 130mm、160mm、180mm 等几种规格。

图 1.2.2-1　斜口钳

1.2.3　钢丝钳

钢丝钳又叫虎口钳,有 150、175、200 及 250mm 等多种规格,由钳头和钳柄两部分组成。钳头由钳口、齿口、刀口和铡口四部分组成,用途很多,钳口可用来弯绞或钳夹导线线头；齿口可用来紧固或拧松螺母；刀口可用来剪切导线或剖切软电线的橡皮或塑料绝缘层，剪较粗镀锌铁丝时，应用刀刃绕表面来回割几下，然后只需轻轻一扳，铁丝即断，铡口也用来铡切电缆线芯、钢丝或铁丝等较硬金属线，实物如图1.2.3-1所示。

　　钢丝钳在使用中不能当锤子使用，绝对不能用钳子剪切双股带电电线。当用钳子缠绕抱箍固定拉线时，用钳子齿口夹住铁丝，以顺时针方向缠绕。

1.2.4　剥线钳

　　剥线钳是用来快速剥去小直径导线外面绝缘层的专用工具，它适宜于塑料、橡胶绝缘电线、电缆芯线的剥皮，在安防工程安装和调试中会经常使用到，实物如图1.2.4-1所示。使用方法是：将待剥皮的线头置于钳头的刃口中，用手将两钳柄一捏，然后一松，绝缘皮便与芯线脱开。

 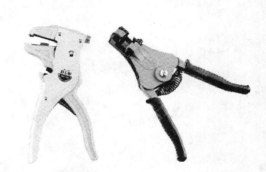

图1.2.3-1　钢丝钳　　　　　　　图1.2.4-1　剥线钳

1.2.5　台虎钳

　　台虎钳是用来夹持工件的，有固定式和旋转式两种。台虎钳以钳口宽度来表示有100、125、150mm等几种规格，实物如图1.2.5-1所示。

图1.2.5-1　台虎钳

　　使用时不可夹持与其规格不相称的过大工件，不得用钢管接长摇柄，不得用锤敲击摇柄；活动面要保持润滑。

1.3　磨削工具类

1.3.1　锉刀

在安防工程中,当一些临时加工的设备安装机架在形状和表面光洁度不满足施工要求时,可以使用锉刀进行加工,常见锉刀有平锉、方锉、三角锉、半圆锉和圆锉,如图 1.3.1-1 所示。在安防工程施工中常用的有平锉和小型什锦锉,通常用于清除一些金属管、孔的毛刺等,实物如图 1.3.1-2 所示。

图 1.3.1-1　锉刀

1.3.2　手锯

手锯是手工锯割的主要工具,可用于锯割零件的多余部分,锯断机械强度较大的金属板、金属棍或塑料板等。手锯由锯弓和锯条组成,锯弓用以安装并张紧锯条,由钢质材料制成,有固定式和可调式两种。锯条也用钢质材料制成,并经过热处理变硬,锯条的长度以两端安装孔的中心距离来表示,我们常用的是 300mm 的一种。锯条根据牙距大小分粗齿、中齿和细齿,通常以每英寸长度内的齿数来表示,有 14、18、24 和 32 等几种,以适应割锯不同硬度的材料。实物如图 1.3.2-1 所示。

图 1.3.1-2　什锦锉　　　　　　　　　　图 1.3.2-1　手锯

锯条的安装应使齿尖朝着向前推的方向。锯条的张紧程度要适当。过紧,容易在使用中崩断;过松,容易在使用中扭曲、摆动,使锯缝歪斜,也容易折断锯条。握锯一般以右手为主,握住锯柄,加压力并向前推锯;以左手为辅,扶正锯弓。根据加工材料的状态(如板料、管材或圆棒),可以做直线式或上下摆动式的往复运动。向前推锯时应均匀用力,向后拉锯时双手自然放松。工件快要锯断时,应注意轻轻用力。

1.3.3 攻丝和套丝工具

用丝锥在孔中切削出内螺纹称为攻丝,在圆杆切削出外螺纹称为套丝,攻丝工具包括丝锥和丝锥绞手,实物如图 1.3.3-1 所示,套丝工具包括板牙和板牙绞手,实物如图 1.3.3-2 所示。在安防施工中有时需要自制的临时构件里可能也会用到这些工具。套丝时应先选择合适直径的金属圆杆,攻丝时应首先在工件上钻上比丝锥螺牙稍小的孔,而且工件的厚度不应小于 2mm,套丝和攻丝时可在板牙和丝锥上加少许润滑油,以减少加工阻力。

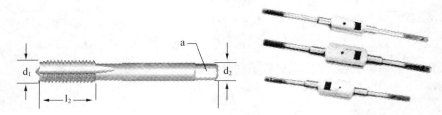

图 1.3.3-1 丝锥和丝锥绞手

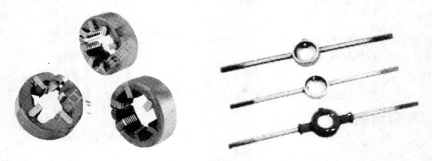

图 1.3.3-2 板牙和板牙绞手

1.3.4 电钻

电钻分台式钻床、普通手电钻和冲击电钻。台式钻床主要用来加工一些大的孔,加工精度也较高,在安防工程初期的设备配套支架的加工中可能用到,由于携带不便,使用场合不多,如图 1.3.4-1 所示。在安防工程施工中普通手电钻使用较多,主要用来在一些木制、塑料或金属部件上加工临时孔洞,如图 1.3.4-2 所示,在一些特殊的场合由于没有电源,所以,充电电钻就成了工程施工中必不可少的工具之一,如图 1.3.4-3 所示。冲击电钻又叫电锤,主要用于在墙体上打制安装支架所必须的孔洞,在安防工程施工中使用频率较高,如图 1.3.4-4 所示,它的钻头与前面的台式钻床和普通手电钻是不一样的,普通电钻使用的是麻花钻头,钻头直径从 0.8～25mm 都有,如图 1.3.4-5 所示;冲击电钻使用的是冲击钻头,主要规格有 6、8、10、12、14、16、18mm,有方头和圆头之分,如图 1.3.4-6 所示。电钻的主要参数是：额定电压,额定输入功率,额定电流等,一般交流手电钻或冲击电钻的额定功率在 150～800W 之间。

图 1.3.4 - 1　台钻

图 1.3.4 - 2　手电钻

图 1.3.4 - 3　充电电钻/螺丝刀

图 1.3.4 - 4　电锤

图 1.3.4 - 5　麻花钻头

图 1.3.4 - 6　冲击钻头

1.3.5　电动角磨机

电动角磨机是一种利用电机带动砂轮盘来完成对金属和非金属物品进行切割和打磨的工具,角磨机的规格常见的有 4 英寸和 5 英寸的,砂轮盘的尺寸也有 4 英寸和5英寸之分,不同的打磨对象需要配用不同的砂轮盘,更换砂轮盘一定要上紧专用固定螺母,严禁在将防护罩拆下的情况下使用,以防砂轮飞出伤人。在安防工程施工中可以用来切割墙面用于预埋布线,也可以临时加工一些金属小部件,如膨胀螺钉以及一些设备的金属支架等,图1.3.5-1是实物图。

图1.3.5-1　电动角磨机和砂轮盘

操作电动角磨机、手电钻、电锤等手持电动工具时应注意以下几点:

1. 长期搁置不用或受潮的工具在使用前,应由电工测量绝缘阻值是否符合要求。

2. 工具自带的软电缆或软线不得接长,当电源与作业场所距离较远时,应采用移动电闸箱的方式解决。电源处应装有漏电保护器。

3. 工具原有的插头不得随意拆除或改换,当原有插头损坏后,严禁不用插头直接将电线的金属丝插入插座。

4. 发现工具外壳、手柄破裂,应停止使用并及时更换。

5. 严禁超载使用,注意音响和温升,发现异常应立即停机检查。

1.3.6　电工刀

在安防工程施工中用于切削导线的绝缘层、电缆绝缘、PVC管等,规格有大号、小号之分。大号刀片长112毫米;小号刀片长88毫米。有的电工刀上带有锯片和锥子,可用来锯小木片和锥孔。使用电工刀,应避免切割坚硬的材料,以保护刀口,刀口用钝后,可用油石磨,不过现在美工刀价格低廉,使用方便,在一些场合大有取而代之的趋势,实物如图1.3.6-1所示。

图1.3.6-1　电工刀和美工刀

1.4　焊接工具

1.4.1　烙铁

烙铁是熔解锡进行焊接的工具,在安防系统施工中主要用于线缆的对接,各种接头的制作,设备的维修等。在工程中常见的有电烙铁和燃气烙铁,如图1.4.1-1所示,电烙铁又可分为普通电烙铁和可充电电烙铁,普通电烙铁又分为内热式、外热式和速热式,在安防工程施工中燃气烙铁和可充电电烙铁有着独特的优势。

内热式功率有20W、25W,大至100W;外热式寿命长,机械强度大,功率从20~500W都有,但发热较慢,重量和体积较大,价格较高;内热式电烙铁结构简单,体积小,重量轻、热效率高,成本也较低,但使用寿命较短,机械强度不高,功率一般在50W以下;速热式发热迅速,但由于有个大变压器拿在手上,操作困难,在工程中并不常用,近年来还出现了吸锡烙铁和恒温烙铁。在工程施工中焊接接头常用的是20~30W,焊接地线机壳等常用100~200W的。

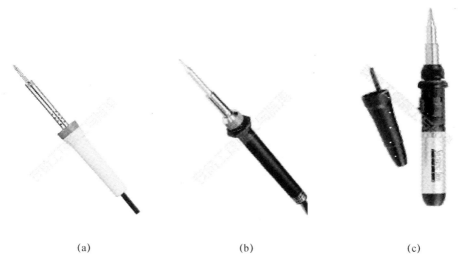

(a)　　　　　　　　　　(b)　　　　　　　　　　(c)

图 1.4.1-1　电烙铁和燃气烙铁
(a)外热式;(b)内热式;(c)燃气烙铁

电烙铁的握法基本有两种,一种是满把抓住手柄,实握,大功率弯头烙铁一般采用这种握法,如图1.4.1-2所示;另一种是头子朝下,像拿钢笔一样,虚握,小功率直头烙铁多采用此握法,虚握操作时速度快,效率高,特别是装拆小型元器件,如图1.4.1-3所示。

电烙铁的电源线应使用花线,与塑料线相比,织物耐烫,橡胶受热时气味大,能提醒人。电烙铁使用了一段时间,特别是频繁使用后,要更换电源线,或适当截短后重新联结,防止根部、内部折断。

图 1.4.1-2　烙铁的实握　　　　　　　　　图 1.4.1-3　烙铁的虚握

新购的烙铁,在烙铁上要先镀上一层锡,掌握好电烙铁的温度,当在铬铁上加松香冒出柔顺的白烟,而又不"吱吱"作响时为焊接最佳状态。控制焊接时间,不要太长,否则容易损坏元件和导线绝缘层。焊接接头等器件时应清除焊点的污垢,要对焊接的元件用刻刀除去氧化层并用松香和锡预先搪锡。

电烙铁坏了,修理时一定要细心。压紧螺丝未松,千万不能旋动烙铁手柄。内热式电热心最易折断;外热式烙铁心穿管用力稍猛,引线就会拉脱,更换时要掌握好。各螺丝必须拧得恰到好处,焊接处一定焊牢,小瓷管一定要穿。电烙铁要保持干燥,避免摔落和敲击,定期测定绝缘,发现情况及时处理。

1.4.2　镊子

常见的有医用镊子和钟表镊子,主要作用是用于夹住元件进行焊接或镊取一些微小的器件,医用镊子可以用来镊取一些稍大一些的器件,如图 1.4.2-1 所示。在安防工程施工中,镊子通常在制作各种音视频接头和控制接头中使用。

图 1.4.2-1　镊子

1.4.3　刻刀

刻刀主要用于清除原件上的氧化层和污垢,在一些设备的维修中可以用来清除线路板上过多的焊锡和松香,在实际工程中可以用断钢锯片加工,也可选用专用刻刀,如图 1.4.3-1 所示。安防工程施工中,刻刀在制作各种音视频接头和控制接头时也经常用到。

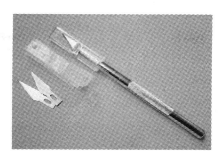

图 1.4.3 - 1　刻刀

1.4.4　吸锡器

吸锡器的作用是把多余的锡除去,主要用在一些设备的维修中,常见的有两种:①自带热源的;②不带热源的。实物如图 1.4.4 - 1 所示。

图 1.4.4 - 1　吸锡器

1.5　电缆接头专用工具

1.5.1　以太网作线工具

在双绞网线制作中,最简单的方法就只需一把网线压线钳即可,如图 1.5.1 - 1 所示。它可以完成剪线、剥线和压线三种工作。在购买网线钳时一定要注意选对种类,因为网线钳针对不同的线材会有不同的规格,一定要选用双绞线专用的压线钳才可用来制作双绞以太网线。常见的剥线钳如图 1.5.1 - 2 所示,下面介绍一下压线工具的使用:

图 1.5.1 - 1　压线钳　　　　　　　　　　图 1.5.1 - 2　剥线钳

1. 先抽出一小段线,然后把外皮剥除一段(长度大约为 1.2～1.3 厘米);
2. 根据排线标准将双绞线反向缠绕开,现行的接线标准有 T568A 和 T568B 标准,平常用得较多的是 T568B 标准。这两种标准本质上并无区别,只是线的排序顺序不同而已(T568B 标准从 1~8 的排线顺序为:橙白,橙,绿白,蓝,蓝白,绿,棕白,棕。T568A 即在 T568B 的基础上,把 1 和 3,2 和 6 的顺序相互换一下即可);

3. 用压线钳把参差不齐的线头剪齐;

4. 把线插入水晶头,并用压线钳用力夹紧,另一头也按同一标准接好;

5. 最后使用测试仪测试你的网络线是否接通,也可以直接用到网络上测试数据能否接通。

信息插座与模块是嵌套在一起的,通常网线是通过信息模块与外部网线进行连接的,网线与信息模块的连接是通过把网线的 8 条芯线按规定卡入信息模块的对应线槽中来完成的。网线的卡入需用一种专用的卡线工具,称之为"打线钳",如图 1.5.1-3 所示的(a)是单线打线钳;(b)是多对打线工具,通常用于配线架网线芯线的安装;(c)为网线制作工具包。

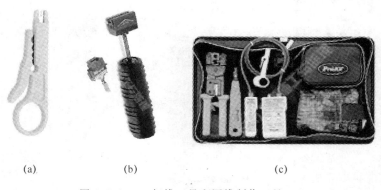

(a)　　　　　　　　(b)　　　　　　　　(c)

图 1.5.1-3　打线工具和网线制作工具

(a)单线打线工具;(b)多对打线工具;(c)网线制作工具包

1.5.2　同轴电缆作线工具

同轴电缆在安防工程中的视频监控系统使用比较广泛,其中的 BNC 接头应用更是普遍,对于 BNC 的接头的制作在安防工程中主要有两种方式,一种是焊接方式,另外一种是压接。这里介绍一下同轴电缆的压接工具,根据选用的电缆粗细,如有 75-3 和 75-5 两种线,因此就要求在制作时选用相应的压接 BNC 接头和压接工具方可正确制作,如图 1.5.2-1 所示,(a)为 BNC 接头压线钳;(b)为 BNC 压接头;(c)为同轴电缆专用剥线工具,它可以一次性将同轴电缆按要求剥除外皮、屏蔽层和同轴介质层;(d)为同轴电缆作线工具包。

1.5.3　接线端子制作工具

接线用的裸端子或预绝缘端子在安防工程施工中也经常被使用,特别是在入侵报警系统、门禁系统等的控制器输入输出端子的连接,为了提高施工效率保证施工质量经常会用到接线端子。这些接线端子通常采用特殊的冷压工具直接压制而

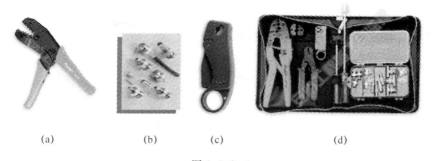

(a)　　　　　　　(b)　　　(c)　　　　　　　(d)

图 1.5.2 - 1

(a)压线钳;(b)压接头;(c)剥线工具;(d)同轴电缆作线工具包

成,从而提高了施工效率,由于接线端子的种类十分繁多,不同的接线端子需要相应的冷压工具来压制,因此在具体工程中要根据接线端子的种类规格采用相应的压制工具制作。图 1.5.3 - 1 是一种压制工具和一些接线端子的实物图。

图 1.5.3 - 1　接线端子和压接钳

1.5.4　线号机

在安防工程中有许多地方,如机房终端的光电配线架、硬盘录像机、报警控制器等处,需要对电缆和光纤的接头和跳线进行标识,以前通常是采用人工书写标识或采用英文——数字号码管标识,十分麻烦,不能以中文方式标识,同时又不美观。近来出现的线号机可以有效解决这些问题,它使用十分方便,可以在套管、贴纸(不干胶标签)、热缩管等上面进行打印,并且可以用中文、英文、数字、符号、上下标等方式打印。图 1.5.4 - 1 是其实物图。

图 1.5.4 - 1　线号机

1.6　光缆熔接工具

1.6.1　光纤熔接机

光纤熔接机是利用高压尖端电弧放电产生的高温使光纤熔接起来的装置。目前生产的熔接机中都采用图像处理技术,可以做到自动设定光纤端面位置,单模光纤的自动对心和自动熔接,通过切换显像管画面,可以从垂直和水平的两个方面观察光纤的对芯和熔接情况,还可根据芯轴偏差和倾斜程度估算出接续损耗并显示出来。光纤熔接机可以分为单纤熔接机和带状光纤熔接机,单纤熔接机每次只能熔接一根光纤,遇到多芯光缆只能一根一根熔接,熔接效率较低,但每芯的熔接质量较好;而带状光纤熔接机主要用来熔接带状光纤,根据熔接机自身的规格,它可以一次熔接8~12根光纤,熔接效率大大提高,但各芯的熔接损耗比单芯熔接机要大些。目前比较有代表性的国外品牌有日本藤仓、古河等,国内比较有代表性的为南京吉隆。图1.6.1-1为几种光纤熔接机的实物图。

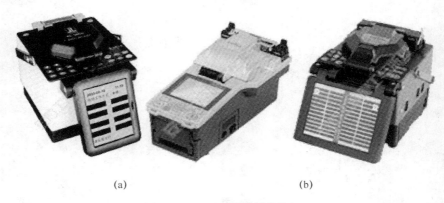

(a)　　　　　　　　　　　　　　(b)

图1.6.1-1　几种光纤熔接机
(a)单芯光纤熔接机;(b)带状光纤熔接机

1.6.2　光纤切割刀

切割刀用来切割光纤,以保证光纤的端面平整,如果光纤的端面不平整,则不能熔接,或者接进去后损耗大。光纤切割刀目前主要有机械光纤切割刀和超声波光纤切割刀两种,机械切割刀是用金刚石刀在表面上向垂直于光纤的方向划道刻痕,然后轻轻弹碰,光纤在此刻痕位置上会自然断裂,并保持端面平整;对于一些特殊的光纤还需要用超声波光纤切割器来切割,这种切割机采用电子调谐的超声波振动技术的刀头切割光纤,由刀架、光纤夹紧工作台、阻尼筒、张力表、操作手柄、张力调节机构、刀刃调节机构、电子调谐电路、工作指示灯及电源等部分组成,切割角度小于0.5°,可切割多种光纤(直径80~200um),刀片寿命大于2万次,一节9V电池可切割1万次,适合单模或多模光纤切割。图1.6.2-1是两种光纤切割刀的实物图。

1.6.3　光缆开剥工具

光缆开剥工具又称开缆工具,主要作用是将光缆的外硬质外皮剥除,按开剥方式可以分为纵向和横向开剥工具,横向开剥工具结构和操作较为简单,但对于开剥

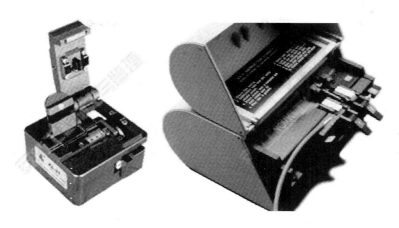

机械光纤切割刀　　　　　　　起声波光纤切割刀

图 1.6.2-1　光纤切割刀

有平行钢丝加强件的光缆,则显得比较费劲。纵向开剥工具结构和操作稍微复杂,
但对于有平行钢丝加强件的光缆和需要开剥长度较长的光缆则显得比较有效。图
1.6.3-1 是几种常见的开剥工具的实物图。

在线开剥平台　　　　　　在线剥线钳　　　　　　在线开缆刀

纵向开缆刀　　　大横向开缆刀　　　横向开缆刀1　　　横向开缆刀2

图 1.6.3-1　几种光缆开剥工具

1.6.4　加强件截断钳

　　对于光缆来说在外层硬质塑皮内都有一些钢芯加强件,加强件截断钳的主要
作用就是截断这些钢芯加强件。目前常见的加强件截断钳有蛇头加强件截断钳和

鹰嘴加强件截断钳。实物如图1.6.4-1所示。

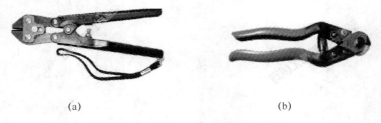

(a)   (b)

图 1.6.4-1 加强件截断钳

(a)蛇头加强件截断钳;(b)鹰嘴加强件截断钳

1.6.5 松套管开剥钳、涂覆层剥离刀、纺纶剪刀

松套管开剥钳是将光缆内松套管剥离而不损伤松套管内部的裸光纤的工具,实物如图1.6.5-1所示。

涂覆层剥离刀是将裸光纤外层的涂覆层剥离掉的工具,图1.6.5-2是它的实物照片;有时为了方便使用,人们又设计了一种将两者功能集中在一起的工具——双口剥离钳,实物如图1.6.5-3所示。

图 1.6.5-1 松套管开剥钳

图 1.6.5-2 涂覆层剥离刀

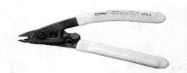

图 1.6.5-3 双口剥离钳

在续接光纤跳线的过程中还要用到纺纶剪刀,又叫开拉夫剪刀,由于纺纶(Kevlar)丝是一种高强度产品,广泛应用于光纤跳线、ADSS光缆以及军用防弹衣中,用普通剪刀比较难剪,容易打滑,而且普通剪刀使用几次以后很快就会损坏了。实物如图1.6.5-4所示。

图1.6.5-5是光缆熔接工具包,集成了几乎所有在光缆熔接过程中需要使用的工具,包括内六角扳手、钢丝钳、螺丝刀、镊子、酒精壶、钢卷尺等。

图 1.6.5-4 开拉夫剪刀

图 1.6.5-5 光缆熔接工具包

1.7　缆线敷设工具

1.7.1　玻璃钢穿管器

　　玻璃钢穿管器是一种能反复使用的穿孔工具。它能有效提高铺设光缆或电缆的工作效率。由复合材料制成的玻璃钢穿管器,较好地结合了刚性及韧性两种特征,具有耐腐蚀、耐磨损、寿命长的特性。它既可以测量管道长度、清理管道、验收管道,又可以进行铺设作业。按使用场合又有地埋管道玻璃钢穿管器和墙壁预埋管道玻璃钢穿管器之分。实物如图 1.7.1-1 所示。

图 1.7.1-1　地埋管道穿管器和墙壁预埋管道穿管器

1.7.2　管道敷设辅助工具

　　转环、弯铁、铜瓦、铝瓦是管道施工中经常用到的辅助穿管工具。转环的作用是在穿线缆过程中防止线缆扭结;弯铁的作用是在缆线施工中垫在拐角处,起减少对缆线摩擦和减小施工阻力的作用,因此有些弯铁中还设置了导轮装置,使施工阻力进一步减小。铜瓦、铝瓦的作用是在缆线穿管过程中套在管口处可以有效减小施工阻力和防止缆线被刮伤和磨损。实物如图 1.7.2-1 所示。

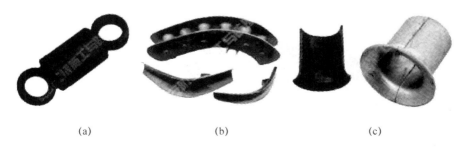

(a)　　　　　　　　(b)　　　　　　　　(c)

图 1.7.2-1 转环、弯铁和铝瓦
(a)转环;(b)弯铁;(c)铝瓦

1.7.3　放线架(车)

放线架(车)是在敷设缆线施工中支撑光缆或电缆盘的,有螺旋式、液压式等几种。图1.7.3-1是几种放线架(车)的实物图。

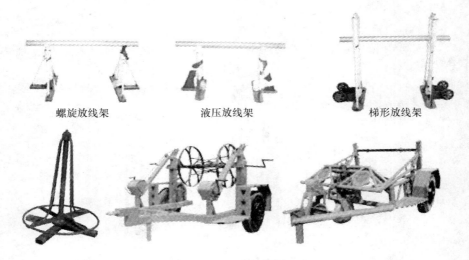

螺旋放线架　　　　　　液压放线架　　　　　　梯形放线架

图1.7.3-1　几种放线架(车)

1.7.4　架空缆线敷设工具

架空缆线敷设工具主要有立杆机、紧线器、脚扣、登高板、滑板吊椅、(安全腰带)、安全帽等。

图1.7.4-1　三脚架立杆机

立杆机是架空线路施工中人工立杆的特殊装置,通常10米以下的水泥杆通过这种装置立杆综合效率还是比较高的。图1.7.4-1是一种立杆机的实物图。

紧线器在架空线路施工中常用于收紧通讯线路的钢绞吊线、安装拉线及更换绝缘子等,有些紧线器还可以吊起一些小重量的物体。紧线器的种类较多,根据设计原理不同主要分为棘轮紧线器和螺杆紧线器,它们各有优缺点,适用不同的场合。图1.7.4-2是几种紧线器的实物图。

登高板和脚扣是施工人员爬上水泥杆进行施工的比较轻便而得力的工具,脚扣的半圆环和根部装有像胶套或橡胶垫起防滑作用。脚扣有大小号之分,以适应电杆粗细不同之需要。登高板也是登杆用具,主要由坚硬的木板和结实的绳子组成。图1.7.4-3是登高板和脚扣的实物图。

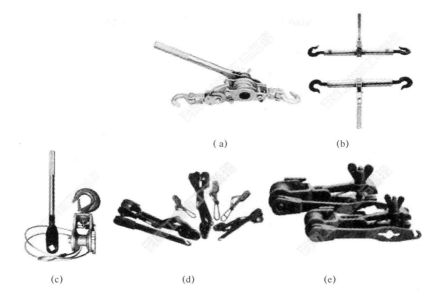

（a）　　　　　　（b）

（c）　　　　　　（d）　　　　　　（e）

图 1.7.4-2 几种紧线工具

（a）多功能紧线器；（b）双钩紧线器；（c）钢线棘轮收线器；
（d）鬼爪紧线器；（e）虎头紧线器

　　滑板吊椅是在架空吊线上挂缆线的专用工具，施工人员可以坐在滑板吊椅上边移动边进行挂缆线施工，施工效率大大提高，滑板吊椅有单滑轮和双滑轮之分。图 1.7.4-4 是滑板吊椅的实物图。

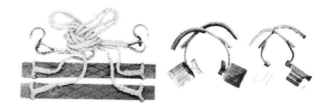

图 1.7.4-3　登高板和脚扣

　　安全腰带是防止坠落的安全用具。安全腰带用皮革、帆布或化纤材料制成。安全腰带有两根带子，小的系在腰部偏下作束紧用，大的系在电杆或其他牢固的构件上起防止坠落的作用。安全腰带的宽度不应小于 60mm。绕电杆带的单根拉力不应低于 2250N。图 1.7.4-5 是安全腰带的实物图。

图 1.7.4-4　滑板吊椅

安全帽也是架空缆线施工中必不可少的安全用具,常见的由玻璃钢和工程塑料制造,可以用来保护头部防止坠物伤害。在综合布线施工中安全帽也是不可缺少的,主要可以保护头部不被工程现场的支架、钉头等刮伤。图1.7.4-6是安全帽的实物图。

图1.7.4-5　安全腰带　　　　　　图1.7.4-6　安全帽

1.7.5　断线钳

断线钳在工程中主要用来剪断钢绞线和光缆,常见剪断钢绞线的断线钳规格有30″,36″,42″等,图1.7.5-1是两种断线钳实物图。

图1.7.5-1　断线钳

1.7.6　水泵

水泵又叫抽水机,在管道光电缆施工中用于抽排人(手)井中的积水,有些人(手)井平常的积水很深,不抽干积水是无法施工的。目前在管道工程施工中通常都选用汽油机为动力的一体化设计的便携式整体水泵,汽油机水泵的主要参数有流量(L/s)、扬程(m)以及汽油机输出功率,在抽排人(手)井中的积水时主要考虑的是流量,要根据井的大小以及水流的回流速度选择合适的水泵,否则要么造成浪费要么无法将水抽排干净。图1.7.6-1为汽油机便携水泵的实物照片。

图1.7.6-1　便携水泵

1.7.7　室内管线敷设工具

PVC管切管钳是专用的切断PVC管的工具,具有切管速度快,切口较平齐的特点,图 1.7.7-1 是 PVC 管切管钳以及用切管钳切断 PVC 管的照片。

图 1.7.7-1　PVC 管切管钳　　　　　　图 1.7.7-2　弯管弹簧

　　PVC 弯管弹簧是 PVC 管预埋工程需要经常使用的工具,一般用于小口径(ø16mm、ø20mm、ø25mm)PVC 管的人工弯制,不同口径的 PVC 管需要配不同的弯管弹簧。图 1.7.7-2 是 PVC 弯管弹簧;图 1.7.7-3 是用弯管弹簧弯 PVC 管的照片。

图 1.7.7-3　用弯管弹簧弯 PVC 管

　　金属管弯管器由铸模浇铸成型,供现场弯曲相应管径金属管之用,规格有ø16mm、ø20mm、ø25mm、ø32mm 等多种,是金属管线预埋施工时的必备工具,常用的有卧式、立式两种。图 1.7.7-4 是金属管弯管器的实物照片。

图 1.7.7-4　金属管弯管器

1.7.8　梯具

　　工程用梯是安防工程线缆施工设备安装不可缺少的工具之一,按材料分木梯、竹梯、铝合金梯、塑钢梯以及玻璃钢梯,按形式可分为单梯、人字梯、液压升降梯等,在施工中我们常用的是铝合金和玻璃钢梯,铝合金梯较结实,重量轻,但不绝缘,在一些带电操作场合中需要倍加小心,玻璃钢梯具有绝缘的优点,也比较结实,但重量约是同样规格铝合金梯的两倍。图 1.7.8-1 为几种常用的梯具。

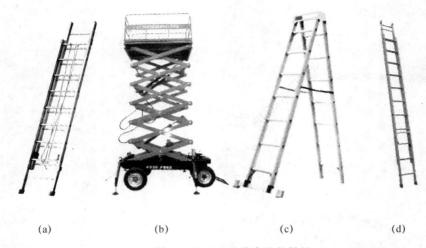

(a)　　　　　　(b)　　　　　　(c)　　　　　　(d)

图 1.7.8-1　几种常见的梯具

(a)铝合金伸缩梯；(b)液压梯；(c)玻璃钢人字梯；(d)玻璃钢伸缩梯

1.8　测量工具

1.8.1　试电笔

又称验电笔，它能检查低压线路和电气设备外壳是否带电，为便于携带，测电笔通常做成笔状，前段是金属探头，内部依次装有安全电阻、氖管和弹簧，弹簧与笔尾的金属体相接触。使用时，手应与笔尾的金属体相接触，测电笔的测电压范围为60～500V(严禁测高压电)。使用前，务必先在正常电源上验证氖管能否正常发光，以确认测电笔验电可靠。由于氖管发光微弱，在明亮的光线下测试时，应当避光检测，现在市面上还有一种数字显示的试电笔，使用比较方便。图 1.8.1-1 为试电笔的实物照片。

试电笔用来检验被测物体是否带电，假如被测物体带电就会使电笔内的氖管发光，用试电笔测试带电物体时，如氖泡内电极一端发光，则所测的电是直流电；如氖泡内电极两端都发光，则所测电为交流电。

图 1.8.1-1　试电笔

1.8.2　万用表、钳型表

万用表是主要用来测量交流直流电压、电流、直流电阻及晶体管电流放大倍数等的综合测量工具，是安防工程施工中必备的工具。现在常见的主要有数字式万用表和机械万用表两种。机械式万用表反应灵敏，但读数较麻烦，不防磁，一般要求水平放置；数字式万用表具有防磁、读数方便、准确（数字显示）优点，但反应较迟钝。图 1.8.2 - 1 是几种万用表的实物图。

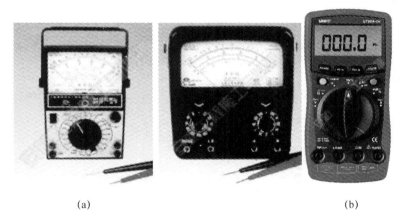

(a)　　　　　　　　　　　　　　　　(b)

图 1.8.2 - 1　几种万用表

(a)机械式万用表；(b)数字式万用表

数字式万用表由于高低压电压测量的内阻都很高，一般都在 $1M\Omega$ 以上，因此在设备维修中测量电压时对电路工作状态影响小测量较准确，机械式一般电压档的内阻较低，有时测量会严重影响电路的工作状态，因此测量不够准确。近年来生产的数字式万用表各项保护措施齐全，偶尔的档位选择不当，一般也不会损坏，这在使用中也有较大的优势，有些数字万用表还有了自动换挡的功能，这样使用起来就更方便了。

机械式万用表在使用时要十分注意读数时应该乘上的倍率，在测量电阻时，每换一档测量都必须先进行调零，这在数字式万用表中是不需要做的。

在使用万用表测试前要确定测量内容，将量程转换旋钮旋到所示测量的相应档位上，以免烧毁表头，如果不知道被测物理量的大小，要先从大量程开始试测。表笔要正确的插在相应的插口中，测试过程中，不要任意旋转档位变换旋钮，机械式万用表使用完毕后，一定要将不用表档位变换旋钮调到交流电压的最大量程档位上，而数字表则要注意用完后关电源，当然部分数字表已经设置了自动关机的功能。在测量二极管单向特性时要注意，机械式万用表的黑表笔是接内部电源的正极，红表笔是接内部电源的负极，但对于数字式万用表，则刚好相反。不管那类万用表在测量电阻时，都应注意一定不要带电测量。

钳型表是用来在不断开电路的情况下测量回路电流的仪表,也有机械式和数字式之分,钳型表原来最大的优势是测量交流电流时可以无须切断电路,现在的钳型表已经可以实现对直流电流的非断开测量,作为实际产品现在的多数钳型表都集成了一些原来普通万用表的基本功能,如电压、电阻等的测量。在安防工程施工中钳型表可以用来测量摄像机供电电源的电流等,帮助分析和查找故障点。图1.8.2-2是钳型表的实物图。

1.8.3　兆欧表

普通兆欧表又称摇表,又叫绝缘电阻表,是测量电气设备绝缘电阻的常用仪表,最常见的兆欧表是由磁电系比率表、高压手摇发电机及磁电式双动圈流比计以及适当的测量电路所组成,具有输出电压稳定,读数正确,噪音小,摇动轻的优点,且装有防止测量电路泄漏电流的屏蔽装置和独立的接线柱。一般兆欧表的分类是以发电机发出的最高电压来决定的,常见的测试电压有250V、500V、1000V、2500V、5000V等几种,电压越高,测量绝缘电阻的范围就越大。此外随着数字电子技术发展,目前还出现了一种数字显示的兆欧表,它使用起来比传统兆欧表更方便。在安防工程中主要用于检查和测量设备或线路的绝缘电阻。图1.8.3-1是兆欧表的实物图。

图1.8.2-2　数字钳型表

图1.8.3-1　传统兆欧表和数字式兆欧表

使用兆欧表时,首先鉴别兆欧表的好坏,在未接被试品时,先驱动兆欧表,其指针可以上升到"∞"处,然后再将两个接线端钮短路,慢慢摇动兆欧表,指针应指到"0"处,符合上述情况说是兆欧表是好的,否则不能使用。

对于传统机械式兆欧表使用时应注意以下几点:

1. 测量前,应将兆欧表保持水平位置,左手按住表身,右手摇动兆欧表摇柄,转速约120r/min,指针应指向无穷大(∞),否则说明兆欧表有故障。

2. 测量前,应切断被测电器及回路的电源,并对相关元件进行临时接地放电,以保证人身与兆欧表的安全和测量结果准确。

3. 测量时必须正确接线。兆欧表共有 3 个接线端（L、E、G）。测量回路对地电阻时，L 端与回路的裸露导体连接，E 端连接接地线或金属外壳；测量回路的绝缘电阻时，回路的首端与尾端分别与 L、E 连接；测量电缆的绝缘电阻时，为防止电缆表面泄漏电流对测量精度产生影响，应将电缆的屏蔽层接至 G 端。

4. 兆欧表接线柱引出的测量软线绝缘应良好，两根导线之间和导线与地之间应保持适当距离，以免影响测量精度。

5. 摇动兆欧表时，不能用手接触兆欧表的接线柱和被测回路，以防触电。

6. 摇动兆欧表后，各接线柱之间不能短接，以免损坏。

对于电子兆欧表的使用应按以下几点操作：

1. 测量前检测仪表是否正常，首先开机检查显示，是否正常显示 OL；接着看档位是否可以正常转换（一般都有档位选择即电压选择），然后按下测试键检查有无相应电压输出。方法：用一台普通万用表选择直流电压最高档位，然后将表笔插入兆欧表输出端，按下兆欧表测试键观测万用表上有无相应电压值的显示；

2. 测量前准备工作完成后进入实地测量，如果测量时显示 OL，有可能被测电阻超出仪表测量范围，可以转换档位（MΩ、GΩ，根据仪表本身功能配置来定）；如果仪表没有电压输出无法测试，可根据第一款中相关介绍进行检测；

3. 电子兆欧表多采用倍压电路，五号电池或者 9V 电池供电工作时所需供电电流较大，故在不使用时务必要关机（即便有自动关机功能的，也建议用完后使用手动关机）。

1.8.4　接地电阻测试仪

接地电阻测试仪是检验、测量接地电阻的常用仪表，也是电气安全检查与接地工程竣工验收不可缺少的工具，广泛应用于电力、铁路、交通、部队、电信、金融、化工、气象等领域的电气设备接地测量及传输线路的接地测量，在安防工程施工与验收中也是比较重要的仪器之一。由于设计思想的多样性，接地电阻测试仪的种类也比较多，目前常用的有传统摇表式接地电阻测试仪（以 ZC－8 为代表）、普通数字式接地电阻测试仪、钳口式接地电阻测试仪以及双钳口式接地电阻测试仪等。图1.8.4-1 是几种接地电阻测试仪实物照片。传统摇表式接地电阻测试仪价格低廉，经久耐用，但测量较烦琐，需要良好辅助接地，测量精度也较一般；普通数字式接地电阻测试仪能测量接地电阻、土壤电阻率、交流电压等指标，并有自动补偿功能、防误操作等功能，使接地电阻测量更方便、快捷准确，其缺点也是需要良好辅助接地，否则无法测量。钳口式接地电阻测试仪的优点是使用快捷、方便，只要钳住接地线或接地棒就能测出其接地电阻，但钳口式地阻仪主要用于检查在地面以上相连的多电极接地网络，通过环路地阻查询各接地极接地情况，不能替代整个网络的工频接地电阻测量，同时由于钳口法测量采用电磁感应原理，易受干扰，测量误差比较大。以上说明各类接地电阻测试仪各有特点，实践中可根据实际灵活运用。

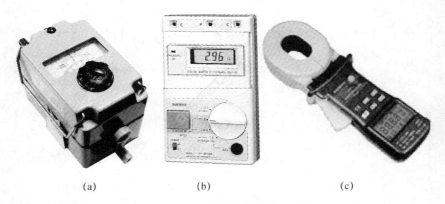

（a）　　　　　　　　（b）　　　　　　　　（c）

图 1.8.4-1　几种接地电阻测试仪
（a）传统摇表式；（b）普通数字式；（c）钳口式

下面我们简单介绍一下传统摇表式接地电阻测试仪的使用：

1. 将被测接地极连接到接地电阻仪引出的 E 端（P_2 和 C_2 的连接点），将电位探针和电流探针插在距接地极 20m 的地方，电位探针可以稍近一些，用导线将电位探针、电流探针与 P_1、C_1 接线柱相连。

2. 将倍率开关置于最大倍率上，缓缓摇动发电机手柄，调节"测量刻度盘"使检流计指示趋向于零，然后加快发电机手摇转速，使之达到 120rpm 调节测量刻度盘，使表完全指示为零，这时：接地电阻＝倍率×测量刻度盘读数。

若测量刻度盘读数小于 1，应将倍率再选小一档重新测量。

另外传统摇表式接地电阻测试仪也可以用来测量土壤电阻和普通电阻，方法是将 P_1、C_1 接线柱用导线短路，然后将被测电阻接在 E 端（P_2 和 C_2 的连接点）与 P_1 和 C_1 的连接点之间，测量步骤同上。

1.8.5　以太网测线器

以太网测线器可以检测双绞线和 RJ-45 接头的以太网线路。请注意该工具是由两部分组成。如果是测试较短的线缆，比如一条跳线，那么可以直接把跳线两端接入主测线器中，如果是较长的线路，线路的两端接头分别插入两块测线器中。一些比较好的以太网测线器可测试如 Ethernet 10 Base-2，10 Base-T，356A，TIA 568A/B，Token Ring 等有关线材接点状态，如开路、交叉、错接短路等问题。图 1.8.5-1 是几种以太网测线器。

1.8.6　光时域反射仪

光时域反射仪又称 OTDR（Optical Time Domain Reflectometer），是根据光的后向散射与菲涅耳反向原理制作，利用光在光纤中传播时产生的后向散射光来获取衰减的信息，可用于测量光纤衰减、接头损耗、光纤故障点定位以及了解光纤沿长度的损耗分布情况等，是光缆施工、维护、监测以及验收中必不可少的工具。图

图 1.8.5‐1　以太网测线器

1.8.6‐1 是光时域反射仪的实物图。

光时域反射仪的最重要的两个指标是动态范围(单位是 dB)和盲区(单位是 m),通常我们总希望光时域反射仪的动态范围越大越好,测量距离越远,盲区越小越好,近距离也可以测到,但一般说来,动态范围大的光时域反射仪的盲区也会大些。

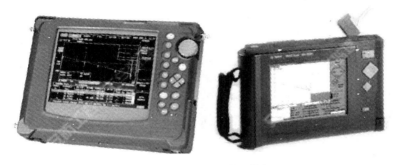

图 1.8.6‐1　光时域反射仪

1.8.7　光功率计、稳定光源、光万用表

用于测量绝对光功率或通过一段光纤的光功率相对损耗,在光纤工程施工维护与验收中,测量光功率是最基本的,通过测量发射端机或光网络的绝对功率(单位是 mW)或相对功率(dBm),一台光功率计就能够评价光端设备的性能。

稳定光源可以对光网系统发射已知功率和波长的光,与光功率计结合在一起,可以测量光纤网络的光损耗。对现成的光纤系统,通常也可把系统的发射端机当作稳定光源。如果端机无法工作或没有端机,则需要单独的稳定光源。稳定光源的波长应与系统端机的波长尽可能一致。在系统安装完毕后,经常需要测量端到端损耗,以便确定连接损耗是否满足设计要求,如:测量连接器、接续点的损耗以及光纤本体损耗。

将光功率计与稳定光源组合使用,则能够测量连接损耗、检验连续性,并帮助评估光纤链路传输质量。光万用表就是根据这一思想设计出来的仪器。

光功率计、稳定光源、光万用表共有的技术指标就是工作波长(nm),常用的窗口波长有 850nm、980nm、1300nm 及 1550nm,稳定光源和光万用表还有重要一个技术指标就是标称输出功率(mW 或 dBm)。图 1.8.7 - 1 是光功率计、稳定光源和光万用表的实物图。

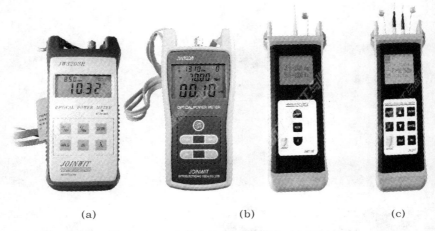

(a)   (b)   (c)

图 1.8.7 - 1 光功率计、稳定光源和光万用表
(a)光功率计;(b)稳定光源;(c)光万用表

1.8.8　可视激光源

可视激光源又称红光源,俗称红眼,采用 650nm 激光器作为发光器件,目前输出功率可做到 1～3mW,最远作用距离可达 3～9km,适用于单模或者多模光纤的测量。最适合测量和识别在机房光缆配线架(ODF)上成捆的光纤跳线,带状、束状尾纤是施工现场或者光纤线路维护的理想工具。图 1.8.8 - 1 是可视激光源的实物图。

1.8.9　监控专用测试仪

监控专用测试仪是近来刚上市的一种新型仪器,内置彩色液晶监视器,具有视频显示输入(PAL/NTSC)、视频信号发生器输出(PAL/NTSC)、UTP 线测试功能、云台控制功能(水平、垂直、焦距控制、球机菜单、水平速度控制等)、云台协议分析(可显示 TX 数据的 HEX 命令)、普通万用表功能(电压、电流、电阻)。图 1.8.9 - 1 是其实物图。

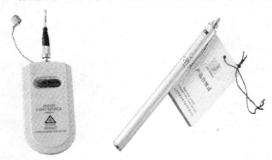

图 1.8.8 - 1　可视激光源　　　　图 1.8.9 - 1　监控专用测试仪

思　考　题

1. 旋具主要有哪几类？简要说明螺丝刀和活扳手的两种握法和使用场合。

2. 常用钳子有哪几种？各有什么功用？

3. 常用的磨削工具有哪些？各有什么功用？

4. 常见的焊接工具有哪些？电烙铁握法有几种？

5. 常见电缆接头专用工具有几种？

6. 常用光缆熔接工具有哪些？

7. 常用缆线敷设工具主要有哪些？

8. 常用测量工具主要有哪些？

9. 万用表主要有几种？钳型表是测什么的？

10. 接地仪的作用是什么？兆欧表是测什么的？

实训项目

实训 1　常用工程设备安装工具的认识

1. 实训目的

了解常用工程设备安装工具的种类，熟悉基本功能和使用场合，掌握使用方法。

2. 实训内容

螺丝刀、钳子、烙铁、扳手、电钻等的认识，熟悉它们的使用方法和技巧。

3. 实训环境

实训室。

实训 2　万用表、兆欧表的使用

1. 实训目的

(1) 熟悉机械万用表和数字万用表的使用，熟悉机械兆欧表的使用；

(2) 了解它们的简单原理，学会一些使用技巧。

2. 实训工具

数字万用表、机械万用表、机械兆欧表。

3. 实验内容

测量电压、电流、电阻、导线间的绝缘电阻，用万用表判断线路的通断、判断市电的火线。

4. 实训环境

实训室。

实训 3　接地仪的使用

1. 实训目的

(1)熟悉机械接地仪的使用；

(2)了解它们的简单原理,学会基本使用方法。

2. 实训工具

机械接地仪。

3. 实训内容

测量人为地线电阻并记录。

3. 实训环境

实训室或室外场地。

第2章 安防工程中的通用材料

【内容提要】安防工程施工过程中需要用到许许多多的材料,本章就针对安防工程中经常使用的一些材料分七个大类进行介绍,通过本章的学习要求能认识、熟悉和掌握一些常用材料的结构特点、命名方法、规格尺度、使用场合和使用注意事项。

2.1 电缆及其特性

2.1.1 电缆的种类

在工程中使用的电缆主要有两类:光缆和铜缆。铜缆有双绞电缆(Twisted Pair Cable,TP)和同轴电缆(Coaxial Cable)以及电源电缆和控制电缆。

双绞电缆是由多对双绞线外包缠护套组成的,其护套称为电缆护套。电缆护套可以保护双绞线免遭机械损伤和其他有害物体的损坏。与其他绝缘体的材料一样,它也能提高电缆的物理性能和电气性能。在某些情况下,还把电缆的护套再加一层外套形成保护铠装皮。

通常,铜缆内部的导线是经过退火处理的,使得在特定环境中能减少扭曲和振动应力。在导线外包裹着一层隔离物,称为绝缘体,多数电缆上用的绝缘体都是耐热塑料。此外在导线外还有一层额外绝缘层使得成品电缆在受到压力与受热时得到额外保护,改进了电缆的圆度使之有匀称的外形,从而提高了电缆的电气性能,这层绝缘层叫护套,电缆护套有阻燃和非阻燃型二种。电缆的护套若含卤素,不易燃烧(阻燃),但在燃烧过程中,释放的毒性大。电缆的护套若不含卤素,则易燃烧(非阻燃),但在燃烧过程中释放的毒性小。我们在设计综合布线时,应根据建筑物的防火等级,选择阻燃型电缆或非阻燃型电缆。

铜缆按用途又可以分为室外和室内两个基本部分。这些电缆虽在功能一样,但结构有所不同。为室内设计的电缆,主要是阻燃型的。室外电缆,主要是非阻燃型的。它常用于建筑群之间,可满足安装场地的特殊环境要求。

2.1.2 同轴电缆

在电缆中心有一根单芯铜导线,铜导线外面是绝缘层。绝缘层的外面有一层导电金属层,金属层可以是整体的,也可以是网状形的。金属层用来屏蔽电磁干扰和防止辐射。电缆的最外层又包了一层绝缘材料。同轴电缆的结构如图2.1.2-1所示。

同轴电缆根据使用范围大体可以分为基带同轴电缆和宽带同轴电缆两类。目

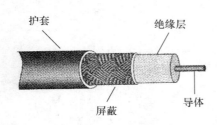

护套　　　　　　　绝缘层

屏蔽　　　　　　　导体

图 2.1.2 - 1　同轴电缆的结构

前基带常用的电缆,其屏蔽层一般是铜网的,特征阻抗为 50Ω,如 RG - 8,RG - 58 等,也有 75 - 2,如 SYV - 75 - 5 - 1 等。这种电缆用于基带或数字传输。宽带常用的电缆,其屏蔽层通常有铜网、铜管的也有用氩弧铝管的,特征阻抗为有 75Ω,如 RG - 59,RG - 11 等,也有 50Ω,如微波天线用的馈缆。它既可以传输数字信号,也可以传输模拟信号。

1. 同轴电缆电气参数

(1)特性阻抗。特性阻抗是指当电缆无限长时该电缆所具有的阻抗。这个参数是由诸如导体尺寸、导体间的距离以及电缆绝缘材料特性等物理参数决定的。同轴电缆的标称特性阻抗有 50Ω、75Ω 等多种规格,沿单根同轴电缆,其阻抗的周期性变化为正弦波,中心平均值 $\pm 3\Omega$,其长度小于 2m。

(2)衰减,指一定长度(一般是 100 米)电缆对信号的衰减值,如某 75 - 7 的同轴电缆在 10MHz 时,它的值不超过 1.7dB/100m;而用 5MHz 的正弦波进行测量时,它的值不超过 1.2dB/100m。

(3)传播速度。最低传播速度应为 0.77c(c 为光速)。

(4)直流回路电阻。同轴电缆的中心导体的电阻与屏蔽层的电阻之和(在 20℃下测量)。

2. 同轴电缆物理参数

同轴电缆的主要物理参数有:内、外导体的直径,外护套层尺寸等,如以某 75 - 9 的同轴电缆为例,内导体直径为 2.17mm$\pm$0.03mm;外导体最大直径为 10.30mm;护套层直径为 12.3mm$\pm$0.3mm。

3. 国产同轴电缆的命名

国产同轴电缆型号的统一命名,由四部分组成:第一、二、三、四部分由英文字母表示,第五、六、七部分由数字表示,如图 2.1.2 - 2,具体含义如表 2.1.2 - 1 所示。

字母	字母	字母	字母	—	数字	—	数字	—	数字
电缆代号	绝缘材料	护套材料	派生材料		特性阻抗		芯线绝缘外径		结构序号

图 2.1.2 - 2　国产同轴电缆的命名

表 2.1.2-1 同轴电缆英文字母含义

电缆代号		绝缘材料		护套材料		派生特性	
符号	含义	符号	含义	符号	含义	符号	含义
S	同轴射频电缆	D	稳定聚乙烯—空气绝缘	B	玻璃丝编织浸硅有机漆	P	屏蔽
SE	对称射频电缆					Z	综合
SJ	强力射频电缆	F	氟塑料	F	氟塑料		
SG	高压射频电缆	I	聚乙烯—空气绝缘	H	橡套		
SC	延迟射频电缆			M	棉纱编织		
ST	特性射频电缆	W	稳定聚乙烯	V	聚氯乙烯		
SS	电视射频电缆	X	橡皮	Y	聚乙烯		
		Y	聚乙烯				
		YK	聚乙烯纵孔				

例如"SYV—75—5—1"表示同轴电缆,聚乙烯材料,聚氯乙烯护套,阻抗 75Ω,芯线绝缘外径 5mm,结构序号为 1。

4. 美国标准射频电缆的命名

美国标准射频电缆的型号由 4 部分组成。例如:

$$\underset{(1)}{RG} - \underset{(2)}{6} - \underset{(3)}{A} / \underset{(4)}{U}$$

其中,各部分含义为:

第一部分表示射频电缆;

第二部分表示电缆编号;

第三部分表示构成材料代号,该部分可有可无;

第四部分表示电缆为通用产品。

电缆材料代号如表 2.1.2-2 所示。

表 2.1.2-2 美标电缆材料代号含义

内导体		绝缘体		外导体		护套		铠装	
符号	含义	符号	含义	符号	含义	符号	含义	符号	含义
A	退火铜线	PE	聚乙烯	C	编织软铜线	PVC	聚氯乙烯	Fe	镀锌钢编织
TA	镀锡退火铜线	SSPE	含有空气	T	编织镀锡软铜线	PE	聚乙烯		
GA	镀银退火铜线			G	编织镀银软铜线	II	灰聚氯乙烯		
HP	铜包钢线					II_a	黑聚氯乙烯		

内导体		绝缘体		外导体		护套		铠装	
符号	含义	符号	含义	符号	含义	符号	含义	符号	含义
						III	灰聚乙烯		
						III$_a$	黑聚乙烯		
						Pb	铅包		

2.1.3　双绞线

1. 概述

双绞线(Twisted Pair,TP)也是安防工程中比较常用的有线通信传输介质,不仅可以传输控制信号,有些场合还可以传输基带视频信号甚至射频信号。双绞线由两根不同颜色的绝缘铜导线相互缠绕而成,双绞线电缆则是把一对或多对双绞线放在一个绝缘套管中制成的。在双绞线电缆内,不同线对具有不同的扭绞长度(Twist Length)。把两根绝缘的铜导线按一定密度互相绞合在一起,可降低信号干扰的程度,一般扭线越密其抗干扰能力就越强。与其他传输介质相比,双绞线在传输距离、信道带宽和数据传输速度等方面均受一定限制,但价格较为低廉,布线成本降低。但近年来,其技术和生产工艺在不断发展,使得在传输距离、信道带宽和数据传输速率等方面都有较大的突破,因此,网络布线的应用也越来越广泛。

双绞线常用于点对点的连接,其抗干扰能力视其是否有良好的屏蔽和设置地点而定,如果干扰源的波长大于双绞线的扭绞长度,其抗干扰性大于同轴电缆(在10~100kHz 以内,同轴电缆抗干扰性更好)。双绞线较适合于近距离、环境单纯(远离潮湿,电源磁场等)的局域网络系统,可用来传输数字与模拟信号。通常在局域网中的无屏蔽双绞线的传输速率是 10Mbps 和 100Mbps,随着制造技术的发展,1000Mbps的双绞线已有大量的应用,10Gbps 的双绞线也已出现。

电缆护套外皮有非阻燃(CMR)、阻燃(CMP)和低烟无卤(Low Smoke Zero Halogen,LSZH)3 种材料。

按美国线缆标准(American Wire Gauge,AWG),双绞线的绝缘铜导线线芯大小有 22、24 和 26 等规格,常用 5 类和超 5 类非屏蔽双绞线是 24AWG,直径约为0.51mm,规格数字越大,导线越细。加上绝缘层的铜导线直径约为 0.92mm。典型的加上塑料外部护套的超 5 类非屏蔽双绞线电缆直径约为 5.3mm。

双绞线电缆的外部护套上每隔两英尺会印刷上一些标识。不同生产商的产品标识可能不同,但一般包括双绞线类型、NEC/UL 防火测试和级别、CSA 防火测试、长度标志、生产日期、双绞线的生产商和产品号码等信息。下面以 AMP 公司的线缆为例说明这些标识,如某双绞线的文字标识为"AMP SYSTEMS CABLEE138034

0100 24 AWG（UL）CMR/MPR OR C（UL）PCC FT4 VERIFIED ETL CAT5 O44766 FT 9907",其具体含义如下所述:

　　AMP:代表公司名称;0100:表示 100 欧姆;24:表示线芯是 24 号的;AWG:表示美国线缆规格标准;UL:表示通过认证的标准;FT4:表示 4 对线;CAT5:表示五类线;044766:表示线缆当前处在的英尺数;9907:表示生产年月。

　　为了便于安装与管理,每对双绞线有颜色标识,4 对 UTP 电缆的颜色分别为:蓝色、橙色、绿色和棕色。每对线中,其中一根的颜色为线对颜色加上白色条纹或斑点(纯色),另一根的颜色为白底色加线对颜色的条纹或斑点。具体的颜色编码如表 2.1.3 - 1 所示。

表 2.1.3 - 1　4 对双绞线颜色编码

线对	颜色色标	缩写
线对 1	白一蓝/蓝	W—BL/BL
线对 2	白一橙/橙	W—O/O
线对 3	白一绿/绿	W—G/G
线对 4	白一棕/棕	W—BR/BR

　　2. 双绞线的种类与型号

　　按结构分类,双绞线电缆可分为非屏蔽双绞线电缆和屏蔽双绞线电缆两类。按性能指标分类,常见的双绞线电缆有 5 类、5e 类、6 类、7 类双绞线电缆。按特性阻抗划分,双绞线电缆则有 100Ω、120Ω 及 150Ω 等几种。常用的是 100Ω 的双绞线电缆。按双绞线对数多少进行分类,有 1 对、2 对、4 对双绞线电缆,以及 25 对、50 对、100 对的大对数双绞线。

　　现在的双绞线电缆品种繁多,还有在塑料外部护套内加上防水层的室外双绞线电缆,且室外电缆主要是非阻燃型的;外形不是通常圆形的扁平双绞线电缆等。下面介绍几种常用的双绞线类型。

　　(1)屏蔽双绞线。随着电气设备和电子设备的大量应用,通信链路受到越来越多电子干扰,它们来自诸如动力线、发动机、大功率无线电和雷达信号之类的其他信号源,如果这些信号产生在附近则可能带来称为噪声的破坏或干扰。另一方面,电缆导线中传输的信号能量的辐射,也会对临近的系统设备和电缆产生电磁干扰(EMI)。在双绞线电缆中增加屏蔽层就是为了提高电缆的物理性能和电气性能,减少电缆信号传输中的电磁干扰。电缆屏蔽层由金属箔、金属丝或金属网几种材料构成。

　　屏蔽双绞线电缆有 STP 和 ScTP(FTP)两类,STP 又分为 STP 电缆和 STP—A

电缆两种。图 2.1.3-1 为屏蔽双绞线电缆 STP。

图 2.1.3-1 STP
双绞线电缆

图 2.1.3-2 ScTP
双绞线电缆

图 2.1.3-3 UTP
双绞线电缆

ScTP 或 FTP,它不再屏蔽各个线对,而只屏蔽整个电缆,电缆中所有线对被金属箔制成的屏蔽层所包围,在电缆护套下,有一根漏电线,这根漏电线与电缆屏蔽层相接。如图 2.1.3-2 所示。

(2)非屏蔽双绞线。顾名思义,没有用来屏蔽双绞线的金属屏蔽层,它在绝缘套管中封装了一对或一对以上的双绞线,每对双绞线按一定密度互相绞在一起,提高了抗系统本身电子噪声和电磁干扰的能力,但不能防止周围的电磁干扰,又称为 UTP 电缆。UTP 电缆中还有一条撕剥线,使套管易剥脱。如图 2.1.3-3 所示。

UTP 电缆是通信系统和综合布线系统中最流行使用的传输介质,可用于语音、数据、音频、呼叫系统及楼宇自动控制系统。UTP 电缆可同时用于垂直干线子系统和水平子系统的布线。非屏蔽双绞线电缆具有直径小、节省空间、质量小、易弯曲、易安装、阻燃等优点。目前常见的类型有:

a.5 类双绞线——CAT5,该类电缆增加了绕线密度,外套为高质量的绝缘材料。在双绞线电缆内,不同线对具有不同的绞距长度。一般地说,4 对双绞线绞距周期在 38.1mm 以内,按逆时针方向扭绞,一对线对内的扭绞长度在 12.7mm 以内。线缆最高频率带宽为 100MHz,传输速率为 100Mbps(最高可达 1000Mbps),主要应用于语音、100Mbps 的快速以太网,最大网段长为 100m,采用 RJ 形式的连接器。

b. 超 5 类双绞线——CAT5e,超 5 类双绞线(Enhanced Cat5)或称"5 类增强型"、"增强型 5 类",简称 5e 类,是目前市场的主流产品。与 5 类双绞线相比,超 5 类双绞线的衰减和串扰更小,可提供更坚实的网络基础,满足大多数的应用需要(尤其与 CAT5 相比更好地支持 1000Mbps 的传输),给网络的安装和测试带来了便利,成为目前网络应用中较好的解决方案。

c.6 类双绞线——CAT6,是 1000Mbps 数据传输的最佳选择。性能超过 CAT5e,标准规定线缆频率带宽为 250MHz。6 类电缆的绞距比 5 类更密,线对间的相互影响更小,从而提高了抗串扰的性能。为了减少衰减,电缆绝缘材料和外套材料的损耗应达到最小。在电缆中通常使用聚乙烯和聚四氟乙烯两种材料。6 类电缆的线径比 5 类电缆要大,其结构有两种,一种结构和 5 类产品类似,采用紧凑的圆形设计方式及中心平行隔离带技术,它可获得较好的电气性能。另一种更常见的结构采用中心扭十字技术,电缆采用十字分隔器,线对之间的分隔可阻止线对间串扰,其物理结构如图 2.1.3 - 4 所示。同 5 类标准一样,新的 6 类布线标准也采用星状拓扑结构,其永久链路的长度不能超过 90m,信道长度不能超过 100m。与增强 5 类布线相比,6 类布线系统具有更好的抗噪声性能,可提供更透明、更全能的传输信道,在高频率上尤其如此。

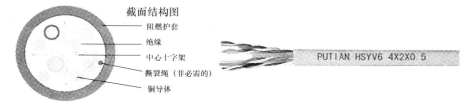

截面结构图

阻燃护套
绝缘
中心十字架
撕裂绳 (非必需的)
铜导体

PUTIAN HSYV6 4X2X0.5

图 2.1.3 - 4　扭十字分隔 6 类双绞线

d. 7 类双绞线——CAT 7,缆线频率带宽为 600MHz 以上,基于 7 类/F 级标准开发的 STP 布线系统,可以在一个连接器和单根电缆中,同时传送独立的视频、语音和数据信号。它甚至可以支持在单对电缆上传送全带宽的模拟电视节目(一般为 870MHz),并且在同一护套内的其他双绞线对上同时进行语音和数据的实时传送。7 类/F 级标准定义的传输媒质是线对屏蔽(也称全屏蔽)的 STP 线缆,它在传统护套内加裹金属屏蔽层/网的基础上又增加了每个双绞线对的单独屏蔽。7 类/F 级线缆的特殊屏蔽结构保证了它既能有效隔离外界的电磁干扰和内部向外的辐射,也能大幅度削弱护套内部邻线对间的信号耦合串扰,从而在获得高带宽传输性能的同时,又增加了并行传输多种类型信号的能力。7 类 F/级 STP 布线系统可采用两种模块化接口方式,一种是传统的 RJ 类接口,另一种选择是非 RJ 型接口,它的现场装配也很简单,能够提供高带宽的服务并且已经被 ISO/IEC 11801 认可并被批准为 7 类布级标准接口。

(3)大对数电缆。常用的双绞线电缆封装除了有 4 对双绞线外,其他还有 25 对、50 对和 100 对等大对数的双绞线电缆,大对数电缆用于语音通信布线系统的干线子系统中。大对数电缆为 25 线对(或更多)成束的电缆结构,在外观上看,为直径更大的单根电缆。它也同样采用颜色编码进行管理,每个线对束都有不同的颜色编码,同一束内的每个线对又有不同的颜色编码。例如,5 类 25 对 24AWG 非屏蔽软线,这类电缆适用于最高传输速率 100Mbps 的布线系统,

图 2.1.3 - 5　5 类 25、50 对双绞电缆

如图 2.1.3-5 所示。

　3. 真假双绞线的辨别

　　双绞线是安防工程中经常用到的产品,比较容易出现质量问题,目前市场上的双绞线产品良莠不齐,甚至还有许多假冒伪劣产品,下面对双绞线的检查方法进行详细讨论,双绞线的检查方法可以从以下几个方面进行。

　　(1)外观检查。

　　a. 查看标识文字。电缆的塑料包皮上都印有生产厂商、产品型号规格、认证、长度、生产日期等文字,正品印刷的字符非常清晰、圆滑,基本上没有锯齿状。假货的字迹印刷质量较差,有的字体不清晰,有的呈严重的锯齿状;

　　b. 查看线对色标。线对中白色的那条不应该是纯白色的,而是带有与之成对的那条芯线颜色的花白;这主要是为了方便用户使用时区别线对,而假货通常是纯白色的或者花色不明显;

　　c. 查看线对绕线密度。双绞线的每对线都绞合在一起,正品线缆绕线密度适中均匀;方向是逆时针,且各线对绕线密度不一。次品和假货通常绕线密度很小且四对线的绕线密度可能一样,方向也可能会是顺时针,这样的制作工艺容易且节省材料,减少生产成本,所以次品和假货价格非常便宜;

　　d. 用手感觉。双绞线电缆使用铜线做导线芯,线缆质地比较软,方便于施工中的小角度弯曲,而一些不法厂商在生产时为了降低成本,在铜中添加了其他的金属元素,做出来的导线比较硬,不易弯曲,使用中容易产生断线;

　　e. 用火烧。将双绞线放在高温环境中测试一下,看看在 35℃ 至 40℃ 时,双绞线塑料包皮会不会变软,正品双绞线是不会变软的;假的就不一定了。如果订购的是 LSOH 材料(低烟无卤型)和 LSHF－FR(低烟无卤阻燃型)的双绞线,在燃烧过程中,正品双绞线释放的烟雾低,LSHF－FR 型还会阻燃,并且有毒卤素也低。而次品和假货可能就烟雾大,不具有阻燃性,不符合安全标准。

　　(2)抽测线缆的性能指标。双绞线一般以 305m(1000 英尺)为单位包装成箱,也有按 1500m 长来包装成线轴的。最好的性能抽测方法是,使用 FLUKE 4XXX 系列认证测试仪配上整轴线缆测试适配器。整轴线缆测试适配器是 FLUKE 公司推出的线轴电缆测试解决方案,可以在对线轴中的电缆被截断和端接之前对它的质量进行评估测试。找到露在线轴外边的电缆头,剥去电缆的外皮 3～5cm,剥去每条导线的绝缘层约 3mm,然后将其一个个地插入到特殊测试适配器的插孔中,启动测试。只需数秒钟,测试仪就可以给出线轴电缆关键参数的详细评估结果。如果没有以上条件,也可随机抽几箱线,从每箱中截出 90m 测试电气性能指标,从而比较准确地测试双绞线的质量。

　　(3)与已知真品对比。在可能的情况下,找一箱或一条同厂商同型号的双绞线进行对比,真假产品一目了然。

2.1.4　常用的其他电缆

1. 非屏蔽多芯控制信号电缆(型号规格:RVV8×0.30)

导体采用 O. F. C(Oxygen Free Copper 无氧铜)裸铜线绞合 16/0.15(BC),绝缘采用 PVC 材料,$\phi1.7$mm,全色谱识别;绝缘芯线绞合成缆,外绕包聚酯薄膜带(PP带),护套采用 PVC 材料,如图 2.1.4 - 1 所示。用途:楼宇智能化报警系统多芯控制、楼宇对讲系统、三表自抄系统、电器内部控制、电脑控制仪表和电子设备及自动化装置等信号控制。

2. 屏蔽多芯控制信号电缆(型号规格:RVVP8×0.15)

导体采用镀锡铜线绞合 12/0.12(TC),绝缘采用 PVC 材料,$\phi1.0$mm,全色谱识别;绝缘芯线绞合成缆,屏蔽为绕包铝箔,护套为 PVC 材料,如图 2.1.4 - 2 所示。用途:本线缆适用于电子、监控、电器、仪表及自动化装置系统连线。

图 2.1.4 - 1　非屏蔽多芯　　　　　图 2.1.4 - 2　屏蔽多芯
　　控制信号电缆　　　　　　　　　　控制信号电缆

3. 门禁、可视对讲系统主干集成电缆(型号规格:SYV - 75 - 3+5C×0.5+2C×0.75)

缆芯元件:1 组 SYV - 75 - 3+5,芯 0.5+2,芯 0.75;护套外径:Φ11.6PVC 材料,如图 2.1.4 - 3 所示。应用于智能小区的门禁系统的主机与分机之间的连接线,其中 SYV - 75 - 3 传输视频信号,5C×0.5mm^2 分别传输音频信号、控制信号,2C×0.75mm^2 传输电源信号等,适用于较大型系统的主干线(连接小区门口主机至楼层配线架)。

4. 门禁、可视对讲系统电缆(型号规格:SYV - 75 - 3+7C×0.5)

缆芯元件:1 组 SYV - 75 - 3,7 芯 0.5;护套外径:Φ9.2PVC 材料,如图 2.1.4 - 4 所示。应用于智能小区的门禁系统的主机与分机之间的连接线,其中 SYV - 75 - 3 传输视频信号,7C×0.5 分别传输音频信号、控制信号及电源信号等,适用于较大型系统的分支线(连接楼层配线架至用户机)。

图 2.1.4 - 3　门禁、可视对讲
系统主干集成电缆

5. 会议、投影系统电缆(型号规格:RGB 5CX75 - 2)

缆芯元件:5组75 - 2;护套外径:Φ9.2PVC材料,如图2.1.4 - 5所示。应用于近距离多项传输系统,数码投影或高频率机器之连接用线,并适用于程控交换机房或长距离计算机视频显示系统连接及RGB矩阵系统工程连接用线,传输音视频信号。

图 2.1.4 - 4　门禁、可视对讲
系统分支电缆

图 2.1.4 - 5　会议、投影系统电缆

2.1.5　部分电缆型号和意义

1. RVV、RVVP 电缆

RVV导体横截面积大于或等于0.5mm² 聚氯乙烯绝缘软电缆,用途:家用电器、小型电动工具、仪表及动力照明,结构如图2.1.5 - 1所示。RVVP为铜芯聚氯乙烯绝缘屏蔽聚氯乙烯护套软电缆,电压300V/300V2~24芯,用途:仪器、仪表、对讲、监控、控制安装,结构如图2.1.5 - 2所示。

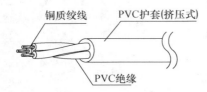

图 2.1.5 - 1　RVV 电缆结构

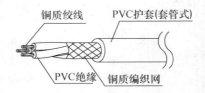

图 2.1.5 - 2　RVVP 电缆结构

2. RG 电缆

RG电缆是美标物理发泡聚乙烯绝缘接入网电缆,主要用于同轴光纤混合网(HFC)中传输数据、模拟信号,结构如图2.1.5 - 3所示。

3. UTP/FTP 电缆

UTP/FTP电缆的用途为传输电话、计算机数据、防火、防盗保安系统、智能楼宇信息网。

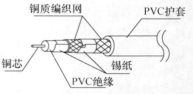

图 2.1.5 - 3　RG 电缆结构

4. AVRB、AVVR 电缆

AVRB 电缆是小于 0.5mm^2 的两芯无护套软线。AVVR 电缆为导体横截面积小于 0.5mm^2 的聚氯乙烯护套软电缆,用途:家用电器、小型电动工具、仪表及动力照明。

5. SYWV(Y)、SYKV、SYV 电缆

有线电视、宽带网、无线通讯、广播、监控系统工程和有关电子设备中传输射频信号的同轴电缆;结构:(同轴电缆)单根无氧圆铜线＋物理发泡聚乙烯(绝缘)＋(镀锡铜丝/镁铝合金丝＋铝膜)＋聚氯乙烯/聚乙烯。

6. RV、RVP 电缆

RV 为单芯多股聚氯乙烯绝缘电缆,适用于家用电器、电仪表设备及动力照明布线电缆,结构如图 2.1.5-4 所示。RVP 为单芯多股屏蔽聚氯乙烯绝缘电缆,在工程上常用于音频或控制信号的传输,结构如图 2.1.5-5 所示。

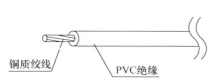 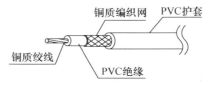

图 2.1.5-4　RV 电缆结构　　　　图 2.1.5-5　RVP 电缆结构

7. RVS、RVB 电缆

RVS 为双芯 RV 线绞合聚氯乙烯绝缘电缆,没有外护套,用于广播连接,结构如图 2.1.5-6 所示。RVB 是大于或等于 0.5mm^2 的两芯无护套软线,适用于家用电器、小型电动工具、仪器、仪表及动力照明连接用电缆,结构如图 2.1.5-7 所示。

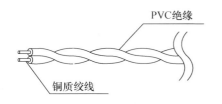 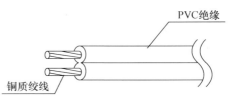

图 2.1.5-6　RVS 电缆结构　　　　图 2.1.5-7　RVB 电缆结构

8. SBVV、HYA 电缆

数据通信电缆(室内、外),用于电话通信及无线电设备的连接以及电话配线网的分线盒接线用。

9. KVV、KVVP 电缆

KVV 是外部采用聚氯乙烯绝缘,内部采用的线为单股粗铜丝组成的控制电缆;KVVP 为屏蔽电缆。用途:电器、仪表、配电装置信号传输、控制、测量。

10. 其他一些电缆

(1)BV 为单股单芯聚氯乙烯绝缘电缆;BVR 为多股单芯聚氯乙烯绝缘电缆,适

用于电器仪表设备及动力照明固定布线用。

（2）RIB音箱连接线（发烧线）。

（3）VGA、RGB·HV显示器线。VGA线结构如图2.1.5-8所示，有3＋4、3＋6和3＋8之分；RGB·HV显示器线结构如图2.1.5-9所示；也有RGB·HV-2、RGB·HV-3等多种。

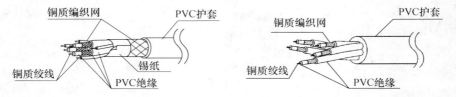

图 2.1.5-8 VGA 显示器线结构   图 2.1.5-9 RGB·HV 显示器线结构

（4）SDFAVP、SDFAVVP、SYFPY为电梯专用同轴电缆。

（5）JVPV、JVPVP、JVVP铜芯聚氯乙烯绝缘及护套铜丝编织电子计算机控制电缆。

2.2 光纤及特性

光纤传输的是光波。光的波长范围为：可见光部分波长为390～760nm，大于760nm部分是红外光，小于390nm部分是紫外光。光纤通信中目前已经成熟应用的主要窗口是850nm、1300nm和1550nm三个，但随着技术的进步，可以有更多被利用的窗口的光纤也出现了，不同波长的光在光纤里传输的损耗情况见图2.2-1。因光在不同物质中的传播速度不同，所以光从一种物质射向另一种物质时，在两种物质的交界面处会产生折射和反射。而且，折射光的角度会随入射光的角度变化而变化。当入射光的角

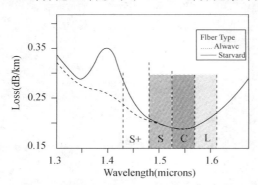

图 2.2-1 不同波长的光在光纤里传输的衰减情况

度达到或超过某一角度时，折射光会消失，入射光全部被反射回来，这就是光的全反射。不同的物质对相同波长光的折射角度是不同的（即不同物质有不同的光折射率），相同物质对不同波长光的折射角度也不同。光纤通信就是基于以上原理而形成的。

2.2.1　光纤的物理结构

光纤是光导纤维的简称,光导纤维是一种传输光束的细而柔韧的媒质。光导纤维线缆由一捆光导纤维组成,简称光纤。光能沿光导纤维传播,但若只有这根玻璃纤芯的话,也无法传播光。因为不同角度的入射光会毫无阻挡地直穿过它,而不是沿着光纤传播,就好像一块透明玻璃不会使光线方向发生改变一样。因此,为了使光线的方向发生变化从而使其可以沿光纤传播,在光纤芯外涂上折射率比内部纤芯材料低的材料,这个涂层材料称为包层。这样,当一定角度之内的入射光射入光纤芯后会在纤芯与包层的交界处发生全反射,经过这样若干次全反射之后,光线就损耗极少地达到了光纤的另一端。包层所引起的作用就如透明玻璃背后所涂的水银一样,此时透明的玻璃就变成了镜子。而光纤加上包层之后才可以正常地传播光。光纤是数据传输中最高效的一种传输介质。

如果在光纤芯外面只涂一层包层的话,光线从不同的角度入射,角度大的(高次模光线)反射次数多从而行程长,角度小的(低次模光线)反射次数少,从而行程短。这样在一端同时发出的光线将不能同时到达另一端,就会造成尖锐的光脉冲经过光纤传播以后变得平缓(这种现象被称为"模态散射"),从而可能使接收端的设备误操作。为了改善光纤的性能,人们一般在光纤纤芯包层的外面再涂上一层涂覆层,内层的折射率高(但比光纤纤芯折射率低),外层的折射率低,形成折射率梯度。当光线在光纤内传播时,减少了入射角大的光线行程,使得不同角度入射的光纤大约可以同时到达端点,就好像利用包层聚焦了一样。

典型的光纤结构如图 2.2.1 - 2 所示,自内向外为纤芯、包层及涂敷层。

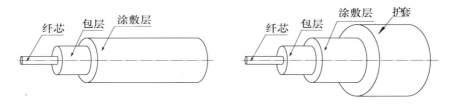

图 2.2.1 - 1　裸光纤和尾纤的结构

包层的外径一般为 $125\mu m$(一根头发的直径平均 $100\mu m$),在包层外面是涂敷层,涂敷层的材料是环氧树脂或硅橡胶,直径约 $0.25mm$。常用的 $62.5/125\mu m$ 多模光纤,指的就是纤芯外径是 $62.5\mu m$,加上包层后外径是 $125\mu m$。$50/125\mu m$ 规格的光纤,也就是光纤外径是 $50\mu m$,加上包层后的外径是 $125\mu m$。而单模光纤的纤芯是 $8\sim10\mu m$,外径也是 $125\mu m$。需要注意的是,纤芯和包层是不可分离的,纤芯、包层和涂覆层合起来组成裸光纤,光纤的光学及传输特性主要由它决定。用光纤工具剥去外皮(Jacket)和塑料层(Coating)后,暴露在外面的是涂有包层的纤芯。实际上很难看到真正的纤芯。光纤有以下几个优点:

1. 光纤通信的频带很宽,理论可达 2000MHz·km。

2. 电磁绝缘性能好。光纤电缆中传输的是光束,而光束是不受外界电磁干扰影响的,并且本身也不向外辐射信号、因此它适用于长距离的信息传输及要求高度安全的场合。当然,光纤的抽头困难是它固有的难题,因为割开光缆需要再生和重发信号。

3. 衰减较小,在较大范围内基本上是一个常数值。

4. 需要增设光中继器的间隔距离较大,因此整个通道中中继器的数目可以减少,降低成本。根据贝尔实验室的测试,当数据传输速率为 420Mbps,且距离为 119km 无中继器时,其误码率为 10^{-8},传输质量很好。而同轴电缆和双绞线在长距离使用时都需要续接中继器。

5. 重量轻,体积小,适用的环境温度范围宽,使用寿命长。

6. 光纤通信不带电,使用安全,可用于易燃、易爆场所。

7. 抗化学腐蚀能力强,适用于一些特殊环境下的布线。

当然,光纤也存在着一些缺点:如质地脆,机械强度低;切断和连接中技术要求较高等,这些缺点也一定程度地限制了光纤的普及。

2.2.2　光纤的分类

光纤的种类很多,可从不同的角度对光纤进行分类,比如可从构成光纤的材料成分、光纤的制造方法、光纤的传输点模数、光纤横截面上的折射率分布和工作波长等方面来分类。

1. 从材料成分分类

按照制造光纤所用的材料一般可分为以下 3 类:

(1)玻璃光纤:纤芯与包层都是玻璃,损耗小,传输距离长,成本高。

(2)胶套硅光纤:纤芯是玻璃,包层为塑料,特性同玻璃光纤差不多,成本较低。

(3)塑料光纤:纤芯与包层都是塑料,损耗大,传输距离很短,价格很低。多用于家电、音响,以及短距的图像传输。

安防工程中常用的是玻璃光纤。

2. 按传输模式分类

按光在光纤中的传输模式可分为:单模光纤和多模光纤。

光纤中传播的模式就是光纤中存在的电磁波场场型或者说是光场场形(HE)。各种场形都是光波导中经过多次的反射和干涉的结果。各种模式是不连续的、离散的。由于驻波才能在光纤中稳定地存在,它的存在反映在光纤横截面上就是各种形状的光场,即各种光斑。若是一个光斑,称为单模光纤;若为两个以上光斑,称为多模光纤。单模光纤采用固体激光器做光源;多模光纤则采用发光二极管做光源。

(1)单模光纤。单模光纤(Single-Mode Fiber,SMF)只传输主模,也就是说光线只沿光纤的内芯进行传输。单模光纤的纤芯直径很小,芯径在 8～10μm 之间,包括外包层的直径为 125μm。由于完全避免了模式射散使得单模光纤的传输频带很宽因而适用于大容量、长距离的光纤通信,但成本较高,通常在建筑物之间或地域分散时使用,单模光纤使用的光波长为 1310nm 或 1550nm。

(2)多模光纤。多模光纤(Multi-Mode Fiber,MMF)在一定的工作波长下(850nm/1300nm),有多个模式在光纤中传输;从而形成模分散,模分散技术限制了多模光纤的带宽和距离,因此,多模光纤的芯线粗(50 或 62.5μm),传输速度低、传输容量较小、传输距离短,整体的传输性能差,但其以前的成本比单模低,一般用于建筑物内或地理位置相邻的环境下,现在由于单模光纤的使用量很大,其成本已经与多模光纤相差不多甚至还要低一些,因此现在多模光纤使用范围越来越小了。图 2.2.2 - 1 所示为单模/多模光纤光轨迹图。单模光纤和多模光纤的特性比较见表 2.2.2 - 1。

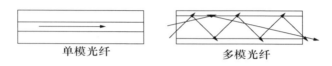

单模光纤　　　　　　　　多模光纤

图 2.2.2 - 1　单模光纤和多模光纤光轨迹图

表 2.2.2 - 1　单模光纤和多模光纤的特性比较

单模光纤	多模光纤
用于高速度、长距离场合	用于低速度、短距离场合
光纤成本不高,配套传输设备成本较高	光纤成本不高,配套传输设备成本较低
窄纤芯、需要激光源	宽纤芯、普通发光二极管
传输损耗小、高效	传输损耗大、低效

3. 按折射率分类

按折射率分类光纤可分为跳变式光纤和渐变式光纤两种,这主要针对多模光纤而言。跳变式光纤纤芯的折射率和保护层的折射率都是常数。在纤芯和保护层的交界面折射率呈阶梯型变化。渐变式光纤纤芯的折射率随着光纤半径的增加而按一定规律减小,到纤芯与保护层交界处减小为保护层的折射率。纤芯的折射率的变化是近似抛物线型的。折射率分类光纤光束传输,如图 2.2.2 - 2 所示。

4. 按工作波长分

按光纤的工作波长分类,有短波长光纤、长波长光纤和超长波长光纤。多模光纤的工作波长为短波长 850nm 和长波长 1300nm;单模光纤的工作波长为长波长 1310nm 和超长波长 1550nm。

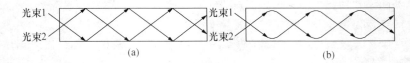

图 2.2.2-2 光在折射率分类光纤中传播过程

(a)光束在跃变式光纤中的传播过程；(b)光束在渐变式光纤中的传播过程

2.2.3 光纤的衰减

1. 光纤衰减的主要因素

造成光纤衰减的主要因素有：本征、弯曲、挤压、杂质、不均匀和对接等。

(1)本征：是光纤的固有损耗，包括瑞利散射、固有吸收等；

(2)弯曲：光纤弯曲时部分光纤内的光会因散射而损失掉，造成损耗；

(3)挤压：光纤受到挤压时产生微小的弯曲而造成损耗；

(4)杂质：光纤内杂质吸收和散射在光纤中传播的光造成损失；

(5)不均匀：光纤材料的折射率不均匀造成损耗；

(6)对接：光纤对接时产生损耗，如：不同轴(单模光纤同轴度要求小于 $0.8\mu m$)，端面与轴心不垂直，端面不平，对接心径不匹配和熔接质量差等。

2. 单位长度光纤的衰减

就目前所掌握的数据而言，对于单模光纤，传输 1310nm 波长光信号的损耗实验室数据是每公里损耗为 $0.28\sim0.3$dB，但工程上考虑余量和熔接损耗按 0.4dB/km 计算，传输 1550nm 波长光信号的损耗实验室数据是每公里损耗为 $0.18\sim0.21$dB，但工程上考虑余量和熔接损耗按 0.25dB/km 计算。

3. 光功率的确定

光功率的单位应该是 W 或 mW，但在工程上为了计算方便，常采用分贝值来表述，首先定义 1mW 的光源的光功率为 0dBmW，简写成 0dBm，其他数值取 10 的对数乘以 10，如 8mW 就是 $10\lg8=10\lg2^3=30\lg2=9.03$(dBm)。

4. 光纤传输损耗的估算

如某光发射机的输出功率为 0dBm，波长是 1310nm，通过一段 20km 的光缆，请估算到达目的地的光功率。

根据上面的参数我们可以估算：$0-20\times0.4=-8$dBm。

2.2.4 光缆

光纤传输系统中直接使用的是光缆而不是光纤。光纤最外面常有 $100\mu m$ 的缓冲层或套塑层；套塑层的材料大都采用尼龙、聚乙烯或聚丙烯等塑料。套塑后的光纤(称为芯线)还不能在工程中使用，必须把若干根光纤疏松地置于特制的塑料绑带或铝皮内，再被涂覆塑料或用钢带铠装，加上外护套后才成光缆。一根光缆由一根至多根光纤组成，外面再加上保护层。光缆中的光纤数有 2 芯、4 芯、6 芯，甚至更多(48 芯、96 芯、576 芯等多种),一般单芯光缆和双芯光缆用于光纤跳线,多芯光缆用于室内室外的布线。

几种常见光缆结构如图 2.2.4-1 所示,为了便于识别,在光缆中松套管里的光纤的涂敷层被涂成蓝、橙、绿、棕、灰、白、红、黑、黄、紫、粉红、浅蓝 12 色,每个松套管里最多只装 12 芯。尾纤和跳线中的光纤比光缆中的裸光纤另外多了一层塑料护套,直径尺寸为 0.9mm。

值得注意的是缓冲层分为松缓冲层和紧缓冲层两种。松缓冲层的内径比光纤的外层(涂敷层)直径大得多。这种设计有两个主要优点:对机械力的完好隔离(当然在一定范围内)和防止受潮。第一个优点来自于所谓的机械失效区,强加于缓冲器的外力并不影响光纤,直到这一外力足够大以至拉直缓冲器内的光纤。松缓冲层可以非常容易地由隔水凝胶填充,因此也提供了第二个优点。另外,松缓冲层可以容纳几根光纤,减少光缆的成本。另一方面,这一类型的光缆不能垂直安装而且连接(接合和端接)的端准备很费力。因此,光缆的松缓冲层类型大多用在户外安装,因为它在很大的温度、机械压力范围和其他环境条件下,能够提供稳定可靠的传输。

紧缓冲层的内径和光纤涂敷层外径相等,它的主要优点是尽管光纤有断裂,仍有能力保持光缆可操作。紧缓冲层是粗糙的,允许较小的曲率半径。因为每个缓冲层仅包含一根光纤而且没有凝胶要去除,准备这类光缆的连接很容易。具有紧缓冲层的光缆可垂直安装。一般来说,紧缓冲层光缆比松缓冲层光缆对温度、机械压力和水更敏感,因此它们大多用于室内。

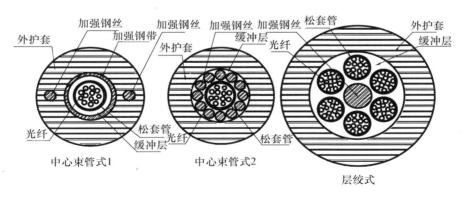

图 2.2.4-1　光缆结构图

1. 光缆的分类

从不同的角度,可将光缆划分为不同的种类。

(1)按敷设方式分,光缆有架空光缆、管道光缆、铠装地埋光缆、水底光缆和海底光缆等。

　　通信光缆自 20 世纪 70 年代开始应用以来,现在已经发展成为长途干线、市内电话中继水底和海底通信及局域网、专用网等有线传输的骨干,并且已开始向用户接入网发展,由光纤到路边(FTTC)、光纤到大楼(FTTB)等向光纤到户(FTTH)发展。针对各种应用和环境条件等,通信光缆有架空、直埋、管道、水底、室内等敷设方式。

　　(2)按结构分,光缆有束管式光缆、层绞式光缆、紧抱式光缆、带式光缆、非金属光缆和可分支光缆等。

　　(3)按用途分,光缆有长途通信光缆、短途室外光缆、室内光缆和混合光缆等。

　　2. 局域网中常用的光缆

　　局域网中的光缆产品主要包括布线光缆、光纤跳线、光纤连接器、光纤配线架等。如常见的芯线直径为 $50\mu m$ 或 $62.5\mu m$,包层直径为 $125\mu m$。由于存在模间色散和模内色散,相对单模光纤来说,其传输距离较短(一般在 2km 之内),带宽较窄。单模光纤纤芯直径较小,一般为 $8.3\mu m$,包层直径也是 $125\mu m$,光在其中直线传播,很少反射,不存在模间色散,模内色散也较小,故传输距离长(可达几十千米),带宽宽(超过 10GMHz),但其端接设备比多模端接设备贵些。距离和带宽不特别高的中小企业网,选用多模光纤比较合适。实际中使用的光纤是含有多根纤芯、并经多层保护的光缆。国内常用光缆为 4 芯、6 芯、8 芯、12 芯等不同规格,且分为室内和室外两种。室外光缆具有室内光缆的所有性能并增强了保护层。对中小企业网多选用价格低廉的 4 芯室外光缆作为楼宇之间的主干连接,4 芯室内光缆作为楼内的主干连接在使用光缆互联多个节点的应用中,必须考虑光纤的单向特性,如果要进行双向通信,就要使用双根光纤或波分复用设备。光纤的类型是由模材料制成的芯和外层尺寸决定,芯的尺寸大小决定光的传输质量。局域网中常用的光纤制成的光缆有:$8.3\mu m$ 芯/$125\mu m$ 单模光纤;$62.5\mu m$ 芯/$125\mu m$ 多模光纤;$50\mu m$ 芯/$125\mu m$ 多模光纤。

　　(1)室内光缆。室内光缆的抗拉强度较小,保护层较差,但重量较轻,且较便宜。

　　a. 普通光缆和光纤带光缆。根据光纤结构的不同,可分为普通光纤光缆和光纤带光缆。普通光缆即单根光纤,它只能直接连接两台设备而光纤带光缆是指可以同时连接多个设备的光纤,光纤带光缆有利于网络的连接,减少了铺设多条普通光缆时造成的资源浪费。多芯光纤光缆端接到配线架或网络设备时,需要借助于多芯光纤带光缆分支器。

　　b. 层绞式光缆和中心束管式光缆。层绞式光缆的金属或非金属加强件位于光缆的中心,容纳光纤的松套管围绕加强件排列。而中心束管式的松套管位于光缆的中心位置,金属或非金属加强件围绕松套管排列。层绞式光缆具有耐水解特性和较高的强度,管内充以特种油膏,对光纤有保护作用,加强芯处于缆芯中央位置,松套管以适当绞合节距围绕加强芯层绞,通过控制光纤余长和调整绞合节距,可使光缆具有很好的抗拉性能和温度特性。松套管和加强芯间用缆膏填充绞合在一起,保证了松套管和加强芯间的防水性能;光缆的径向和纵向防水由多种措施保证,根据不同的要求,有多种抗侧压措施。

而中心管式光缆具有很好的机械性能和温度特性。松套管材料本身具有良好的耐水解性能和较高的强度,管内充以特种油膏,对光纤起到保护作用,两根平行钢丝保证光缆的抗拉强度,直径小、重量轻、容易敷设。紧套光缆用外径为 $250\mu m$ 的紫外光固化一次涂覆光纤直接紧套一层材料制成 $900\mu m$ 紧套光纤,以紧套光纤为单元,在单根或多根紧套光纤四周布放适当的抗张力材料,挤制一层阻燃护套料,制成单芯或多芯紧套光缆。

(2)室外光缆。与室内光缆相比,室外光缆的抗拉强度较大,保护层较厚重,并且通常为铠装(即金属皮包裹)。室外光缆主要适用于建筑物之间的布线。根据布线方式的不同,室外光缆又分为架空式光缆、直埋式光缆和管道式光缆 3 种。

a. 架空光缆。架空光缆是架挂在电杆上使用的光缆。这种敷设方式可以利用原有的架空明线杆路,节省建设费用、缩短建设周期。架空光缆挂设在电杆上,要求能适应各种自然环境。架空光缆易受台风、冰凌、洪水等自然灾害的威胁,也容易受到外力影响和本身机械强度减弱等影响,因此架空光缆的故障高于直埋和管道式光纤光缆。一般用于长途二级或二级以下的线路,适用于专用网光缆线路或某些局部特殊地段。①吊线式。先用吊线紧固在电杆上,然后用挂钩将光缆悬挂在吊线上,光缆的负荷由吊线承载;②自承式。用一种自承式结构的光缆,光缆横截面呈"8"字型,上部为自承线,光缆的负荷由自承线承载。

b. 直埋光缆。这种光缆外部有钢带或钢丝的铠装,直接埋设在地下,要求有抵抗外界机械损伤的和防止土壤腐蚀的性能。根据不同的使用环境和条件选用不同的护层结构,例如在有虫鼠害的地区,要选用有防虫鼠咬啮护层的光缆。

根据土质和环境的不同,光缆埋入地下的深度一般在 0.8～1.2m 之间。

c. 管道光缆。管道敷设一般是在城市地区,管道敷设的环境比较好,因此对光缆保护层没有特殊要求,无需铠装。管道敷设前必须选好敷设段的长度和接续点的位置,敷设时可以采用机械牵引或人工牵引,牵引力不要超过光缆的允许张力。

图 2.2.4-2 为几种常见光缆的实物图。

图 2.2.4-2　几种光缆

2.3　光纤连接件

在安防工程中,形成一条光纤链路,除了光纤外还需要各种不同的硬件部件,其中一些用于光纤连接,另一些用于光纤的整合和支撑。光纤的连接主要在配线间完成,它的连接是这样完成的:光缆敷设至配线间后连至光纤配线架(光纤终端盒),光缆与光纤尾纤熔接,尾纤的连接器插入光纤配线架上的光纤耦合器的一端,耦合器的另一端用光纤跳线连接,跳线的另一端连接光端机或光纤收发器等光设备的光接口。

2.3.1　光纤配线设备

光纤配线设备是光缆与光通信设备之间的配线连接设备,用于光纤通信系统中光缆的成端和分配,可方便地实现光纤线路的熔接、跳线、分配和调度等功能。

光纤配线架有机架式光纤配线架、挂墙式光缆终端盒和光纤配线箱等类型,可根据光纤数量和用途选择。

图 2.3.1-1 为光纤配线架的外观。图 2.3.1-2 为机架式光纤配线架的结构。图 2.3.1-3 是一款小型光纤配线箱,它适用于多路光缆接入接出的主配线间,具有光缆端接、光纤配线、尾纤余长收容功能,它既可作为光纤配线架的熔接配线单元,亦可独立安装于 19″标准网络机柜内。该配线箱采用层叠式 12 口光纤熔接配线一体化转盘式 02 模块,后置翻转式熔接单元(可选),光纤可进行集中熔接;可卡装 FC、SC、LC 和 ST(另配附件)4 种适配器;适合各种结构光缆的成端、配线和调度,可上下左右进纤(缆);适用于带状和非带状光缆的成端;有清晰、完整的标识。

除小型光纤配线箱外,还有能容纳几百根光纤连接的大型光纤配线箱(柜)。

(a)　　　　　　　　　　　　　(b)

图 2.3.1-1　光纤配线架外观

(a)机架式;(b)挂墙式

2.3.2　光纤连接器

光纤连接器(Fiber Connector)是光纤系统中使用最多的光纤无源器件,用来

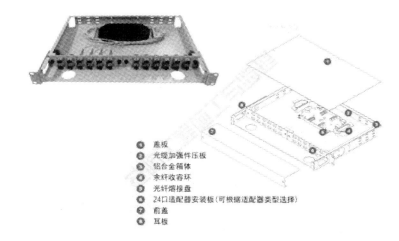

- 盖板
- 光缆加强件压板
- 铝合金箱体
- 束纤收容环
- 光纤熔接盘
- 24口适配器安装板(可根据适配器类型选择)
- 前盖
- 耳板

图 2.3.1-2 机架式光纤配线架结构

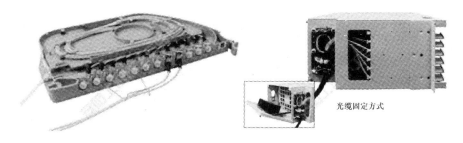

光缆固定方式

图 2.3.1-3 小型光纤配线箱

端接光纤。光纤连接器的首要功能是把两条光纤的芯子对齐,提供低损耗的连接。光纤连接器按连接头结构可分为:FC、SC、ST、LC、MT 等几种;按接头端面形状分有 PC、UPC 和 APC 型,如图 2.3.2-1所示,这几种类型端面的连接器在光学特性上的重要区别是回波损耗上的差别:PC≥45dB, UPC≥50dB, APC≥60dB,前两个在数据传输网络中使用比较广泛,后者多在有线电视用于传输模拟信号。

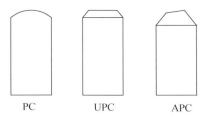

PC   UPC   APC

图 2.3.2-1 几种常见接头的剖面图

这样综合来说光纤连接器主要就有 FC/APC、FC/UPC、FC/PC、SC/APC、SC/UPC、SC/PC、ST/UPC、ST/PC 等几种;按光纤芯数分还有单芯、多芯(如 MT-RJ)型光纤连接器之分。

传统主流光纤连接器品种是 FC 型（螺纹连接式）、SC 型（直插式）和 ST 型（卡扣式）3 种，它们的共同特点是都有直径为 2.5mm 的陶瓷插针，这种插针可以大批量进行精密磨削加工，以确保光纤连接的精准。插针与光纤组装非常方便，经研磨抛光后，插入损耗一般小于 0.2dB。

PC：插针端面为球面，端面曲率半径最大，近乎平面接触。SPC 型插头端面的曲率半径为 20mm，反射损耗可达 45dB，插入损耗可以做到小于 0.2dB。UPC：插针端面也是球面，但抛磨更加精细，端面光洁度比 PC 要好。APC：反射损耗最高，除了采用球面接触外，还把端面加工成斜面，倾斜角度一般为 8 度以使反射光反射出光纤，避免反射回光发射机。PC 型——插针体端面为物理端面；UPC 型——插针体端面为超级物理端面；APC 型——插针体端面为角度物理端面。

随着光缆在布线工程中的大量使用，光缆密度和光纤配线架上连接器密度的不断增加，目前使用的连接器已显示出体积过大、价格太贵的缺点。小型化（SFF）光纤连接器正是为了满足用户对连接器小型化、高密度连接的使用要求而开发出来的。它压缩了整个网络中面板、墙板及配线箱所需的空间，使其占有的空间只相当传统 ST 和 SC 连接器的一半。而且在光纤通信，连接光缆时都是成对儿使用的，即一个输出（output，也为光源），一个输入（input，光检测器）。在使用时，能够成对一块儿使用而不用考虑连接的方向，而且连接简捷方便，有助于网络连接。SFF 光纤连接器已越来越受到用户的喜爱，大有取代传统主流光纤连接器 FC、SC 和 ST 的趋势。因此小型化是光纤连接器的发展方向。

目前最主要 SFF 光纤连接器有 4 种类型：美国朗讯公司开发的 LC 型连接器、日本 NTT 公司开发的 MU 型连接器、美国 Tyco Electronics 和 Siecor 公司联合开发的 MT‐RJ 型连接器和 3M 公司开发的 Volition VF‐45 型连接器等。

1. FC 型光纤连接器

FC 是 Ferrule Connector 的缩写，其外部加强采用金属套，紧固方式为螺丝扣。最早，FC 类型的连接器，是采用的陶瓷插针的对接端面的平面接触方式。此类连接器结构简单，操作方便，制作容易，但光纤端面对微尘较为敏感。后来，该类型连接器有了改进，采用对接端面呈球面的插针（PC），而外部结构没有改变，使得插入损耗和回波损耗性能有了较大幅度的提高。

2. SC 型光纤连接器

SC 型光纤连接器外壳呈矩形，所采用的插针与耦合套筒的结构尺寸与 FC 型完全相同，其中插针的端面多采用 PC 或 APC 型研磨方式；紧固方式是采用插拔销闩式，不需旋转。此类连接器价格低廉，插拔操作方便，抗压强度较高，安装密度高。

3. ST 型光纤连接器

ST 型光纤连接器外壳呈圆形，所采用的插针与耦合套筒的结构尺寸与 FC 型完全相同,其中插针的端面多采用 PC 或 APC 型研磨方式。紧固方式为螺丝扣。此类连接器适用于各种光纤网络,操作简便,且具有良好的互换性。

4. LC 型光纤连接器

LC 型光纤连接器是为了满足客户对连接器小型化、高密度连接的使用要求而开发的一种新型连接器。它压缩了整个网络中面板、墙板及配线箱所需要的空间,使其占有的空间只相当于传统 ST 和 SC 连接器的一半。陶瓷插芯仅为 1.25mm,有单芯、双芯两种结构可供选择,具有体积小,尺寸精度高,插入损耗低,回波损耗高等特点。

5. MT‐RJ 型光纤连接器

MT‐RJ 带有与 RJ‐45 型局域网连接器相同的门锁机构,通过安装于小型套管两侧的导向销对准光纤,为便于与光收发信机相连,连接器端面光纤为双芯(间隔0.75mm)排列设计,它主要用于数据传输的高密度光连接器。MT‐RJ 设计成与UTP 插座同一尺寸,因此 MT‐RJ 特别适用于安装在工作区的标准面板上。

图 2.3.2‐2 是几种光纤连接器的外形。

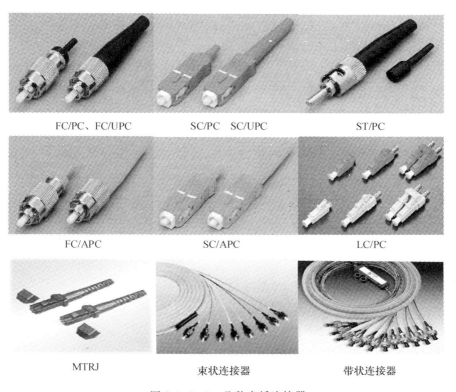

FC/PC、FC/UPC　　　　SC/PC　SC/UPC　　　　　ST/PC

FC/APC　　　　　　　　SC/APC　　　　　　　LC/PC

MTRJ　　　　　　束状连接器　　　　　　带状连接器

图 2.3.2‐2　几种光纤连接器

2.3.3　光纤跳线

光纤跳线是两端带有光纤连接器的光纤软线,又称为互连光缆,有单芯和双芯、多模和单模之分。光纤跳线主要用于光纤配线架到交换设备或光纤信息插座到计算机的跳接,根据需要,跳线两端的连接器可以是同类型的,也可以是不同类型的,其长度可根据需要定制。图2.3.3-1是几种光纤跳线的外形。

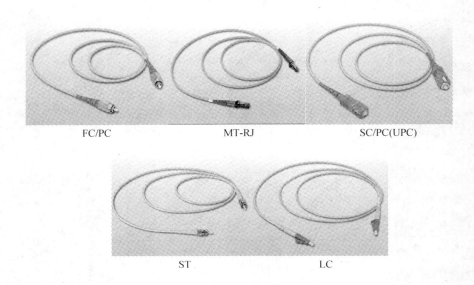

FC/PC　　　　　　　　　MT-RJ　　　　　　　　SC/PC(UPC)

ST　　　　　　　　　　　LC

图 2.3.3-1　几种光纤跳线

2.3.4　光纤尾纤

光纤尾纤一端是光纤,另一端连光纤连接器,用于与布线工程的主干光缆和水平光缆相接,有单芯和双芯两种,一条光纤跳线剪断后就形成两条光纤尾纤。

2.3.5　光纤适配器(耦合器)

光纤适配器(Fiber Adapter)又称光纤耦合器,是实现光纤活动连接的重要器件之一,它通过尺寸精密的开口套管在适配器内部实现了光纤连接器的精密对准连接,保证两个连接器之间有一个较低的连接损耗。工程中常用的是两个接口的适配器,它实质上是带有两个光纤插座的连接件,同类型或不同类型的光纤连接器插入光纤耦合器,从而形成光纤的连接,主要用于光纤配线设备和光纤面板。图2.3.5-1是几种光纤适配器的外形。

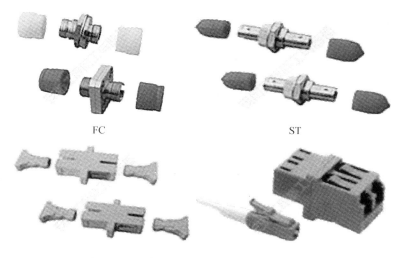

FC　　　　　　　　　　　　　ST

SC/PC(上)SC/APC(下)　　　　　　　　　　LC

图 2.3.5-1　几种光纤适配器

2.4　敷线管道用材

2.4.1　水泥预制电缆导管和石棉水泥管

水泥预制导管是早期通信地埋管道主要材料,特点是成本低廉,施工也较方便,但由于该管道受地表沉降的影响比较大,有些管道经过多年以后,可能会无法完全连通,因此目前使用得越来越少了,图 2.4.1-1 为实物图。水泥预制导管按孔数分为 2 孔、4 孔、6 孔三类,按孔径分为 125mm、150mm 两种规格,产品标记的顺序按孔径×公称长度、孔数、水密性等级、产品等级及标准编号,例如:孔径为 150mm、公称长度为 1000mm、孔数为 6 孔、水密性等级为 I 级的优质品预制导管型号为 150×1000-6-I A JC 565。

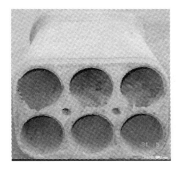

图 2.4.1-1　水泥预制导管

图 2.4.1-2　石棉水泥管

　　石棉水泥管是以维纶纤维和其他增强纤维加入高标号水泥,采用特定生产法制成的非金属管材,具有强度高、耐腐蚀、耐高温、无磁损、内壁光滑、可切割、寿命长、施工便捷等特点,常被电力、电信部门用于敷设地下电缆,主要规格有$\phi100\text{mm}$、$\phi125\text{mm}$、$\phi150\text{mm}$、$\phi175\text{mm}$、$\phi200\text{mm}$等多种。

　　水泥预制电缆导管和石棉水泥管在敷设电缆或光缆时,需要在水泥孔内另外敷设3—5根PE子管,然后在子管内穿电缆或光缆。

2.4.2　双壁波纹管和子管

　　目前应用的双壁波纹管是八十年代初由德国开发成功的一种新型塑料管材,由光滑的内壁和中空的波纹状外壁复合组成,有良好的承受外部载荷的能力,具有强度高、重量轻、内壁光滑、抗冲击、耐腐蚀、施工方便、造价低等优点,由于双壁波纹管壁较薄,比同种材质、同等规格的实芯管材可节约原料40%～60%;聚氯乙烯双壁波纹管使用寿命长,露天使用寿命可以达到20年,地下使用寿命可以达到50年以上,在同等负荷前提下,PVC‐U双壁波纹管由于外壁波纹,增加了管子本身的惯性距,提高了管材的刚性和承压能力,同时赋予了管子一定的纵向柔性。波纹管采用扩口承插,采用密封圈连接,可以防止热胀冷缩的影响;施工中一般情况下无需在施工现场浇捣混凝土及保障层;使用寿命长,施工方便、运输及施工费用低,土方开挖量小,可以大大缩短工期。基于以上诸多优点,目前有逐步取代传统石棉水泥管的趋势。

　　在当前的工程中,80%双壁波纹管中是聚氯乙烯,即硬聚乙烯(PVC‐U,U表示添加塑化剂,PVC‐U的氯不会释放出来)加工的,此外目前还有一些用高密度聚乙烯材料(HDPE)加工的,高密度聚乙烯的主要优势是无毒,比较环保。

　　在地埋工程中常用的双壁波纹管是按公称外径来定义规格的:主要有$\phi110\text{mm}$、$\phi160\text{mm}$、$\phi200\text{mm}$,在弱电地埋工程中常用的是$\phi110\text{mm}$的,每根长度均为6m。图2.4.2‐1是双壁波纹管的实物图。

图2.4.2‐1　双壁波纹管

　　双壁波管在具体电缆施工中,与前面的水泥管道施工一样,还需要在管道内另外敷设子管,目前弱电工程中常用的子管一种塑制半硬的PE(聚乙烯)阻燃导管,有高密度(HDPE)和低密度(LDPE)之分,它们是选用聚乙烯树脂加入必需的助剂,经挤出成型的一种管材,所不同的是,高密度聚乙烯支链少,分子排列紧密,比低密度聚乙烯硬,具有强度高、耐腐蚀、挠性好、内壁光滑等优点,明、暗装穿线兼用的特点,适用于分隔置于同一条大管内的多条光电缆,便于穿管及分类,子管颜色分红、绿、黄、白、黑等多种,一般以盘卷形式供货,每卷 100～300m。主要规格有 20mm、25mm、32mm、40mm 等几种。图 2.4.2-2 是子管的实物图。

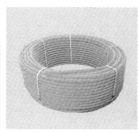

图 2.4.2-2　HDPE 和 LDPE 子管

2.4.3　多孔管

在缆线地埋工程的多孔管是一种新型光电缆护套管,它以聚氯乙烯(PVC)、高密度聚乙烯(HDPE)为主要原料,并配以其他改性辅料经复合拱挤成型的方式加工成型的一种多孔状管材,能较方便地用于光纤光缆的穿导隔离及保护,其刚性好,可有效地保护光缆、电缆,并且可以很方便地将各种不同光缆、电缆线路彼此分开,从而不再需要另外敷设子管,相对于传统管材来说,多孔管具有耐腐蚀、抗压能力强、安装施工方便、工程造价低等特点。

目前工程中常用的多孔管因其截面成梅花状因此又称梅花管或蜂窝管,但近来还出现了一些方形的异型多孔管,因此它的规格比较多而且目前也没有非常统一的国家标准规格。但每支管子的长度现在都统一为 6m,管与管之间的连接采用专用管套。图 2.4.3-1 是几种多孔管及配件的实物图。

2.4.4　镀锌钢管和塑合金复合管

镀锌钢管也就是我们通常说的自来水管,在弱电地埋工程中常用在跨公路、过桥梁或者地埋线缆入土出土保护等处,用来代替双壁波纹管或塑料子管以提高管道本身抗压、防破坏能力。在我们弱电工程中常用的镀锌钢管外径尺寸有 $\phi40mm$、$\phi48mm$、$\phi60mm$、$\phi75mm$、$\phi88mm$、$\phi114mm$ 等,壁厚 2～4mm,每根长度都为 6m,管与管之间的连接采用攻丝管套,在具体的工程施工中要根据原管道要求以及环境的需求选择合适的管径和合适的壁厚。图 2.4.4-1 为镀锌钢管的实物图。

由于镀锌钢管价格比较高,人们在生产实践中又在寻找更廉价的替代品,其中塑合金复合管就是其中的一种,它综合应用了多种高分子材料,并经过互穿网络合金化处理,使产品具有抗冲击性能好、强度高、耐腐蚀等多项优点。同时利用了力学分配原理进行创新结构设计,外方内圆整体结构一次挤出成型,达到分散应力支撑管体和提高抗压强度的目的。它在使用中组合排列容易、施工简便、既可降低工程造价,又可延长通信管道的使用寿命。主要特点:

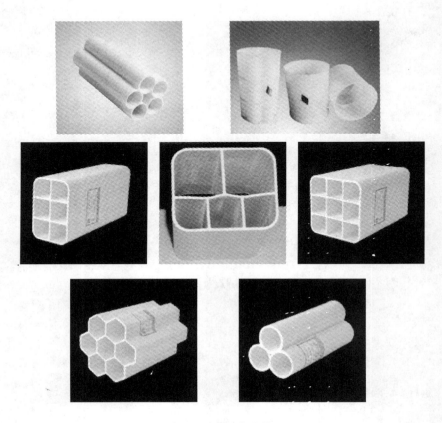

图 2.4.3-1　多孔管

1. 规格齐全,组合多样。产品规格有单孔、2 孔、3 孔、4 孔、5 孔、6 孔、9 孔等,可放置不同口径的光电缆,与原有水泥管、波纹管等管道可以自由过渡、组合,并有相应的配件如接头、堵头、勒带、专用胶水、修补片等便于施工操作。

2. 结构创新,节省管位。外形结构为弧角方形,排布整齐方便。

3. 韧性好,弯曲自由。一段 6m 长管材,弯曲弦高可达 1.2m 以上,特殊变向可配接专用弯头。

4. 施工便捷,省工省时。护套与子管成一体,无需二次穿子管一次铺设即可穿缆;搬运方便;内壁光滑,穿线省力;接口有装配标记,排接有序;抗压性强,埋深仅要求 0.3～0.5 米,无需做基础和水泥包封,先回填细沙

图 2.4.4-1　镀锌管

土 20cm 再回填土即可通车,过马路无须做基础和水泥包封。图 2.4.4 - 2 是塑合金复合管实物图,图 2.4.4 - 3 是其实地应用的图。

图 2.4.4 - 2　塑合金复合管

图 2.4.4 - 3　塑合金复合管的实地应用

2.4.5　人(手)井盖

在地埋管道长度达到一定限度或是需要转弯、分支的时候,我们往往要在此处设置一个电缆人井或手井,在人井或手井上面连接路面的地方就需要用到井盖。

按材料分目前常见的井盖有铸铁、钢纤维复合材料以及树脂复合材料等几种,铸铁的各项机械性能都是比较好的,主要的缺点是比较笨重,由于可以回收,经常成为盗窃分子的偷盗对象;钢纤维复合材料的井盖是在井盖的制作材料(如高分子材料、混凝土材料)中,掺入一定比例的钢纤维制作而成,用来提高井盖的机械强度;树脂材料的井盖是直接利用高分子材料内加钢筋骨架制作而成的,这两种井盖的回收价值不高,一般不会成为被盗窃的对象。

按形状分有圆形、方形之分,其中圆形的主要用于人孔,方形主要用于手井,有 1 号(860 × 470mm)、2 号(860 × 940mm)、3 号(860 × 1410mm)、4 号(860×1880mm)等几种规格,此外在地埋工程中还有一种比较常用的小号手孔,其规格是 600×400mm。

按承受压力的情况我们还可以把井盖分为轻型、普通型和重型(铸铁井盖还有超重型)三种,复合井盖轻型承重为 20kN,普通型为 100kN,重型为 240kN。

图 2.4.5-1 为几种形式的井盖图,图 2.4.5-2 为其实际应用图。

图 2.4.5-1　几种不同形式的井盖

图 2.4.5-2　井盖的实地应用

2.4.6　金属桥架和 PVC 线槽

金属桥架多由厚度为 0.4～1.5mm 的钢板制成,也有用铝合金加工的,目前国家尚没有统一的标准规格,各厂家基本上是按自己模具或用户要求设计生产,常见的规格有:50mm×100mm、100mm×100mm、100mm×200mm、100mm×300mm、200mm×400mm 等,具有结构简单、强度高、外形美观、无需焊接、不易变形、连接款式新颖、安装方便等特点,它是敷设线缆的理想配套装置。金属桥架分为槽式、托盘式和梯式等几类,如图 2.4.6-1、2、3。槽式桥架是指由整块钢板弯制成的槽形部件;托盘式桥架也是由整块钢板弯制成的槽形部件,上面没有封闭,托盘下面还打了孔,便于减轻重量,同时有利于散热;梯式桥架是由侧边与若干个横档组成的梯形部件。桥架附件是指用于直线段之间,直线段与弯通之间连接所必需的连接固定或补充直线段、弯通功能部件,图 2.4.6-4.5.6 为

图 2.4.6-1　槽式桥架

几种桥架的空间布置示意图。支、吊架是指直接支承桥架的部件,它包括托臂、立柱、立柱底座、吊架以及其他固定用支架,如图 2.4.6-7 所示,图 2.4.6-8 是几种固定桥架的方式。

图 2.4.6 - 2　托盘式桥架　　　　图 2.4.6 - 3　梯式桥架

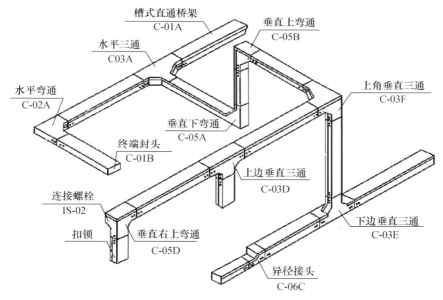

2.4.6 - 4　槽式桥架空间布置示意图

为了防止金属桥架腐蚀,其表面可采用电镀锌、烤漆、喷涂粉末、热浸镀锌、镀镍锌合金纯化处理或采用不锈钢板。我们可以根据工程环境、重要性和耐久性,选择适宜的防腐处理方式。一般腐蚀较轻的环境可采用镀锌冷轧钢板桥架;腐蚀较强的环境可采用镀镍锌合金钝化处理桥架,也可采用不锈钢桥架。弱电综合系统中所用线缆的性能,对环境有一定的要求。为此,我们在工程中常选用有盖无孔型槽式桥架(简称线槽)。

由于金属桥架成本较高,施工难度也较大,因此在一些明装线路施工中,除了使用金属的电缆桥架以外,还经常使用 PVC 线槽,如如图 2.4.6 - 9 所示,PVC 线槽的有施工简单,造价低廉、敷设电缆方便等优点,目前也没有统一的国家规格标准,在工程施工中常见的有 20 × 12mm、25 × 12.5mm、30 × 15mm、40 × 20mm、

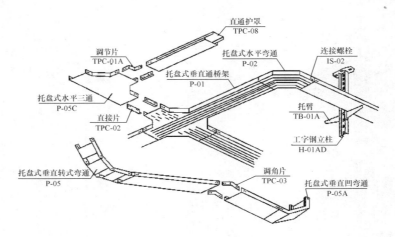

图 2.4.6-5 拖盘式桥架空间布置示意图

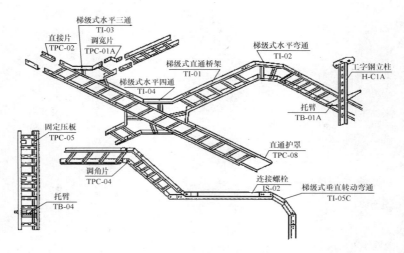

图 2.4.6-6 梯式桥架空间布置示意图

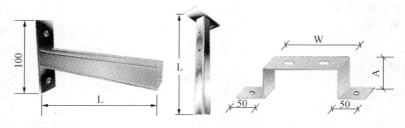

图 2.4.6-7 几种桥架支架

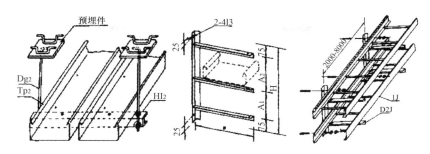

图 2.4.6-8　几种固定桥架的方式

$60 \times 30(40)$mm、$80 \times 40(50)$mm、$100 \times 50(60)$mm 等几种规格，单条长度一般为 4m。与 PVC 槽配套的附件有：阳角、阴角、直转角、平三通、顶三通、左三通、右三通、连接头、终端头、接线盒（暗盒、明盒）等，如图 2.4.6-10 所示。

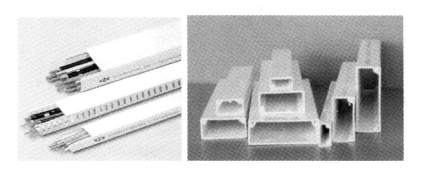

图 2.4.6-9　PVC 线槽

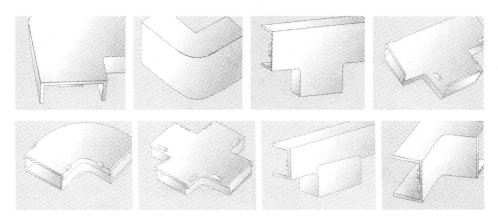

图 2.4.6-10　PVC 管槽配件

2.4.7　PVC 电线管和金属电线管

电线管按加工材料大体可以分为塑料电线管和金属电线管两大类。

塑料电线管在产品上分为两大类：PE（聚乙烯）阻燃导管和 PVC（聚氯乙烯）阻燃导管。PE 管我们前面已经介绍过了这里不再重复。

PVC 阻燃导管是以聚氯乙烯树脂为主要原料，加入适量的防腐剂、稳定剂，经加工设备挤压成型的刚性导管，有施工简单、机械强度较大、重量轻等优点。小管径PVC 阻燃导管可在常温下进行弯曲，便于用户使用，按外径分有 D16、D20、D25、D32、D40、D50、D63、D75、D110 等多种规格，单位为 mm，图 2.4.7 - 1 是 PVC 电线管的实物图。

与 PVC 管安装配套的附件有：接头、螺圈、弯头、弯管弹簧、一通接线盒、二通接线盒、三通接线盒、四通接线盒、开口卡、专用截管器、PVC 粘合剂等，图 2.4.7 - 2 是一部分 PVC 电线管附件的实物图。

图 2.4.7 - 1　PVC 电线管　　　　　　图 2.4.7 - 2　PVC 电线管附件

金属电线管采用铁带或铜带经高频焊管机组自动焊缝成型，表面双面镀锌，主要优点是电气屏蔽性能好，防火性能高、机械强度大，但重量大、成本高，常用于分支结构或暗埋的线路。它的规格有多种，常用金属管外径有 D16、D20、D25、D32、D40、D50 等规格，单位为 mm，图 2.4.7 - 3 是金属电线管的实物图。金属管中还有一种是软管（俗称蛇皮管），供不便于弯曲的地方使用，如桥架连接金属管或 PVC 管线时使用，图 2.4.7 - 4 是其实物图。

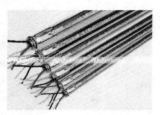  

图 2.4.7 - 3　金属电线管　　　　　　图 2.4.7 - 4　蛇皮软管

与金属电线管安装配套的附件有：螺纹接头、直管接头、弯头、司令盒（二通接线盒、三通接线盒、四通接线盒）等，图 2.4.7-5 是一部分金属电线管附件的实物图。

图 2.4.7-5　金属电线管附件

2.4.8　电线盒、管扣

电线盒有金属的也有塑料的，金属的一般用于金属电线管系统中，如图 2.4.8-1 所示，塑料的一般用于塑胶电线管系统中，如图 2.4.8-1 所示，两者除了在屏蔽和电气绝缘性能上要求有所不同，在其他方面使用效果上没有太大的区别。电线盒在弱电系统施工中主要由于安装信号插座、网络模块、电话和有线电视插座，在一些地方也常常被用来做中继放线盒，如在墙壁预埋施工中当管路过长时用于放在管路中途，当二次穿线困难时，可以开启此盒用于中途接力，最常见的规格是 86×86mm 的，此外还有 120×120、86×147mm 等规格。

图 2.4.8-1　金属电线盒

图 2.4.8-2　塑料电线盒

管扣也称管卡,是负责将电线管固定在目标载体的一种装置,塑胶电线管采用塑胶管专用的管卡,金属电线管采用金属电线管专用的管卡——元宝卡子、龙骨卡子、通丝吊杆等。图2.4.8-3为几种形式的管卡的实物图。

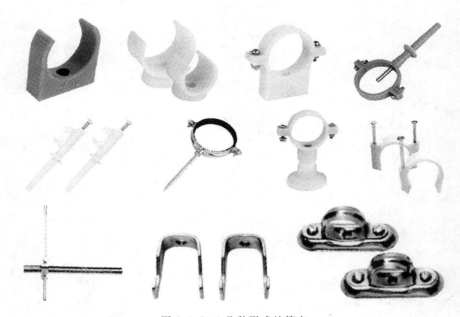

图2.4.8-3 几种形式的管卡

2.5 架空线路材料

2.5.1 预应力水泥杆和等径水泥杆

水泥杆是架空通信线路中的基本设备之一,具有使用寿命长、维护工作量小等优点,目前使用较为广泛。水泥电杆通常为空心的环形杆,有锥形杆(锥度1:75)和等径杆两种。

预应力水泥杆内埋设钢筋骨架,沿电杆环向均匀配置主筋,以梢径270～283mm的电杆为例,主筋不少于10根;主筋内侧设架立圈;主筋外配置螺旋钢筋,为了增加电杆强度,主要受力钢筋可以采用预应力钢筋。这种预应力水泥杆为了弥补在使用时过早出现裂缝的现象,在电杆制作时,预先给混凝土一个预压力,即在混凝土的受力区内,用人工加力的方法,将钢筋进行张拉,利用钢筋的回缩力,使混凝土受力区预先受力。这种储存下来的预加力,当电杆承受由外荷载产生的拉力时,首先抵消受拉区混凝土中的预压力,然后随荷载增加,才使混凝土受力,这就限制了混凝土的伸长,延缓或不使裂缝出现。

等径杆,顾名思义是一种上下端直径都相同的水泥杆,是相对于普通锥形预应力水泥杆而言的,它的特点是杆头杆尾直径一样,内部采用数目较多的螺纹钢做骨架,承受的机械负荷可以根据设计要求做得比较大一些,部分地方可以用做高桩拉、大角度无拉线转角杆,中小负荷的无拉线终端杆。

通信架空线路上使用的水泥杆的规格主要有 6m、中 7m、大 7m、8m、9m 等几种,衡量其强度主要参数为弯矩,单位为 kN·m,数值越大,抗弯能力越大。

2.5.2　钢绞线、挂钩

用配制好的镀锌钢丝在机器上按规定一次多根捻制成的金属绞线称镀锌钢绞线,这种镀锌钢绞线主要用于吊架、悬挂架空电缆、光缆、做转角杆终端杆的拉线以及固定物件等。根据镀锌钢绞线的断面结构可分为三种:1×3、1×7、1×19,其中在工程中比较常用的为 1×7,工程中常用的规格有 3.0mm、4.2mm、5.4mm、6.0mm、6.6mm、7.8mm 等多种,它们对应的公称抗拉强度(单位为 N/mm^2)是不同的,在施工中需根据水泥杆和悬挂光、电缆的重量的情况来选择;根据镀锌钢绞线内钢丝锌层厚度的不同,镀锌钢绞线可以分为 A(特厚)级、B(厚)级、C(薄)级。图 2.5.2-1 为钢绞线的实物图。目前用得最多的镀锌钢绞线的寿命只有 10 年左右,为了提高钢绞线的耐腐蚀性能,近来在工程中又出现了锌-5%铝-稀土新型合金镀层钢绞线,其耐腐蚀性能比相同厚度的纯锌层提高 1~4 倍。

图 2.5.2-1　钢绞线

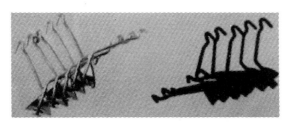

图 2.5.2-2　电缆挂钩

电缆挂钩是用在架空吊线上悬挂光缆、电缆起支撑作用的物件,按材质分主要有全金属和托盘塑料挂钩之分,它们的主要规格有 2.0♯、2.5♯、3.5♯、4.5♯、5.5♯、6.5♯、7.5♯、8.5♯、9.5♯ 等多种,施工中可根据吊挂电缆的多少选用。

2.5.3　夹板、抱箍和 U 形钢绞线卡头

夹板在架空通信线路中主要是将钢绞吊线固定在水泥或其他支撑物上的装置,有单槽和双槽之分,单槽夹板、双槽夹板均用于室外线路工程,主要用于多股钢绞线的终接或接续。单槽夹板多用于吊线(钢绞线)中间部位,譬如中间支撑电杆或

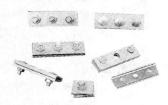

图 2.5.3-1　夹板

角铁上,双槽夹板一般用于钢绞线的终结处,吊线(钢绞线)两端,以及拉线的上把及下把,此外单槽夹板还用于两条吊线的交汇处(十字吊线),以及丁字吊线(须再增加一块双槽夹板),双槽夹板还用于假终结(交终结)处。图 2.5.3-1 是其实物图。

在架空通信线路中抱箍是用来抱住水泥杆并固定安装的设备或者吊线、拉线的金属器具。常用的规格有 R72 和 R82 等,选择的原则是根据杆的规格和在杆上的安装高度。图 2.5.3-2 是其实物图。

钢绞线卡头又称 U 型卡头是一种用来锁死需要固定的钢绞线的装置,一般用来作钢绞线末端固定以及拉线等的固定。图 2.5.3-3 是其实物图。

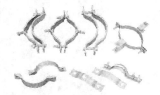

图 2.5.3-2　抱箍

图 2.5.3-3　U 型卡头

2.5.4　光缆余缆盘、接地扁铁

架空光缆在熔接时续接包两侧都应该留有一定量的光缆(约 10~20m),以便下次维修或转接方便,光缆余缆盘的作用就是盘放这些预留的光缆用的。图 2.5.4-1 是其实物图。

接地扁铁通常是 $30 \times 2mm^2$ 或 $40 \times 3mm^2$ 镀锌扁铁加工而成的,在架空路由中主要用于对放置室外的设备进行接地保护,往往是一端与设备的机箱或外壳连接,另一端顺水泥杆埋入地下 1~2m 深,也可以用于简易机房接地线的引出,主要用来作防雷接地、保护接地以及工作接地。

2.5.5　地锚棒和地锚块

地锚棒是用来与地锚块配合制作架空线路的转角杆和终端杆拉线的,地锚棒一般用中碳钢筋加工,其尺寸规格主要有 1000×12mm、1800×12mm、2100×16mm、2400×19mm 等几种规格,图 2.5.5-1 是其实物图。在使用时应附带垫片,这样地锚棒可以通过地锚石孔有效地固定在地锚块上,否则极易发生成片倒杆的危险。

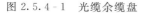

图 2.5.4-1　光缆余缆盘

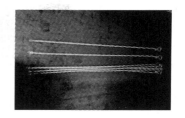

图 2.5.5-1　地锚棒

地锚块又称地锚石,是地锚棒拉线的配重,长度为 60～180cm,长×宽尺寸为 25×50cm,用石头或混凝土加工而成,在地锚块中部开有一个 $\phi20$ 左右的通孔,地锚棒从此穿过。

2.5.6　光缆续接盒

光缆续接盒是用来完成光缆中途对接或中途分岔的装置,多数情况下是由质地优良的工程塑料加工而成的,也有一部分是用不锈钢加工而成的,按使用安装方式可分为有立式和卧式两大类,按入口和出口数目又可以分为 2 进 2 出、2 进 3 出、3 进 3 出等多种。图 2.5.6-1 是几种光缆续接盒的实物图。

图 2.5.6-1　几种光缆续接盒及其内部结构

2.6　电气接头

2.6.1　BNC 接头

BNC 接头又称 Q9 头,是一种用于同轴电缆的非平衡传输连接器,英文全称是

Bayonet Nut Connector(刺刀螺母连接器,这个名称形象地描述了这种接头外形)。目前它被广泛用于通信系统中,如网络设备中的 E1 接口有时就是用两根 BNC 接头的同轴电缆来连接的,在专业视频设备、音响设备中经常用来转接视频、音频信号。此外在专业测试设备中,如示波器等中也经常被用来制作测试连接线。BNC 接头按接头本身的形式有公头和母头之分,按制作方式有压接式、组装式和焊接式等几种,压接式需要专用工具,并且接头要与同轴电缆匹配。图 2.6.1 - 1 是几种 BNC 接头的实物图。

图 2.6.1 - 1　几种 BNC 接头

2.6.2　莲花接头

莲花接头又称 RCA 接头,也是一种用于同轴电缆的非平衡传输连接器,在专业音频设备中经常用来转接音频信号,在一些家用设备中也用来转接视频信号。RCA 接头按接头本身的形式有公头和母头之分,按制作方式有压接式、组装式和焊接式等几种,压接式需要专用工具,并且接头要与同轴电缆匹配,焊接式是一种最常见的形式。图 2.6.2 - 1 是其实物图。

图 2.6.2 - 1　几种 RCA 接头

2.6.3　6.35mm 和 3.5mm 插头

6.35mm 插头又叫大插头,有大 TS(Tip-Sleeve)和大 TRS(Tip-Ring-Sleeve)之分,3.5mm 插头又叫小插头有小 TS 和小 TRS 之分,主要用于音频或控制信号的传输和转接,6.35mm 插头常用于一些专业音频设备中,而 3.5mm 插头常用于一些小型音频设备和家用音频设备中。TS 用于非平衡传输,T 接芯线,P 接地,TRS 用于平衡传输,T 接热端,R 接冷端,P 接地。图 2.6.3 - 1 是小插头实物图,图 2.6.3 - 2 是大插头实物图。

2.6.4　卡侬头

又称 XLR 卡侬接口,英文名字 Cannon,按接头插针数有两芯、三芯、四芯等多种,按接头形式有公头和母头之分,可以用于音频信号或控制信号的传输,常见用于专业音频连接的是三芯的卡侬接口,特点是连接牢固可靠,插头设计可以保证在连接时没有噪音,是一种平衡连接方式,卡侬头上都有标记 1、2、3,按照上图分别为 1 接信号地,2 接信号热端,3 接信号冷端。图 2.6.4-1 是其实物图。

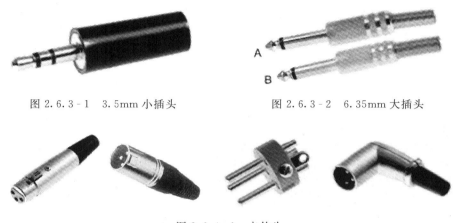

图 2.6.3-1　3.5mm 小插头　　　　　　图 2.6.3-2　6.35mm 大插头

图 2.6.4-1　卡侬头

2.6.5　F 接头

F 接头是一种用于同轴电缆的非平衡传输连接器,多用于射频信号的转接和连接,常见的有卡环式、冷压式、自旋式等,具有制作方便,成本较低的优点,在有线电视系统中有着广泛的应用。图 2.6.5-1 是几种 F 接头实物图。

图 2.6.5-1　几种 F 接头

2.6.6　对接和转换接头

在工程施工、安装、调试过程中经常要用到一些对接和转接头,如 BNC 公头对公头的对接,RCA 头对 RCA 头的对接,BNC 转 RCA,卡侬转 6.35 等,这时就需要用到一些对接和转接头。图 2.6.6-1 是几种对接头和转接头实物图。

图 2.6.6-1　几种对接头和转接头

2.6.7 接线柱

接线柱在防盗报警系统,门禁控制系统中使用比较广泛,有弹簧卡接式和螺丝紧固式等几种,主要用于传感器、动作器的连接,根据通电电流的大小应选用不同规格的接线柱。图 2.6.7-1 是几种接线柱实物图。

图 2.6.7-1　几种接线柱

2.6.8　RJ-45 和 RJ11 接头

RJ-45 插头是一种只能沿固定方向插入并自动防止脱落的塑料接头,俗称"水晶头",内部有 8 个接点。之所以把它称为"水晶头",是因为它的外表晶莹透亮。双绞线的两端必须都安装这种 RJ-45 插头,以便插在网卡(NIC)、集线器(HUB)或交换机(SWITCH)的 RJ-45 接口上,进行网络通讯,有屏蔽和非屏蔽之分。图 2.6.8-1 为其实物图。

图 2.6.8-1　RJ-45 接口　　　　　　　　图 2.6.8-2　RJ11 接口

RJ11 接口,就是我们平常所用的"电话接口",用来连接电话线,外形与 RJ-45 很相似,只是尺寸稍小,内部有 2 或 4 个触点两种。图 2.6.8-2 为其实物图。

2.7　其他辅助材料

2.7.1　电工胶带和防水胶带

电工胶带又叫电工胶布,通常是由 PVC 材料加工制作而成,质量比较好的电工胶带有较好的电气绝缘性能、一定的机械强度、耐磨性、从形性、抗紫外线、耐酸碱性和阻燃性,常用于护套保护,线束绑扎,600V 及以下接头主绝缘等。有时也用于对光缆直径的加大处理,以方便对其进行固定。有黑、白、红、黄、绿等多种颜色,厚度规格在 0.10～0.20mm 之间不等,宽度规格常见的有 19mm。

　　此外电工胶带还有一种自融乙丙橡胶带基绝缘胶带,从形性、自融性、电气绝缘性能好,既可用于低电压绝缘,又可用于高达 60kV 的电压绝缘。胶带上有一层特殊的聚酯离型纸,以保证胶带在使用前不会自粘。图 2.7.1-1 为其实物图。

　　防水胶带又叫防水胶泥,它的粘性比电工胶带要好许多,对不规则表面具有极好的从形性、自融性、良好的电气绝缘及防水密封性。它的带基为乙丙橡胶,它可用在电气绝缘和防水密封等场合,使用温度范围宽,额定工作温度 90℃,紧急过载温度 130℃。可用于通信设备基站、天线、馈线等接头处防水,架空绝缘导线接头的防水密封保护,电缆外护套修复,适用于 1000V 及以下主绝缘恢复,35KV 及以下母线排连接的主绝缘,光缆熔接盒的防水处理,光缆紧固直径的增加。图 2.7.1-2 为其实物图。

图 2.7.1-1　电工胶带　　　　　图 2.7.1-2　防水胶带

2.7.2　塑料扎带、卷式束管

　　塑料扎带又叫尼龙扎带,有自锁式、球孔形、双扣形几种,主要用于线缆的捆扎、固定,一般用于室内环境,但一些特殊材质的也可以用于室外通信设备馈线等的固定和绑扎。常见是规格有 3×65mm、3×80mm、3×100mm、4×150mm、4×200mm、5×200mm、5×300mm、6×200mm、8×145mm、8×240mm、8×300mm、8×350mm、8×510mm(宽×长)等,宽度越大可承受的绑扎力越大。小规格的可用于光纤续接盒内光纤的固定。图 2.7.2-1 为其实物图。

图 2.7.2-1　尼龙扎带　　　　　图 2.7.2-2　卷式束管

　　卷式束管主要用来处理露在外面的电缆,不仅可以使线缆美化而且提高其电气绝缘性。卷式束管可随电缆任意行走,韧性好,可反复使用,将包带之端口与电线端口或电线群端口连接好,即可顺时针方向缠绕包裹电线,其绕走半径几乎没有限制。图 2.7.2 - 2 为其实物图。

2.7.3　光纤接头保护热缩管、光纤保护管和喉箍

光纤保护管是由 PE 材料制成的,套在光纤上,起到与光纤收容盘固定和缓冲作用,主要用于光纤配线架上,长度由用户自定。图 2.7.3 - 1 为其实物图。

光纤接头保护热缩管是用于光纤熔接点的保护和加固,分束状和带状两种,分别用于束状光纤和带状光纤的保护。长度规格常见的有 40mm 和 60mm 两种。图 2.7.3 - 2 为其实物图。

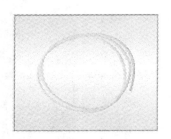

图 2.7.3 - 1　光纤保护管

图 2.7.3 - 2　光纤接头保护热缩管

喉箍一般由金属材料加工而成,尺寸规格大小差别很大,大的规格规格在 ϕ200mm 以上,小的 ϕ20mm 以下,在弱电工程中我们通常用 ϕ30mm 以下的,主要用于光缆或铠状电缆在光纤配线架(ODF)或机柜上的固定,图 2.7.3 - 3 为其实物图。

图 2.7.3 - 3　喉箍

2.7.4　热缩管和号码管

热缩管是一种特殊的塑料管,材料为辐射交联聚乙烯,常用颜色为:本色、黑色、红色、绿色、黄色,常用于电缆的保护和绝缘,端子与电源接头之绝缘与保护,缆线的分色,接头的防水,焊点的保护等。热缩管在加热后管径会收缩约 50%,这就是常见的收缩比为 2∶1 的热缩管,此外还有 3∶1、4∶1、5∶1,甚至 6∶1 的高收缩热缩管。常见的热缩管的规格有 ϕ0.6、ϕ0.7、ϕ0.8、ϕ1.0、ϕ1.5、ϕ2.0、ϕ2.5、ϕ3.0、ϕ3.5、ϕ4.0、ϕ4.5、ϕ5.0、ϕ5.5、ϕ6.0、ϕ6.5、ϕ7、ϕ8、ϕ9、ϕ10、ϕ11、ϕ12、ϕ13、ϕ14、ϕ15、ϕ16、ϕ17、ϕ18、ϕ20、ϕ22、ϕ25、ϕ28、ϕ30、ϕ35、ϕ40、ϕ50、ϕ60、ϕ70、ϕ80、ϕ90、ϕ100、ϕ120、ϕ150、ϕ180mm。图 2.7.4 - 1 为其实物图。

号码管采用优质 PVC 制成,能防止油性及其他物质的侵蚀,内部成凹型,具有

弹性,内径随着电线大小而伸缩。可以用来标识成捆的线缆的头端和尾端,但是这种号码管通常只能标注数字和英文字符,不能以汉字的形式标注,现在有逐步被中英文打码机打印的标签或热缩号码管代替的趋势。图 2.7.4-2 为其实物图。

图 2.7.4-1　热缩管　　　　　　　　　　　图 2.7.4-2　号码管

2.7.5　电线卡和膨胀螺钉

电线卡通常由水泥钉和卡身组成,负责对明装线缆的固定,常见的有圆形和方形两种,根据缆线的大小,卡身的大小也有多种规格,卡身的材质常见的是工程塑料,也有金属的,主要用在室外使用,寿命比塑料的要长。图 2.7.5-1 为其实物图。

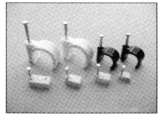

图 2.7.5-1　电线卡

膨胀螺钉主要用在水泥或砖墙上固定设备、电缆桥架或其他物体,通常是铁或钢制的,根据规定物体的重量应选用不同的规格,常见的规格有 M6、M8、M10、M12、M16、M18 等,在配用冲击钻头时应选用比其大一到两个规格的,这要视具体情况而定。图 2.7.5-2 为其实物图。

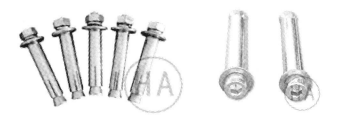

图 2.7.5-2　膨胀螺钉

2.7.6　塑料膨胀管和干墙螺钉

塑料膨胀管通常用于在墙上固定一些较轻的物体,如塑料线槽、塑料管卡等,它一般要与螺钉配合使用。图 2.7.6-1 为其实物图。

干墙螺钉是 90 年代在外墙施工中开始使用的一种新型螺钉,钉头很尖,有单螺纹和双螺纹两种结构,有些时候可以直接在粉刷砖墙面使用而不需要打孔和配塑料膨胀管,另外用于水泥纤维压力板、TK 板、FC 板和轻钢龙骨作业也无需预开孔,直接旋入。常见的规格有 3.5×20mm、3.5×25mm、3.5×30mm、3.5×35mm、3.5×40mm、3.9×35mm、3.9×45mm、3.9×55mm、4.2×60mm、4.2×75mm 等。图 2.7.6-2 为其实物图。

图 2.7.6-1　塑料膨胀管　　　　　　　图 2.7.6-2　干墙螺钉

2.7.7　松香和焊锡丝

松香和焊锡丝是焊接中不可缺少的材料,松香主要有三大作用:①除氧化膜,其实质是助焊剂中的物质发生还原反应,从而除去氧化膜,反应生成物变成悬浮的渣,漂浮在焊料表面。②防止再次氧化,其熔化后,漂浮在焊料表面,形成隔离层,因而防止了焊接面的氧化。③减小表面张力,增加焊锡流动性,有助于焊锡湿润焊件。

焊锡是一种熔点比被焊金属低的易熔金属。焊锡熔化时,在被焊金属不熔化的条件下能润浸被焊金属表面,并在接触面处形成合金层而与被焊金属连接到一起。根据锡铅的比例不同,焊锡的熔点也不同,在工程施工中常采用丝状焊料——通常称为焊锡丝,中心包着松香助焊剂,叫松脂芯焊丝。松脂芯焊丝的外径通常有 0.5mm、0.6mm、0.8mm、1.0mm、1.2mm、1.6mm、2.0mm、2.3mm、3.0mm 等规格。

思　考　题

1. 简述同轴电缆结构和主要电气参数。
2. 为什么双绞线的铜导线要按一定密度两两绞合在一起?
3. 简述光纤的结构。
4. 简述光纤的分类。
5. 列举光通讯工程中常用的一些连接件和跳线。
6. 敷线管道用材主要有哪些?请简要说明主要使用场合。
7. 金属桥架有几种,特点是什么?
8. 架空线路材料主要有哪些?

9. 安防工程中常用的电气接头主要有哪些? 请简要说明主要使用场合。

10. 本章中涉及到的安防工程中一些常用的辅助器材都有哪些?

实训项目

实训 1　同轴电缆、光纤及连接件的认识

1. 实训目的

熟悉同轴电缆的型号和种类;熟悉光缆的主要类型,掌握光纤连接件的型号与用途。

2. 实训内容

同轴电缆、光纤及连接件样品的认识。

3. 实训环境

实验室、展示台。

实训 2　电气接头的认识

1. 实训目的

熟悉几种常见的电气接头及其使用场合。

2. 实训内容

BNC 接头、RCA 接头、卡侬头、6.35 插头等接头的认识。

3. 实训环境

实验室、展示台。

第3章　综合布线工程施工与监理

【内容提要】综合布线工程施工是安防工程中的基础工作,施工质量的好坏将直接影响整个安防工程的质量和造价,因此它是每一位从事安防工程的技术人员必须的技能之一。本章将根据《安全防范工程技术规范》GB 50348—2004 中第 3.11.5、3.11.6 规定;《建筑与建筑群综合布线系统工程验收规范》GBT/T 50312—2000 相关条款以及它引用的一些相关行业标准中的有关规定,详细说明综合布线施工中的一些技术管理问题。通过本章的学习要求掌握一些重要线路的敷设方法、工程的检测、验收方法以及敷设线路出现故障的处理办法等。

3.1　综合布线工程施工基本要求

综合布线的组织管理工作的三个阶段:工程施工前的准备工作、工程施工过程中的管理工作、工程竣工验收工作。

3.1.1　工程施工前的监理工作

施工前的监理工作主要有技术准备、环境检查、器材检查等。

1. 技术准备工作

(1)熟悉综合布线系统工程设计、施工、验收的规范要求,掌握综合布线各子系统的施工技术及整个工程施工组织技术;

(2)熟悉和会审施工图纸,施工图纸是工程技术人员的语言,因此作为施工人员必须认真读懂施工图纸,理解图纸的内容,掌握设计人员的设计思想,在吃透图纸内容的基础上,才能明确工程施工要求,清楚工程所需要的设备和材料,明确与土建工程及其他安装工程的交叉配合情况,确保施工过程不破坏建筑的外观,不与其他安装工程发生冲突;

(3)熟悉与工程有关的技术资料,如厂家提供的说明书和产品测试报告、技术规程、质量检验评定标准等内容;

(4)技术交底。技术交底工作主要由设计单位的设计人员和工程建设单位的项目技术负责人一起进行,技术交底的主要内容包括:①设计要求和施工组织中的有关要求;②工程使用的材料、设备性能和参数;③工程施工条件、施工顺序、施工方法;④施工中采用的新技术、新设备、新材料的性能和操作使用方法;⑤预埋部件注意事项;⑥工程质量标准和验收评定标准;⑦施工中安全注意事项。

技术交底的方式有书面技术交底、会议交底、设计交底、施工组织设计交底、口头交底等形式。表 3.1.1-1 为技术交底常用的表格；

(5)编制施工方案。在全面熟悉施工图纸的基础上,依据图纸并根据施工现场情况、技术力量及技术准备情况,综合做出合理的施工方案；

(6)编制工程预算。工程预算具体包括工程材料清单和施工预算。

表 3.1.1-1　施工技术交底表

年　　月　　日

工程名称		工程项目	
内容:			

工程技术负责人:　　　　　　　　　　施工班组:

2. 施工前的环境检查

在工程施工开始以前应对楼层配线间、二级交接间、设备间的建筑和环境条件进行检查,具备下面条件方可开工(相关标准 GBT/T 50312—2000　2.0.1):

(1)楼层配线间、二级交接间、设备间、工作区土建工程全部竣工。房屋地面平整、光洁,门的高度和宽度应不妨碍设备和器材的搬运,门锁和钥匙齐全；

(2)房屋预留地槽、暗管、孔洞的位置、数量、尺寸均应符合设计要求；

(3)对设备间铺设活动地板应专门检查,地板板块铺设必须严密坚固。每平方米水平允许偏差不应大于 2mm,地板支柱牢固,活动地板防静电措施的接地应符合设计和产品说明要求；

(4)楼层配线间、二级交接间、设备间应提供可靠的电源和接地装置；

(5)楼层配线间、二级交接间、设备间的面积,环境温湿度、照明、防火等均应符合设计要求和相关规定。

3. 施工前的器材检查

工程施工前应认真对施工器材进行检查,经检验的器材应做好记录,对不合格的器材应单独存放,以备检查和处理(相关标准 GBT/T 50312—2000 3.0.1~3.0.6)。

(1)型材、管材与铁件的检查要求:

a. 各种型材的材质、规格、型号应符合设计文件的规定,表面应光滑、平整,不得变形、断裂。预埋金属线槽、过线盒、接线盒以及桥架的表面涂覆和镀层均匀、完整,无变形、破损；

b. 管材采用钢管、硬质聚氯乙烯管时,其管身应光滑、无伤痕,管孔无变形,孔径、壁厚应符合设计文件规定;

c. 管道采用水泥管时,应按通信管道工程施工及验收中相关规定进行检验;

d. 各种铁件的材质、规格均应符合质量标准,不得有歪斜、扭曲、毛刺、断裂或破损,表面处理和镀层应均匀、完整,表面光洁、无脱落、气泡等缺陷;

e. 各种粘接材料、粘接剂、堵塞剂应检查其使用有效期,凡超过有效期的一律不得在工程中使用;

f. 管道光缆所用塑料子管的材质、规格、盘长均应符合设计要求;一般子管的内径为光缆外径的 15 倍,一个管孔中布放 2 根以上子管时,其子管等效总外径宜不大于管孔内径的 85%。

(2)全塑电缆检验主要项目:

a. 核对单盘电缆的规格、程式、型号应符合订货合同或设计要求;

b. 电缆的外观检查:先检查电缆盘的包装是否损坏,然后开盘检查全塑电缆外护套有无损伤,对于包装严重损坏或电缆外皮有损伤的,应做详细记录并作重点检查;检查电缆芯线:电缆合格对数应不少于标称线对数,不合格线对的序号及项目应在质检合格证上注明;

c. 全塑电缆芯线色谱或排列端别应符合标准。A、B 端标记要明显;

d. 铜芯全塑电缆的主要电气特性应符合表 3.1.1-2 的规定;

表 3.1.1-2 铜芯全塑电缆的主要电气特性表

线径(mm)	直流电阻 (Ω/km)	工作电容 (nf/km)	固有衰减(dB/km)		
			800Hz	150kHz	1024KHz
0.32	≤472	52±2	<2.10	<15.5	<31.1
0.40	≤296	52±2	<1.64	<11.7	<26.0
0.50	≤190	52±2	<1.33	<8.6	<21.4
0.60	≤131.6	52±2	<1.06	<6.9	<17.6
0.80	≤73.2	52±2	<0.67	<5.4	<13.0

e. 填充型电缆芯线间、芯线与屏蔽层间的绝缘电阻每公里应不小于 3000MΩ,非填充型电缆芯线间、芯线与屏蔽层间的绝缘电阻每公里应不小于 1 0000MΩ(500V 高阻计测试),聚氯乙烯绝缘电缆芯线间、芯线与屏蔽层间的绝缘电阻每公里应不小于 200MΩ(500V 兆欧表或高阻计测试);

f. 电缆护套外表面应印有制造厂名或代号、制造年份、电缆型号及长度标志。

(3)物理发泡聚乙烯/聚氯乙烯绝缘同轴电缆检验主要项目:

a. 核对单盘电缆的规格、程式、型号应符合订货合同或设计要求；

b. 同轴电缆的外观检查：先检查电缆盘的包装是否损坏，然后开盘检查同轴电缆外护套有无损伤，对于包装严重损坏或电缆外皮有损伤的，应做详细记录并作重点检查；

c. 同轴电缆护套应光滑、圆整、连续，无孔洞、裂缝、气泡和凹陷等缺陷；

d. 同轴电缆的绝缘电阻检查：在室温下，同轴电缆内外导体间施加 500V 直流电压，保持 60s，绝缘电阻不小于 5000MΩ/km；

e. 电缆的电气性能的检查：衰减常数、回波损耗、屏蔽衰减等，应符合 GY/T 135《有线电视系统物理发泡聚乙烯绝缘同轴电缆入网技术条件和测量方法》的规定。

（4）光缆单盘检验：

a. 核对单盘光缆的规格、程式、型号应符合订货合同或设计要求；

b. 光缆外观检查：应先检查光缆盘包装是否损坏和变形，然后再开盘检查光缆外皮有无损伤，光缆端头封装是否良好，对于光缆盘包装损坏严重或光缆外皮有损伤的，应做好记录，在光缆指标测试时做好重点检查；

c. 打开光缆端头检验光纤色谱是否符合厂商产品说明书并检验光缆外端的端别。A、B 端标记要明显；

d. 检查光缆出厂的质量合格证和测试记录：如光纤的几何尺寸，光学和传输特性、机械物理性能和光缆护层对地绝缘电阻等应符合设计和合同要求；

e. 单盘光缆现场检验应测试光纤衰减、光纤长度和背向散射曲线的异常情况。光纤衰减系数应符合设计要求；

f. 单盘光缆检验完毕，应恢复光缆端头封装；

g. 光缆中铜导线的电气指标应符合设计或相关规定。

（5）光缆接头盒检验主要项目：

a. 光缆接头盒的外观检查：光缆接头盒应形状完整、无毛刺、气泡、龟裂、空洞、翘曲和杂质等缺陷，全部底色应均匀连续；

b. 光缆接头盒的密封性能检查：光缆接头盒内充气压力 100±5KPa，浸泡在常温的清水容器中稳定观察 15min，应无气体逸出，或稳定观察 24h，气压表指示无变化并应具有再封装性能；

c. 光缆接头盒的绝缘电阻检查：光缆接头盒沉入 1.5m 深的水中浸泡 24h 后，光缆接头盒两端金属构件之间、金属构件与地之间的绝缘电阻应不小于 $2 \times 10^4 MΩ$；

d. 光缆接头盒的耐压强度检查：光缆接头盒沉入 1.5m 深的水中浸泡 24h 后，光缆接头盒两端金属构件之间、金属构件与地之间在 15KV 直流作用下，1min 内不击穿、无飞弧现象。

（6）光缆终端盒检验主要项目：

a. 光缆终端盒的外观检查：光缆终端盒应形状完整、无毛刺、气泡、龟裂、空洞、翘曲和杂质等缺陷，全部底色应均匀连续；

b. 光缆终端盒的绝缘电阻检查：光缆终端盒金属构件之间、金属构件与地之间的绝缘电阻应不小于 $2 \times 10^4 M\Omega$；

c. 光缆终端盒的耐压强度检查：光缆终端盒金属构件之间、金属构件与地之间在 15KV 直流作用下，1min 内不击穿、无飞弧现象。

（7）光纤配线架检验主要项目：

a. 光纤配线架的结构形式、外形尺寸、容量、型号等应符合订货合同或设计规定；

b. 光纤配线架的结构装置上的文字、图形、符号、标志应清晰、完整、无误；

c. 光纤配线架的涂覆层应表面光洁、色泽均匀、无流挂、无露底，金属件无毛刺锈蚀；

d. 光纤配线架的机械活动部分应转动灵活、插拔适度、锁定可靠、施工方便、维护方便，门的开启角度应不小于 110°，间隙不大于 2mm；

e. 光纤配线架应具有良好的光缆固定与保护功能、光纤终接功能、调线功能和对光缆纤芯及尾纤的保护功能。

f. 光纤配线架的高压防护接地装置与光缆中金属加强芯及金属护套相连，其地线的截面积应不小于 6mm²；

g. 光纤配线架的高压防护接地装置与机架间的绝缘电阻不小于 1000MΩ/500V（直流），机架间的耐压不小于 3000V（直流），1min 内不击穿、无飞弧现象。

（8）光缆交接箱检验主要项目：

a. 光缆交接箱的结构形式、外形尺寸、容量等应符合订货合同或设计规定的要求；

b. 光缆交接箱所有紧固件连接应牢固可靠；箱体密封条粘结应平整牢固，门锁开启灵活可靠；箱门开启角度不小于 120°；经涂覆的金属构件其表面涂层附着力牢固，不起皮、掉漆等缺陷；

c. 箱体金属件不得有毛刺，结构件不扭曲，箱体表面平整光滑、颜色均匀，不存在花纹及机械划伤痕迹、箱体各部件不得有色差；

d. 光缆交接箱箱体高压防护接地装置与光缆中金属加强芯及金属护套相连，其地线的截面积应不小于 6mm²；

e. 光缆交接箱高压防护接地装置与机架间的绝缘电阻不小于20 000MΩ/500V（直流），箱体间的耐压不小于 3000V（直流），1min 内不击穿、无飞弧现象；

f. 箱体处于密封状态，室内光缆交接箱防护性能应达到 GB 4208 标准中的 IP53 级要求，室外光缆交接箱防护性能应达到 GB 4208 标准中的 IP65 级要求。

(9)光纤连接器检验主要项目：

a. 带尾纤的光纤连接器的尾纤长度应符合设计规定，尾纤外皮无损伤；

b. 光纤连接器应具有良好的重复性和互换性，其插入损耗应不大于 0.5dB；

c. 光纤连接器回波损耗应达到：PC 型不小于 40dB、UPC 型不小于 50dB、APC型不小于 60dB。

(10)电缆交接箱检验主要项目：

a. 电缆交接箱的型式、结构、规格、总容量应符合订货合同或设计规定；

b. 电缆交接箱的箱体表面不应有明显的机械损伤；

c. 电缆交接箱的箱门及门锁开启灵活可靠，箱门开启角不小于 120°；

d. 电缆交接箱任意两个端子之间及任一端子与接地点之间的绝缘电阻不小于50 000MΩ，任意两个端子之间及任一端子与接地点之间在接通 500V 交流电时，1min 内不击穿、无飞弧现象；

e. 导线与接线端子之间的接触电阻不大于 $5×10^{-3}$ Ω，接线端子可断弹簧片处的接触电阻不大于 $2×10^{-2}$ Ω，机械使用寿命试验后不大于 $3×10^{-2}$ Ω。接续模块的卡接簧片和可断簧片的重复使用次数应不小于 200 次。

3.1.2　工程施工过程中的管理

安防工程施工过程中，工程质量管理的重点是按图纸、验收规范及预先制定的施工方案施工，施工时要严格执行质量标准、质量管理制度，随工检验也要严格按质量标准检查、监督。首先是通过自检、互检，在施工班组内把好质量关。通过工程之间、下一道工序与上一道工序交接验收，杜绝上一道工序的质量问题遗留到下一道工序，做到道道工序把关。根据工程进度，在各施工阶段进行质量评定工作，把出现的质量问题处理在施工中间阶段，以免工程项目完工后，留下难以处理的质量问题。在施工进行过程中，发现图纸、施工方案中在施工方法及工艺上有问题要及时变更、调整。隐蔽工程、重大设备安装检查等实行质检人员、专业技术人员、施工人员现场共同检查会签。否则施工人员不得掩埋、遮盖。施工用的专业仪表及测试仪器要定期校验，保证其精确性。凡应校对、检验、试验、调试的设备均经过通电试验，并提交试验报告，试验不合格者不得安装，同时还要对施工中其他影响质量的因素及时控制。

3.2　综合布线杆路、管路和槽道施工和监理

在安防工程施工中，有一类工作量比较大的工程就是多种线路综合敷设的工程，其实它与普通智能布线工程基本上相似，在此我们也称它为综合布线工程。

3.2.1　线缆路由的选择

线缆路由在工程设计阶段就基本确定下来，并在图纸上已经反映出来，通常根

据设计确定下来的路由可以基本设计出相应的架空路由、沿墙路由、地埋管道路由、建筑物内预埋管道路由、槽道路由等施工图,这里有些路由必须在土建时与土建一并施工,如地埋管道路由、建筑物内预埋管道路由,有些则可以在土建完工后再施工如沿墙路由、桥架(槽道)路由等。

真正在施工中,如何选择最佳路由还要根据建筑结构及用户的要求来决定。选择路由时,设计人员要对建筑物的结构、拉(牵引)线是否齐全、现有线缆的位置、可以提供线缆支撑的结构、拉线速度等进行综合考虑,在具体选择路由时,在建筑物结构允许的条件下应尽量选择最短路由,但这也不是教条,虽然两点间最短的距离是直线,但对于布线来说,它不一定就是最好、最佳的路由。在选择布线的路由时,首先要考虑便于施工,便于操作,在不超过标准中规定的最大长度时,即使选择更长一些的路由也是可以的。对一个有经验的安装者来说,"宁可使用额外的1000m 线缆,而不使用额外的 100 工时"。

架空路由在条件允许的情况下尽量选择已经有的电信、广电系统的干线路由;地埋管道路由在市政范围内一般也不独立建设,采取租赁和购买共用的方式比较常见,在小区范围内如必须独立建设,一般也考虑建设简易型的,对于一些场合还可以考虑采用直埋方式,这两种方式在施工时要考虑土质、天然障碍物、公共设计(如下水道、水、气、电)的位置影响,采取管道预埋方式的还要考虑与其他管路保持一定的距离。

在考虑主干线路时,应根据地形起伏丈量,核算包括接头重叠长度、各种必要的预留长度在内的敷设总长度,见表 3.2.1-1。

表 3.2.1-1　光(电)缆布放预留长度表

敷设 方式	自然弯曲 增加长度 (米/公里)	人孔内弯曲 增加长度 (米/人孔)	杆上预留 长度(米)	接头每侧 预留长度 (米)	设备每侧 预留长度 (米)	备注
直埋	7	—	—	6～8	10～20	其他预留按设计管道或直埋做架空引上时,其地上部分每处增加 6～8 米
管道	5	0.5～1	—	6～8	10～20	
架空	5	—	档距的 7‰～10‰	6～8	10～20	

3.2.2　杆路、管路和槽道的类型

根据综合布线施工的环境、场合和对象的不同,可以分为架空杆路、地埋管道,建筑物内明敷管路、桥架槽道以及预埋管路。

1. 架空杆路

对于一些需要将两个距离较远的子系统连接起来的工程,可能在施工中需要部分或全部架空路由,架空路由可分为搭挂杆路和自立杆路,在综合布线系统中搭

挂杆路比较常见。

2. 地埋管道(室外)

对于一些需要将两个距离较远的子系统连接起来的工程,有时可能在施工中需要部分或全部地埋路由,地埋路由也可分为缆线直埋、PVC 塑管、PE 塑管、钢管和水泥管几种,它们有多种规格,有不同的特点和使用场合。

3. 明敷管路

在旧建筑物的布线施工常采取明敷方式,按使用管路材料又可分为钢管、PVC/UPVC 塑管、PVC 线槽等。

4. 预埋管路(室内)

在新的建筑物内一般都采用预埋暗管的敷设方式,在建筑物土建施工时,一般同时预埋暗管,因此在设计建筑物时,应同时考虑预埋管路的设计内容,暗敷管路是水平子系统中经常使用的线缆敷设方式。施工中与其他管线的距离可参照表 3.2.2 - 1。

表 3.2.2 - 1　墙壁电缆与其他管线的最小净距离(单位:mm)

管线种类	平行净距离	垂直交叉净距离	达不到要求时的保护措施
电力线	150	50	电缆加聚乙烯绝缘套管
避雷引下线	1000	300	电缆加聚乙烯绝缘套管
保护地线	50	20	电缆加聚乙烯绝缘套管
热力管(未封包)	500	500	电缆加套石棉管
热力管(封包)	300	300	电缆加套石棉管
水管	150	150	电缆加聚乙烯套管
压缩空气管	150	20	电缆加硬塑料套管
煤气管	300	20	电缆加硬塑料套管

5. 桥架和槽道

在一些设备机房内和一些建筑物电缆竖井内以及一些旧的建筑物内常采用桥架和槽道方式,桥架和槽道敷设的特点是,线缆在初次施工后,第二次再布线时可以重复使用原有的桥架和槽道。由于目前桥架和槽道还没有统一的规格标准,在设计和施工时必须根据厂家自己的标准参数来设计施工。

3.2.3　杆路、管路和槽道的施工及监理

1. 架空路由的施工及监理要点

(1)立杆的施工及监理要点:

a. 对于全长不足 15m 的水泥杆在一般地方埋设时,埋入深度取杆长的 1/6;

b. 在水、泥土质地较软等地方,埋入深度取杆长的 1/5;

c. 终端杆、转角杆等有较大负荷,埋入深度应取杆长的 1/5;

d. 终端杆、转角杆承受水平负荷时,由于支持杆的顶端受水平拉力埋设时必须在受力方向相反一侧做一定程度的倾斜;

e. 在土质较松、杆与杆之间距离较长及跨越河流等障碍的地方,需安装绑桩,水泥杆与绑桩用金属抱箍紧固。

f. 根基需用圆石做底盘,原土回填,埋入电杆坑,回填扎实,支持杆要保持牢固、垂直。

(2)吊线架设施工及监理要点:

a. 在同一路干线中,钢绞线架设在电杆的位置,应保持相同的标高,两杆之间的钢缆垂度约为长度的0.5%,特殊情况(如跨越障碍物或地形有坡度)时允许架设高度有一定差异,但钢绞线的坡度不应大于杆距的1/20;

b. 与其他建筑物、树木等障碍物应保持适当的距离(见表3.2.3-1);

表 3. 2. 3 - 1   光缆线路与其他建筑物、树木的最小垂直净距离(单位:m)

名称	平行时		交越时		达不到要求时的补救保护措施
	垂直净距	备注	垂直净距	备注	
街道	4.5	最低缆线到地面	5.5	最低缆线到地面	必须达到要求
胡同	4.0	最低缆线到地面	5.0	最低缆线到地面	必须达到要求
铁路	3.0	最低缆线到地面	7.5	最低缆线到地面	必须达到要求
公路	3.0	最低缆线到地面	5.5	最低缆线到地面	必须达到要求
土路	3.0	最低缆线到地面	4.5	最低缆线到地面	必须达到要求
房屋建筑			距脊 0.6 距顶 1.5	最低缆线距脊或平顶	加套管保护
河流			1.0	最低缆线距最高水位时最高桅杆顶	必须达到要求
市区树木			1.0	最低缆线到树枝顶	见图 3.3.4-11
郊区树木			1.0	最低缆线到树枝顶	
高压电力线路			2.5	一方最低缆线与另一方最高缆线	加绝缘套管保护,但与高压线距应>1.200m,必须申请断电施工
低压电力线路			1.5	一方最低缆线与另一方最高缆线	加绝缘套管保护,与低压线距应>0.600m,必要时要申请断电施工
架空通信线路			0.6	一方最低缆线与另一方最高缆线	加绝缘套管保护

c. 钢绞线 10 个杆距需做回头(见图 3.2.3-1);

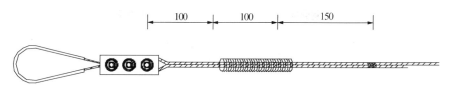

图 3.2.3-1　钢绞线回头施工工艺

d. 所有铁件必须使用镀锌件;

e. 自立杆路光(电)缆路由应尽量选择在公路其他杆路的外侧;

f. 干线的吊线必须选用 7×2.0 以上规格的钢绞线,沿墙架设应该采用 7×1.4 以上的规格;

g. 架空线缆距地高度应符合表 3.2.3-1 的要求;

h. 挂钩间距为 500±30mm 均匀挂设,每增加一根复挂缆,挂钩间距相应缩短 10%;

i. 钢绞吊线如果需要十字或丁字交叉,应按图 3.2.3-2 和图 3.2.3-3 施工。

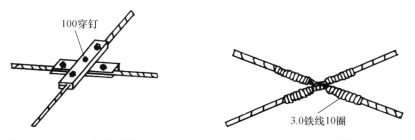

图 3.2.3-2　十字吊线图之一　　　　图 3.2.3-3　十字吊线图之二

(3)沿墙架设吊线的施工及监理要点:

a. 拉板须用 2 条 M10 膨胀螺栓在距墙角水平距离大于 300mm 位置固定;

b. 光(电)缆干线高度为 6m 以上的,应避开用户日常生活使用的地方(如门窗开启、阳台以及突出的美观装饰物等)。必要时做线路提升、降低或转折处理如图 3.2.3-4 所示;

c. 钢绞线两端和拉板连接必须衬心型环,用双槽夹板固定,尾端用 12♯铁丝绑扎,两段钢绞线连接时也需衬心型环,并用双槽夹板或 U 形卡子固定,如图 3.2.3-5 所示;

d. 钢绞线支撑间距必须小于 20m;

e. 钢绞线应距墙 40mm 以上,以保证光(电)缆不被墙磨损,尽量避开用户安装防护栏的位置。

(4)电缆的贴墙钉线施工:

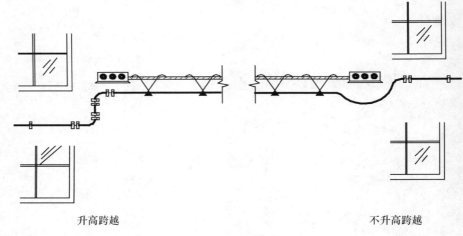

升高跨越   不升高跨越

图 3.2.3-4 电缆支线施工工艺

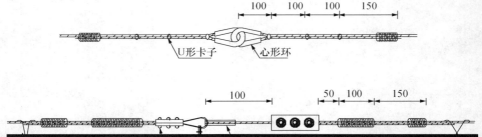

图 3.2.3-5 钢绞线的连接施工工艺

a. 缆敷设以"整齐、美观、安全、隐蔽"为原则,做到布局合理、便于施工和维护,选择路由尽量短;

b. 电缆敷设应横平竖直,水平方向标高一致。遇有斜向图案可顺图案敷设,但必须以协调美化为目标;

c. 电缆转角半径应大于电缆外径的 15～20 倍,并钉双卡固定,见图 3.2.3-6、7;

d. 电缆卡钉应能承受 7kg 以上的拉力;

e. 多根电缆并排敷设,线卡要求排列整齐紧密,方向一致,转角处使用双卡固定;

f. 电缆应避免在高温、高压、潮湿、易燃和强烈振动的地方敷设,应尽量避免与电力线、暖气管、煤气管、热力管等设备交叉或接近,实在无法避免时,应加保护措施,见表 3.2.2-1;

2. 地埋管道施工及监理要点

地埋管道是建筑群主干线缆的主要建筑方式,它的建筑标准和技术要求与市

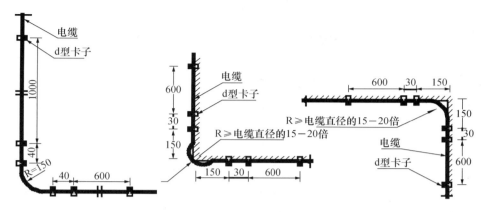

電纜卡子的安装位置　　電纜沿水平方向转墙角的做法　　電纜沿水平方向转墙角的方法

图 3.2.3-6　电缆贴墙钉线工艺

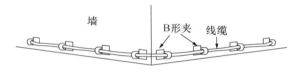

图 3.2.3-7　使用线卡沿墙根布线

区地下通信管道完全相同,其工程随工监理、隐蔽工程签证及验收内容,如表 3.2.3-2所示:

表 3.2.3-2　地下通信电缆管道工程随工检验、隐蔽工程签证及竣工内容

序号	检验和验收项目	检验和验收内容	检验和验收方式
1	管道基础	(1)沟底夯实、抄平质量如何; (2)地基高程、坡度是否符合设计; (3)土壤情况如何;	随工检验
2	管道基础	(1)基础位置、高程、规格尺寸数据; (2)基础混凝土标号及质量情况; (3)设计特殊规定的处理,进入人孔段的加筋处理; (4)障碍物处理的情况;	隐蔽工程签证
3	铺设管道	(1)管道位置、断面组合、高程数据; (2)管道接续质量如何(应逐个检查); (3)抹定缝边缝、管底八字的质量如何(砂浆标号是否符合标准规定); (4)填管间缝及管底垫层质量; (5)单孔管组群时,可参照上述内容检验;	隐蔽工程签证

续表

序号	检验和验收项目	检验和验收内容	检验和验收方式
4	回土夯实	应符合《通信管道工程施工及验收技术规范》YDJ39-90	随工检验
5	人孔或手孔(含隧道)掩埋部分	(1)砌体质量及墙面处理质量； (2)混凝土浇灌(含基础和上覆制件等)的质量； (3)管道进入人孔处外侧填充堵封情况及质量； (4)结合部位质量(四壁与基础,人孔口圈与上覆管道与人孔等之间)	隐蔽工程签证
6	管孔试通及人孔或手孔(含隧道)等可见部分	(1)管孔试通要求(见前面要求规定)； (2)人孔或手孔(含隧道)内可见部分质量(如四壁、基础表面、铁件安装管道入口处的处理等)； (3)人孔或手孔圈安装质量、位置、高程；	竣工验收
7	核对竣工图	核对图纸与实际是否相符	竣工验收

　　地下线缆管道工程是一项永久性隐蔽建筑物施工项目,在整个施工过程中必须重视施工顺序以保证施工质量优良,应特别注意复测定线管道铺设,建筑人孔或手孔及工程检验等各个阶段的工程质量,做好随工检验、隐蔽工程签证、竣工验收等质量控制手段和方法,按照有关标准和设计要求严格把关。

　　3.建筑物内管路、槽道铺设施工及监理

　　在缆线路由确定以后,应考虑管路、槽道的铺设,管路、槽道从使用材料上看分为金属管、槽,塑料(PVC)管、槽。从铺设场所看分为工作间管、槽；水平干线管、槽；垂直干线管、槽。

　　(1)金属管的铺设施工及监理要点。

　　在金属管内穿线比线槽布线难度更大一些,在选择金属管时要注意管径选择大一点,一般管内填充物占30%左右,以便于穿线。

　　a.综合布线工程使用的金属管应符合设计文件的规定,表面不应有穿孔、裂缝和明显的凹凸不平,内壁应光滑,不允许有锈蚀。在易受机械损伤的地方和在受力较大处直埋时,应采用足够强度的管材。金属管的加工应符合下列要求：①为了防止在穿电缆时划伤电缆,管口应无毛刺和尖锐棱角；②为了减小直埋管在沉陷时管口处对电缆的剪切力,金属管口宜做成喇叭形；③金属管在弯制后,不应有裂缝和明显的凹瘪现象。弯曲程度过大,将减小金属管的有效管径,造成穿设电缆困难；④金属管的弯曲半径不应小于所穿入电缆的最小允许弯曲半径；⑤镀锌管锌层剥落处应涂防腐漆,可增加使用寿命。

　　b.在配管时,应根据实际需要长度,对管子进行切割。管子的切割可使用钢锯、管子切割刀或电动机切管机,严禁用气割。

　　c. 管子和管子连接,管子和接线盒、配线箱的连接,都需要在管子端部进行套丝。焊接钢管套丝,可用管子绞板(俗称代丝)或电动套丝机。套丝时,先将管子在管子压力上固定压紧,然后再套丝。若利用电动套丝机,可提高工效。套完丝后,应随时清扫管口,将管口端面和内壁的毛刺用锉刀锉光,使管口保持光滑,以免割破线缆绝缘护套。对于硬塑料管可用圆丝板套丝。

　　d. 在敷设金属管时应尽量减少弯头。每根金属管的弯头不应超过 3 个,直角弯头不应超过 2 个,并不应有 S 弯出现。弯头过多,将造成穿电缆困难。对于较大截面的电缆不允许有弯头。当实际施工中不能满足要求时,可采用内径较大的管子或在适当部位设置拉线盒,以利线缆的穿设。金属管的弯曲一般都用弯管器进

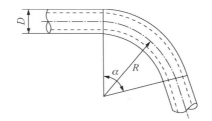

D 管子直径,α 弯曲角度,R 弯曲半径

图 3.2.3 - 8　钢管弯曲半径

行。先将管子需要弯曲部位的前段放在弯管器内,焊缝放在弯曲方向背面或侧面,以防管子弯扁,然后用脚踩住管子,手扳弯管器进行弯曲,并逐步移动弯管器,使可得到所需

要的弯度,弯曲半径(见图 3.2.3 - 8)应符合下列要求:①明配时,一般不小于管外径的 6 倍;只有一个弯时,可不小于管外径的 4 倍;整排钢管在转弯处,宜弯成同心圆的弯儿;②暗配时,不应小于管外径的 6 倍,敷设于地下或混凝土楼板内时,不应小于管外径的 10 倍。管口应光滑,并加有绝缘套管,管口伸出部位应为25mm~50mm,伸出部分要求见图 3.2.3 - 9。

　　e. 金属管连接应牢固,密封应良好,两管口应对准。套接的短套管或带螺纹的管接头的长度不应小于金属管外径的 2.2 倍。金属管的连接采用短套接时,施工简单方便;采用管接头螺纹连接则较为美观,保证金属管连接后的强度。无论采用哪一种方式均应保证牢固、密封。金属管进入信息插座的接线盒后,暗埋管可用焊接固定,管口进入盒的露出长度应小于 5mm。明设管应用锁紧螺母或管帽固定,露出锁紧螺母的丝扣为 2~4 扣,见图 3.2.3 - 10。引至配线间的金属管管口位置,应便于与线缆连接。并列敷设的金属管管口应排列有序,便于识别。采用铜环衬与梳结来连接金属管与金属盒的,工序要简单一些,连接方式如图 3.2.3 - 11 所示。

　　f. 暗设预埋在墙体中间的金属管内径不宜超过 50mm,楼板中的管径宜为 15~25mm,直线布管 30m 处设置暗线盒。敷设在混凝土、水泥里的金属管,其地基应坚实、平整、不应有沉陷,以保证敷设后的线缆安全运行。金属管连接时,管孔应对准,接缝应严密,不得有水和泥浆渗入。管孔对准无错位,以免影响管路的有效管理,保证敷设线缆时穿设顺利。金属管道应有不小于 0.1% 的排水坡度。建筑群之

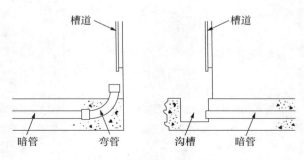

图 3.2.3-9　暗管出口部位安装示意图

间金属管的埋没深度不应小于 0.8m；在人行道下面敷设时，不应小于 0.5m。金属管内应安置牵引线或拉线。金属管的两端应有标记，表示建筑物、楼层、房间和长度。

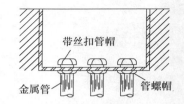

图 3.2.3-10　金属管与盒的连接

　　g. 金属管明敷时应用卡子固定，这种固定方式较为美观，且在需要拆卸时方便拆卸。金属的支持点间距，有要求时应按照规定设计。无设计要求时不应超过 3m。在距接线盒 0.3m 处，用管卡将管子固定。在弯头的地方，弯头两边也应用管卡固定。

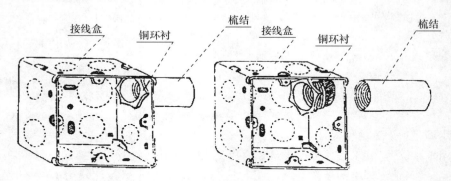

图 3.2.3-11　铜环衬、梳结与接线盒的安装示意图

　　h. 光缆与电缆同管敷设时，有可能的情况下在暗管内预置塑料子管。将光缆敷设在子管内，使光缆和电缆分开布放。子管的内径应为光缆外径的 2.5 倍。

　　(2) 金属桥架（槽）的铺设施工及监理要点（相关标准 GBT/T 50312—2000 4.0.4）

　　a. 金属桥架、线槽安装要求。安装金属桥架、线槽应在土建工程基本结束以后，与其他管道（如风管、给排水管）同步进行，也可比其他管道稍迟一段时间安装，但尽量避免在装饰工程结束以后进行安装，造成敷设线缆的困难。图

3.2.3-12、13为桥架安装的部分照片。安装线槽应符合下列要求:①金属桥架、线槽安装位置应符合施工图规定,左右偏差视环境而定,最大不超过50mm;②金属桥架、线槽水平度每米偏差不应超过2mm;③金属桥架、垂直线槽应与地面保持垂直,并无倾斜现象,垂直度偏差不应超过3mm;④金属桥架、线槽节与节间用接头连接板拼接,螺丝应拧紧。两线槽拼接处水平偏差不应超过2mm,如图3.2.3-14所示;⑤当直线段桥架超过30m或跨越建筑物时,应有伸缩缝。其连接宜采用伸缩连接板;⑥线槽转弯半径不应小于其槽内的线缆最小允许弯曲半径的最大者;⑦盖板应紧固。并且要错位盖槽板;⑧支吊架应保持垂直、整齐牢固、无歪斜现象;⑨为了防止电磁干扰,宜用辫式铜带连接两相邻的线槽并把线槽连接到其经过的设备间或楼层配线间的接地装置上,并保持良好的电气连接,如图3.2.3-15所示。

图 3.2.3-12　安装金属桥架

图 3.2.3-13　安装好的桥架

图 3.2.3-14　桥架的节间拼接

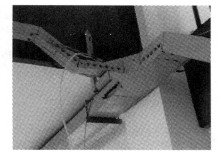

图 3.2.3-15　桥架的节间电气连接

b. 水平子系统线缆敷设支撑保护要求(相关标准 GBT/T 50312—2000 5.2.1):①预埋金属线槽支撑保护要求:在建筑物中预埋线槽可为不同的尺寸,按一层或二层设置,应至少预埋两根以上,线槽截面高度不宜超过25mm;线槽直埋长度超过15m或在线槽路由交叉、转变时宜设置拉线盒,以便布放线缆和维护。

接线盒盖应能开启,并与地面齐平,盒盖处应采取防水措施;线槽宜采用金属管引入分线盒内。预埋金属线槽方式如图 3.2.3 - 16 所示;②设置线槽支撑保护要求:水平敷设时,支撑间距一般为 1.5～2m,垂直敷设时固定在建筑物构体上的间距宜小于 2m;金属线槽敷设时,在下列情况下设置支架或吊架:线槽接头处;间距 1.5～2m;离开线槽两端口 0.5m 处;转弯处;③在活动地板下敷设线缆时,活动地板内净空不应小于 150mm。如果活动地板内作为通风系统的风道使用时,地板内净高不应小于 300mm;④采用公用立柱作为吊顶支撑柱时,可在立柱中布放线缆。立柱支撑点宜避开沟槽和线槽位置,支撑应牢固,公用立柱布线方式如图 3.2.3 - 17 所示;⑤在工作区的信息点位置和线缆敷设方式未定的情况下或在工作区采用地毯下布放线缆时,在工作区宜设置交接箱,每个交接箱的服务面积约为 80cm²;⑥不同种类的线缆布放在金属线槽内,有可能的话同槽分室(用金属板隔开)布放。

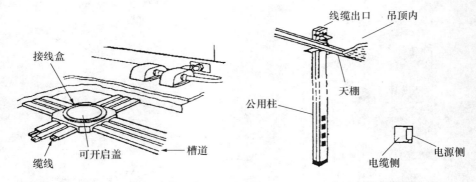

图 3.2.3 - 16　预埋金属线槽示意图　　图 3.2.3 - 17　公用立柱布放线缆示意图

c. 干线子系统线缆敷设支撑保护:①线缆不得布放在电梯或其他用途管道的竖井内;②干线通道间应沟通;③弱电间中线缆穿过每层楼板孔洞宜为方形或圆形,不小于 300×100 或 φ300;④建筑群子系统线缆敷设支撑保护应符合设计要求。

(3)塑料管的铺设。PVC管一般是在工作区暗埋线槽,操作时要注意四点,其他与金属管预埋相似:

a. 管转弯时,弯曲半径要大,便于穿线;

b. 管内穿线不宜太多,要留有 50% 以上的空间;

c. 管线超过下列长度时,应加装中间接线盒:无弯曲时 30 米;有一个弯曲时 20 米;有两个弯曲时 15 米;有多个弯曲时 8 米;

d. 弯管成角不应小于 90°,弯曲半径不应小于管径的 10 倍。

(4)塑料槽的铺设:

a. 塑料槽铺设类似金属槽,但操作上还是有所不同。具体表现为:在天花板吊顶打吊杆或托式桥架;在天花板吊顶外采用托架桥架铺设;在天花板吊顶外采用托架加配定槽铺设等三种情况时,采用托架时,一般在 1m 左右安装一个托架。固定槽时一般 1m 左右安装固定点。固定点是指把槽固定的地方,根据槽的大小:

①25×20～25×30mm 规格的槽,一个固定点应有 2～3 个固定螺丝,并水平排列;②25×30mm 以上的规格槽,一个固定点应有 3～4 个固定螺丝,呈梯形状,使槽受力点分散分布;图 3.2.3-18 为铺设塑

图 3.2.3-18　塑料线槽的架设

料线槽的照片;③除了固定点外应每隔 1m 左右,钻 2 个孔,用双绞线穿入,待布线结束后,把所布的双绞线捆扎起来。

b. 水平干线、垂直干线布槽的方法是一样的,差别在一个是横布槽一个是竖布槽。

c. 在水平干线与工作区交接处,不易施工时,可采用金属软管(蛇皮管)或塑料软管连接。

(5)槽管大小选择的计算方法:槽(管)面积 S＝(n×线缆截面积)/[70%×(40%～50%)]。n 表示用户所要安装的线缆数;70% 表示布线标准规定允许的空间;40%～50% 表示线缆之间浪费的空间。

3.3　线缆敷设施工

3.3.1　布线工程开工前的准备工作

布线工程经过调研,确定方案后,下一步就是工程的实施,而工程实施的第一步就是开工前的准备工作,要求做到以下几点:

1. 设计综合布线实际施工图,确定布线的走向位置,供施工人员、督导人员和主管人员使用。

2. 备料。工程施工过程需要许多施工材料,这些材料有的必须在开工前就备好料,有的可以在开工过程中备料。主要有以下几种:光缆、双绞线、插座、信息模块、服务器、稳压电源、集线器等落实购货厂商,并确定提货日期;不同规格的塑料槽板、PVC 防火管、蛇皮管、自攻螺丝等布线用料就位;如果机柜是集中供电,则准备好导线、铁管和制订好电器设备安全措施(供电线路必须按民用建筑标准规范进行);

3. 向工程单位提交开工报告。

3.3.2　线缆牵引施工

线缆牵引敷设主要是针对建筑物内部各种管路、槽道已经安装完工,而线缆要

敷设在管路槽道内部来说的,通常为了方便线缆牵引施工,在安装各种管道或槽道时已经在管路、槽道内部预留了一根钢拉绳,使用拉绳可以方便地将线缆从管路、槽道的一端牵引到另一端。

1."4 对芯"双绞线的牵引

(1)一条拉线(通常是一条绳)或一条软钢丝绳将线缆牵引穿过墙壁管路、天花板和地板管。标准的"4 对芯"双绞线很轻,通常不要求做更多的准备,只要将它们用电工带与拉绳捆扎在一起就行了。

(2)如果牵引多条"4 对"线穿过一条路由,可用下列方法:

a. 将多条线缆聚集成一束,并使它们的末端对齐。

b. 用电工带或胶布紧绕在线缆束外面,在末端外绕 50～70mm,如图 3.3.2-1 所示;

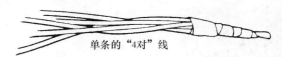

单条的"4对"线

图 3.3.2-1　牵引线将多条线缆末端用电工带缠绕

c. 将拉绳穿过电工带缠好的线缆,并打好结,如图 3.3.2-2 所示。

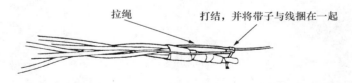

拉绳　　打结,并将带子与线捆在一起

图 3.3.2-2　牵引缆线固定拉线

(3)如果在拉线缆过程中,连接点散开了,则要收回线缆和拉绳重新制作更牢固的连接,为此,可以采取下列一些措施:

a. 除去一些绝缘层以暴露出 50～100mm 的裸线,如图 3.3.2-3 所示;

b. 将裸线分成两条,将两条导线互相缠绕起来形成环,如图 3.3.2-4 所示;

c. 将拉绳穿过此环,并打结,然后将电工带缠到连接点周围,要缠得结实和平滑。

(4)缆线承受的拉力不应超过最大拉力,否则线缆会变形,将引起线缆

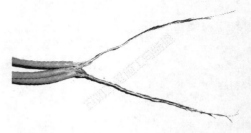

图 3.3.2-3　剥除绝缘层以暴露导线

传输性能下降。线缆最大允许的拉力如下:1 根 4 对线电缆,拉力为 100N;2 根 4 对线电缆,拉力为 150N;3 根 4 对线电缆,拉力为 200N;N 根线电缆,拉力为 N×5+50N;不管多少根线对电缆,最大拉力不能超过 400N。

图 3.3.2 - 4　编制导线成环

2. 牵引单条"25 对"双绞电缆

（1）将线缆向后弯曲以便建立一个和环，直径约 15cm－30cm 并使线缆末端线缆本身绞紧，如图 3.3.2 - 5 所示；

（2）用电工带紧紧地缠在绞好的缆上，以加固此环，如图 3.3.2 - 6 所示；

（3）把拉绳连接到线缆环上，如图 3.3.2 - 7 所示；

（4）用电工带紧紧地将连接点包扎起来。

3. 牵引多条"25 对芯"及更多对线缆

（1）剥除约 30cm 的线缆护套，包括导线上的绝缘层；

（2）使用斜口钳将线切去，留下约 12 根；

将缆末端与缆本身绞起来以建立一个环

图 3.3.2 - 5　牵引单条导线

（3）将导线分成两个绞线组，如图 3.3.2 - 8 所示，将两组绞线交叉穿过拉线环，在线缆的那边建立一个闭环，如图 3.3.2 - 9 所示；

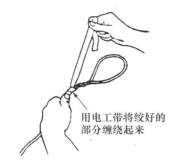

用电工带将绞好的部分缠绕起来

图 3.3.2 - 6　用电工带加固环

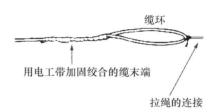

缆环

用电工带加固绞合的缆末端

拉绳的连接

图 3.3.2 - 7　将拉绳连接到缆环上去

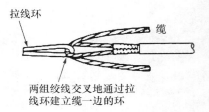

图 3.3.2‐8　将缆导线分成
两个均匀的绞线组

图 3.3.2‐9　将绞线组送过拉线环

（4）将双绞线一端的线缠绕在一起以使环封闭，如图 3.3.2‐10 所示；

（5）将电工带紧紧地缠绕在线缆周围，覆盖长度约 5cm，然后继续再绕上一段，如图 3.3.2‐11 所示。

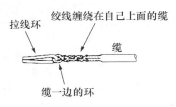

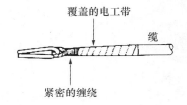

图 3.3.2‐10　将绞线自己
缠绕来封闭缆环

图 3.3.2‐11　用电工带缠绕加固

4. 音视频电缆、多芯控制电缆的牵引

音视频电缆及多芯控制电缆的牵引可参照以上方法进行。

3.3.3　建筑物内水平线缆敷设施工

建筑物内水平布线，可选用天花板、暗道、墙壁线槽等形式，在决定采用哪种方法之前，到施工现场进行比较，从中选择一种最佳的施工方案。

1. 暗管布线

管道布线是在浇筑混凝土时已把管道预埋在地板中，管道内有牵引电缆线的钢丝或铁丝，施工时只需通过管道图纸了解地板管道，就可做出施工方案。

对于老的建筑物或没有预埋管道的建筑物，要向业主索取建筑图纸，并到要布线的现场勘测建筑物内的电、水、气管路的布局和走向，然后详细绘制布线图纸，确定布线施工方案。对于没有预埋管道的新建筑物，布线施工可以与建筑物装潢同步进行，这样便于布线，又不影响建筑的美观。

管道一般从配线间埋到信息插座安装孔，施工时只要将缆线固定在信息插座的接线端，从管道的另一端牵引拉线就可将线缆引到配线间。

对于有些暗管中忘记预留拉线，这里介绍一种比较有效的预埋管道穿线工具——自行车刹车软弹簧管穿管器，这种刹车弹簧管在自行车配件商店里可以买到，长度也可达 40～50m，只要对其头部进行必要的处理，拉出一圈做成类似拉簧的样子，并带有一定开口的钩，如图 3.3.3 -1(a)所示，就可以制成一条很好用的电缆穿管器，由于刹车弹簧内部是钢带绕制而成，外部包着一层塑料，表面光滑，这种穿管器用起来既柔韧又有足够的强度，20m 左右有三个弯头的管道，可以很顺利穿过，如果配合使用如图 3.3.3 -1(b)所示牵引工具，穿 30～40m 的管道同样可以

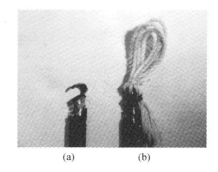

(a)　　　　　(b)

图 3.3.3 - 1　简便易制的穿管工具

顺利地完成，这个牵引工具也是用自行车刹车软弹簧制成，也带有一定开口的钩，只是要在此钩上绕制 15～20 圈尼龙圈套，穿长管时，分别从两头穿入，当这两者碰到时手感不一样，这时你再把牵引器向里穿 5cm 左右，然后向外拉，便可将穿管器带出。

2. 天花板吊顶内布线

水平布线最常用的方法是在天花板吊顶内布线。具体施工步骤如下：

(1)索取施工图纸，确定布线路由；

(2)沿着所设计的路由(即在电缆桥架槽体内)，打开吊顶，用双手推开每块天花板的镶板，如图 3.3.3 - 2 所示；

(3)将多个线缆箱并排放在一起，并使线缆接管嘴向上，如图 3.3.3 - 3 所示；

(4)加标注，纸箱上可直接写标注，在线缆的末端注上标号；

(5)将合适长度的牵引线连接到一个带卷上；

(6)从离配线间最远的一端开始，将手线的末端与带卷捆在一起，通过牵引到达末端，如图 3.3.3 - 4 所示；

(7)移动梯子将拉线投向吊顶的下一孔，直到绳子到达走廊的末端，如图 3.3.3 -5 所示；

(8)将每 2 个箱子中的线缆拉出形成"对"，用胶带捆扎好，如图 3.3.3 - 6 所示；

(9)将拉绳穿过 3 个用带子缠绕好的线缆对，绳子结成一个环，再用带子将三对线缆与绳子捆紧；

(10)回到拉绳的另一端，人工牵引拉绳。所有的 6 条线缆(3 对)将自动从线箱中拉出并经过吊顶(或吊顶上的电缆桥架)从孔中出来牵引到配线间，如图 3.3.3 - 7 所示；

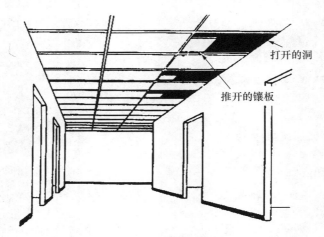

图 3.3.3-2　可移动镶板的悬挂式天花板

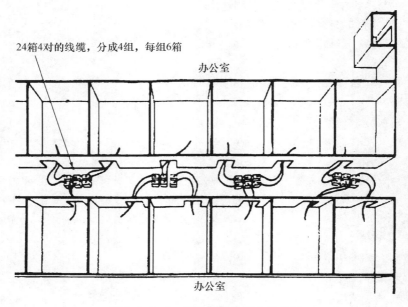

图 3.3.3-3　将多条线分组分站放置

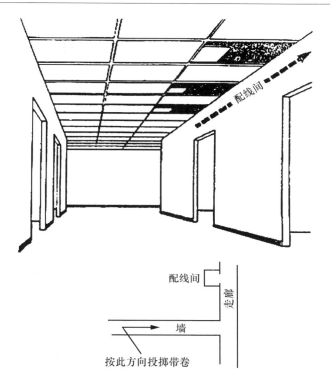

图 3.3.3-4　向总控制房方向投掷手绳

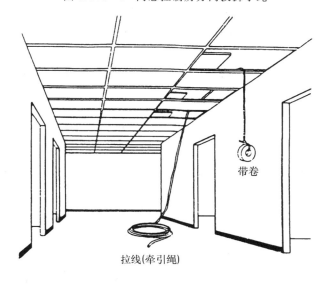

图 3.3.3-5　将拉线投掷经过吊顶到达目的地

（11）对下一组线缆（另外 3 对）重复第"8"步的操作，如图 3.3.3-8 所示；

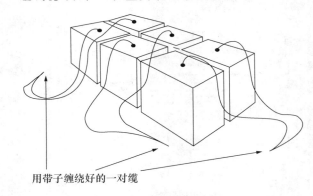

用带子缠绕好的一对缆

图 3.3.3-6　将每对线缆用带子缠扎

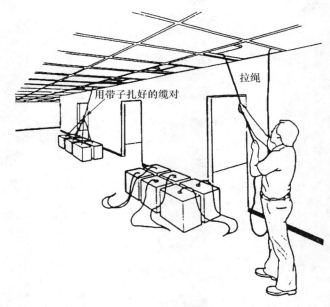

拉绳

用带子扎好的缆对

图 3.3.3-7　将用带子扎好的缆线对拉过吊顶

（12）将第二组的线缆（3 对 6 根）与第一组的线缆与手绳用带子扎结在一起（共 12 根），扎结线缆和手绳一定要牢固，扎完后要检查一下，如图 3.3.3-9 所示；

（13）牵引手绳到下一组缆线处，并把下一组线缆用带子与手绳缠扎在一起；

（14）继续将剩下的线缆组增加到拉绳上，每次牵引它们向前，直到走廊末端，再继续牵引这些线缆一直到达配线间连接处，如图 3.3.3-10 所示。

当缆线在吊顶内布完后，还要通过墙壁或墙柱的管道将线缆向下引至信息插座安装孔。将缆线用胶带缠绕成紧密的一组，将其末端送入预埋在墙壁中的 PVC

圆管内并把它往下压,直到在插座孔处露出 25～30mm 即可,如图 3.3.3-11 所示。

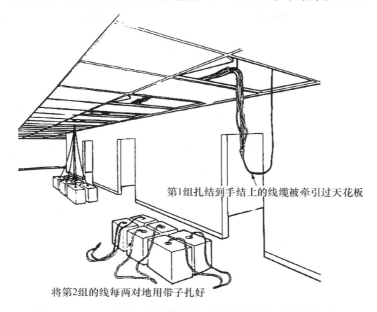

第1组扎结到手结上的线缆被牵引过天花板

将第2组的线每两对地用带子扎好

图 3.3.3-8　在下一组缆线箱处重复用带子缠结拉绳的过程

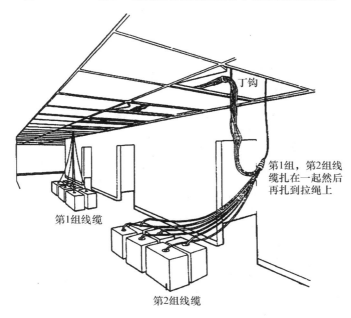

丁钩

第1组,第2组线缆扎在一起然后再扎到拉绳上

第1组线缆

第2组线缆

图 3.3.3-9　将第二组缆线用带子扎结到手绳上去

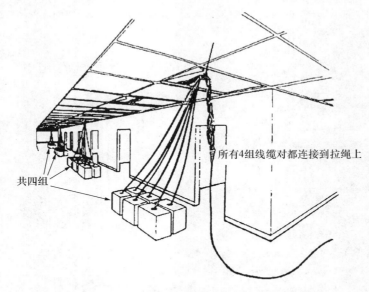

所有4组线缆对都连接到拉绳上

共四组

图 3.3.3 - 10   将结好的几组缆线牵引到目的地

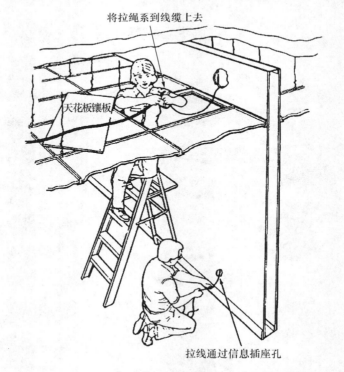

将拉绳系到线缆上去

天花板镶板

拉线通过信息插座孔

图 3.3.3 - 11   借助拉绳缆线通过墙内管道

3. 光缆的吊顶敷设

本系统中,敷设光纤从弱电井到配线间的这段路径,一般采用走吊顶(电缆桥架)敷设的方式:

(1)沿着所设计的光缆敷设路径打开吊顶;

(2)利用工具切去一段光缆的外护套,并由一端开始的 0.3m 处环切光缆的外护套,然后除去外护套,如图 3.3.3-12 所示;

(3)将光纤及加固芯切去并掩没在外护套中,只留下纱线。对需敷设的每条光缆重复此过程;然后将纱线与带子扭绞在一起,如图 3.3.3-13 所示;

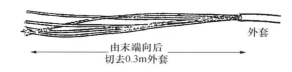

图 3.3.3-12 光缆环切

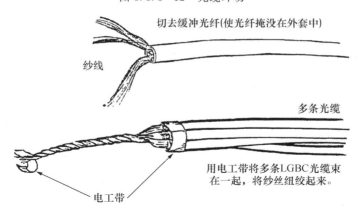

图 3.3.3-13 将光缆和纱线用电工带系捆起来

(4)将光缆端的纱线与牵引光缆的拉线用缆连接起来,如图 3.3.3-14、15 所示,可以直接牵引;

(5)如果是用光缆夹(如图 3.3.3-16 所示)来牵引,"d"步骤不做,继续下面步骤;

(6)用胶布紧紧地将长 20cm 范围的光缆护套缠住;

(7)将纱线馈送到合适的夹子中去,如图 3.3.3-17 所示,直到被带子缠绕的护套全塞入夹子中为止;

(8)将带子绕在夹子和光缆上,将光缆牵引到所需的地方,并留下足够长的光缆供后续处理用。

4. 墙壁线槽布线

在墙壁上布线槽一般遵循下列步骤:

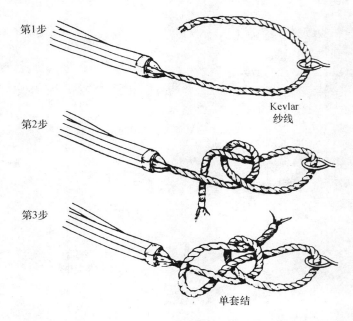

第1步

第2步

第3步

Kevlar
纱线

单套结

图 3.3.3-14　将纱线连接到牵引带上

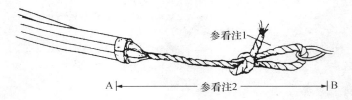

参看注1

A ├──────── 参看注2 ────────┤ B

图 3.3.3-15　准备牵引光缆的连接

注:1. 切去露在带子外的纱线防止与外套覆盖;2. 用电工带轻轻地塞住从 A 到 B 的整个连接

牵引眼　　　　　　吊蓝"夹"

图 3.3.3-16　光缆夹

牵引绳　　　　　　光缆夹

连接链

栓扣部件末端的带子

图 3.3.3-17　将牵引绳连接到光缆栓扣部件上

（1）确定布线路由；

（2）沿着路由方向放线，注意放线横平竖直；

（3）线槽每隔 0.3～0.5m 要安装固定螺钉；

（4）布线时线槽的容量约为 50%；

（5）盖塑料槽盖时应该错位盖。

3.3.4　主干线缆敷设施工监理

主干线缆在综合布线里包括的内容比较多，有室外架空线缆的敷设、室外线缆的沿墙敷设、市区地埋管道线缆的敷设、小区内建筑物之间的地埋管道线缆的敷设、建筑物内管路、槽道线缆的敷设、高层建筑电缆井内线缆的敷设等。

1. 架空线缆的敷设施工

（1）光（电）缆在钢绞线上悬挂：

a. 光（电）缆盘一端和光缆布放末端安装导引滑轮；

b. 每隔 30m 安装一个导引滑轮，牵引绳通过导引滑轮；

c. 光（电）缆在 7×2.0mm 以上的钢绞线上悬挂时，挂钩的选用应根据具体光（电）缆条数确定，挂钩间距为 500±30mm 均匀挂设，每增加一根复挂缆，挂钩间距相应缩短 10%；

d. 布放光（电）缆时，光（电）缆的牵引端头应作技术处理，采用具有自动控制牵引力性能的牵引机牵引；牵引力应施加于加强芯上，不得超过 1500kN；牵引速度为 10m/min，一次牵引的直线长度不超过 1000m，弯曲半径不得小于光（电）缆外径的 20 倍；

e. 光（电）缆架空每 500m 应设一个光（电）缆预留架，预留 20—30m 余量；

f. 轻负荷区光缆每隔 5 杆档，中、重负荷区每杆档上作一处伸缩弯，伸缩弯在电杆两侧的挂钩间下垂 250mm，并套塑料管保护，如图 3.3.4-1 所示；

g. 光缆续接盒两侧各留光缆 15～20m，余量设置在两端杆的余缆架上，如图 3.3.4-2 所示；

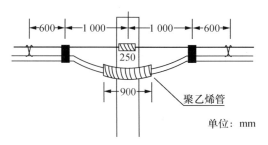

图 3.3.4-1　光缆在杆上伸缩弯示意图

h. 光（电）缆过杆及障碍物时需要预留滴水弯（如图 3.3.4-1、图 3.3.4-3 所示）并做保护。

（2）光（电）缆线沿墙敷设施工及监理要点：

a. 光（电）缆干线应尽量避开与电源线交叉，如无法避开时应加套聚乙烯绝缘管保护；

b. 光（电）缆干线如出现十字或丁字交叉时，必须用双槽夹板固定或用 8# 铁丝

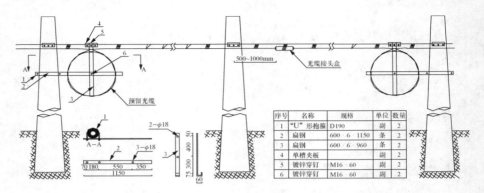

序号	名称	规格	单位	数量
1	"U"形抱箍	D190	副	2
2	扁钢	600·6·1150	条	2
3	扁钢	600·6·960	条	2
4	单槽夹板		副	2
5	镀锌穿钉	M16·60	副	2
6	镀锌穿钉	M16·60	副	2

图 3.3.4-2　架空光缆接头及余留光缆安装图

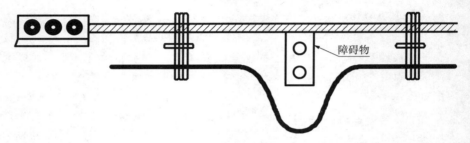

图 3.3.4-3　光、电缆过障碍物施工工艺

十字绑扎,如图 3.3.4-4 所示;

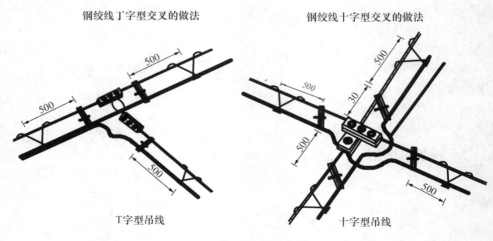

图 3.3.4-4　钢绞线丁字型、十字型交叉施工工艺

　　c. 吊线式墙壁光(电)缆使用的吊线程式应符合设计要求。墙上支撑的间距应为 8~10m,终端固定物与第一只中间支撑的距离不应大于 5m,如图 3.3.4-5 所

示；

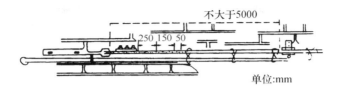

图 3.3.4 - 5   吊线在墙壁水平敷设图

d. 吊线在墙壁上的水平敷设，其终端固定、吊线中间支撑应符合图 3.3.4 - 6 的要求；

e. 吊线在墙壁上的垂直敷设，其终端应符合图 3.3.4 - 7 的要求；

f. 电缆沿墙敷设，用电缆卡子固定；

g. 光缆沿墙敷设，用胀塞、木螺钉、铁乙烯绝缘护套管保护，两端超出钢绞线与电缆线的绑扎点；

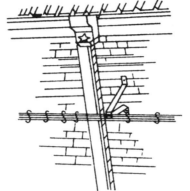

图 3.3.4 - 6   吊线在墙壁中间支撑图

卡子固定；

h. 自承式光（电）缆在整个施工中同钢绞线沿墙架设基本相似，如图 3.3.4 - 8、9 所示。

（3）光（电）缆通过变压器工作台的技术要求（如图 3.3.4 - 10 所示）：

a. 光（电）缆通过变压器工作台时，架聚

b. 架聚乙烯绝缘套管的光（电）缆与低压线的距离不小于 0.6m，与高压线的距离不小于 1.2m，聚乙烯绝缘套管的耐压性能不小于变压器一侧的 2.5 倍；

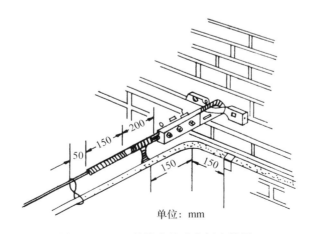

图 3.3.4 - 7   吊线在墙壁中间支撑图

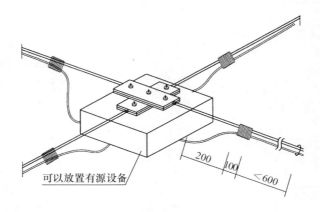

图 3.3.4-8 自承式同轴电缆在十字吊线处的吊扎图

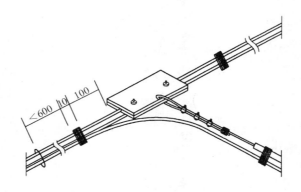

图 3.3.4-9 自承式同轴电缆在丁字吊线处的吊扎图

c. 聚乙烯绝缘套管必须与钢绞线绑扎 0.5m 以上；

d. 光(电)缆通过变压器工作台时,应在工作台的外侧于变压器工作台槽钢绑扎牢固、平直、整齐。

(4)光缆续接盒的安装工艺：

a. 光缆续接盒应按图纸设计位置安装；

b. 用光缆续接盒专用抱箍固定在钢绞线上；

c. 将两侧余留光缆设置在两端杆的余留光缆架上。

(5)架空光(电)缆的保护：

a. 架空光(电)缆与树木、杆状物等妨碍物体净距离达不到规定时,按表 3.2.3-1 做保护,如图 3.3.4-11 所示；

b. 光(电)缆与电车滑接线交叉时,光(电)缆应尽量地埋通过,无法地埋通过时,可在保证距地面 9m 以上距离的前提下敷设双钢绞线,光(电)缆与下面一根钢

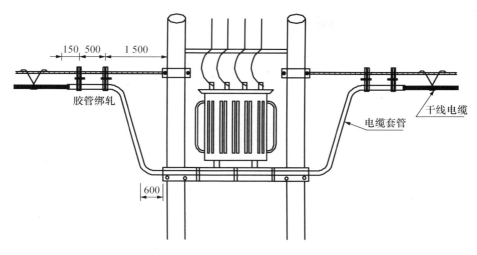

图 3.3.4-10 光、电缆过变压器工作台施工工艺

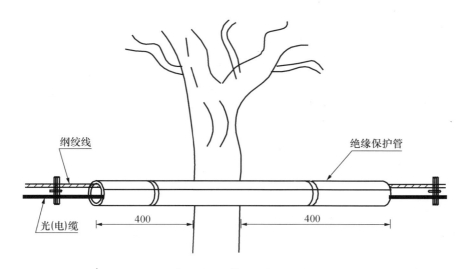

图 3.3.4-11 架空光、电缆通过树木的保护施工工艺

绞线加聚乙烯绝缘套管一起在电车滑接线上方通过;

c. 光(电)缆与通信线路交叉时也应加保护套管,交叉距离不小于图 3.3.4-12 中规定的最小尺寸,绝对禁止不加保护的接触性交叉,保护套管必须固定牢固,不能两面窜动;

d. 光(电)缆与低压电力线路交叉时也应加保护套管,如图 3.3.4-13 所示;

e. 除特殊场合,保护套管应使用 3mm 以上厚度的聚乙烯绝缘套管。

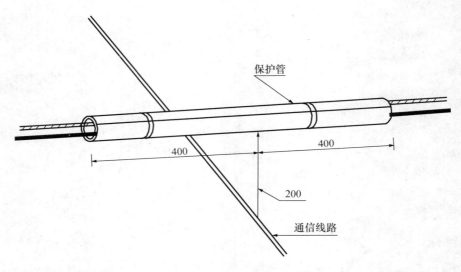

图 3.3.4 - 12　架空光、电缆与通信线路交叉时的保护施工工艺

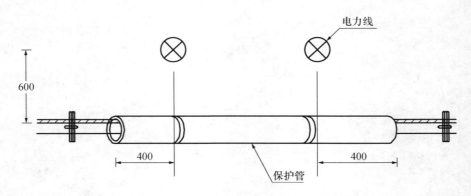

图 3.3.4 - 13　架空光、电缆与低压电力线路交叉时的保护

(6)光缆余留架的安装工艺：

a. 电杆余留架安装工艺：①光缆余留架应在靠近电杆的位置安装；②其上端用专用固定螺栓固定在钢绞线上，另一个侧端固定在电杆上；③将余留的光缆按顺时针方向盘绕在余留架内；

b. 沿墙余留架安装工艺，如图 3.3.4 - 14 所示：①光缆余留架应在靠近墙壁的位置安装；②其上端用专用固定螺栓固定在钢绞线上，另一个侧端固定在墙上；③将余留的光缆按顺时针方向盘绕在余留架内。

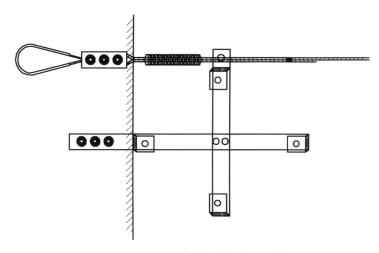

图 3.3.4 - 14 墙壁余留架施工工艺

2. 地埋管道线缆的敷设

(1)管道光缆敷设前应作好下列准备:

a. 按设计核对光缆占用的管孔位置;

b. 在同路由上选用的孔位不宜改变,如变动或拐弯时,应满足光缆弯曲半径的要求;

c. 所用管孔必须清刷干净。

(2)对于大孔径的波纹管或钢管要按设计要求布放子管(对于 PE 多孔管可以省略此步骤),连续布放塑料子管的长度,不宜超过 300m,子管在人孔中的余长应符合设计要求,布放两根以上无色标的子管时,在端头应做好标志,子管在管道中间不得有接头,子管布放完毕,应将管口做临时堵塞,穿放塑料子管的管孔,应安装塑料管堵头(也可采用其他方法),以固定子管,本期工程不用的子管必须在管端安装堵塞(帽)。

(3)根据实际情况以及施工条件许可程度选择人工牵引还是机械牵引或者是两者结合的方法牵引光(电)缆。

a. 单纯采用人工牵引施工,则应首先用穿管器穿透子管或多孔管的小管,在另一端的人(手)井口,把光(电)缆固定在穿管器头上,再回拉穿管器将光(电)缆带出。人工牵引的装置如图 3.3.4 - 15 所示;图 3.3.4 - 16 是人工牵引人孔——人

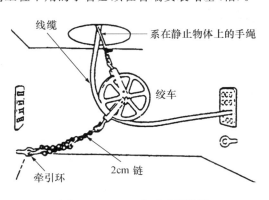

图 3.3.4 - 15 人工牵引装置

孔的示意图；

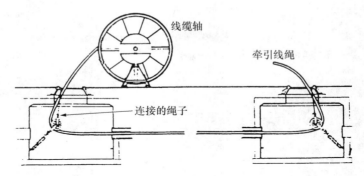

图 3.3.4-16　人工牵引人孔——人孔的示意图

　　b. 将光(电)缆盘置于人(手)井口处，光(电)缆由光(电)缆盘经喇叭口输送管进入子管(特别是管道拐弯或有交叉时)，输送管可使用蛇皮钢管或聚乙烯塑管，输送管用来防止电缆大小弯或外护套损伤，必要时可在光缆周围涂中性润滑剂；

　　c. 在人孔安装电缆引导器，人工布放光缆时每个人孔应有人值守；机械布放光缆时拐弯人孔应有人值守；

　　d. 在中间人孔安装辅助牵引机或人工辅助牵引；

　　e. 做好光(电)缆端头，用牵引绳穿过输送管进入子管，利用人工牵引光(电)缆到辅助牵引机；

　　f. 在光(电)缆布放终端孔处架设端头牵引机，牵引机布放牵引钢丝绳到辅助牵引机，与(电)缆端头连接；

　　g. 布放光(电)缆时，光(电)缆的牵引头应做技术处理并采用具有自动牵引控制牵引力性能的牵引设备牵引，对于光缆牵引应施加于加强芯上，不能超过 1500N，对电缆的拉力应不超过电缆厂商建议的最大的拉伸力度，牵引速度 10m/min，一次牵引直线长度不宜大于 1km，超长时应采取盘 ∞ 字分段牵引或中间加辅助牵引。典型电动牵引绞车如图 3.3.4-17 所示；

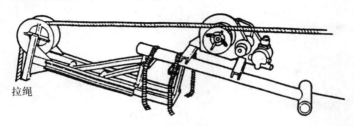

图 3.3.4-17　电动牵引绞车

　　h. 端头牵引机、辅助牵引机和人工一起牵引光(电)缆到终端孔，如需要同时牵引数条缆线，需要配置专用线缆放线架，如图 3.3.4-18 所示，但这种放线架一般只适用于中小盘的线缆；

i. 在管道的井口或室外箱的基座中应放置
额外长度的电缆，用于将来的拼接和维护。接
头所在人孔的光缆预留长度应符合表 3.2.1-1
中的规定；设计要求作特殊预留的光缆按规定
位置妥善放置，如图 3.3.4-19 所示；

j. 人孔内的光缆应有识别标志及维护部门
的联系单位及电话。

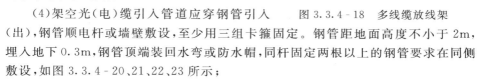

图 3.3.4-18　多线缆放线架

（4）架空光（电）缆引入管道应穿钢管引入
（出），钢管顺电杆或墙壁敷设，至少用三组卡箍固定。钢管距地面高度不小于 2m，
埋入地下 0.3m，钢管顶端装回水弯或防水帽，同杆固定两根以上的钢管要求在同侧
敷设，如图 3.3.4-20、21、22、23 所示；

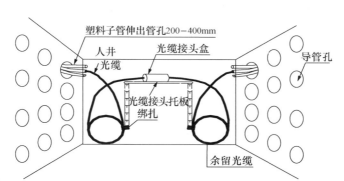

图 3.3.4-19　光（电）缆在人孔内绑扎图

图 3.3.4-20　木杆上
光（电）缆引上装置图

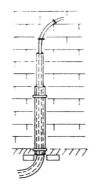

图 3.3.4-21　墙壁上
光（电）缆引上装置图

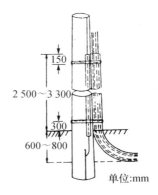

图 3.3.4-22　水泥杆上光
（电）缆引上装置图

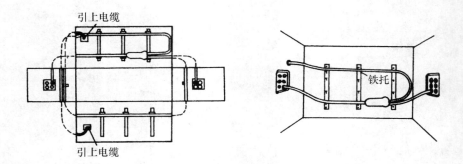

图 3.3.4‐23　人(手)孔内引上电缆走向图

3. 直埋缆线的敷设及监理要点

(1)挖沟：

a. 光(电)缆沟中心线应与设计路由的中心线吻合,偏差应不大于 100mm。直埋深度应满足表 3.3.4‐1 的规定；

b. 光(电)缆沟的深度应符合设计规定,沟底高程允许偏差为＋50～－100mm。人工挖掘的沟底宽度宜为 400mm；

c. 斜坡上的埋式光(电)缆沟,应按设计规定的措施处理。

(2)光(电)缆敷设：

a. 敷设埋式光(电)缆时,A,B 端的方向应符合设计要求；

b. 埋式光(电)缆的曲率半径应大于光(电)缆外径的 20 倍(15 倍)。同轴电缆的曲率半径应大于外径的 10 倍；

c. 埋式光(电)缆在接头坑内的位置应符合图 3.3.4‐24 的要求,预留长度应符合表 3.2.1‐1 要求；

d. 两条以上光(电)缆同沟敷设时,应平行排列,不得交叉或重叠；

e. 埋式光(电)缆与其他设施平行或交越时,其间距不得小于表 3.3.4‐2 的规定；

f. 埋式光(电)缆穿过保护管的管口处应封堵严密；

g. 埋式光(电)缆进入人孔处应设置保护管。光(电)缆铠装保护层应延伸至人孔内距第一个支撑点约 100mm 处；

h. 应按设计要求装置埋式光(电)缆的各种标志。

(3)过障碍物加钢管保护：

a. 保护钢管的敷设或顶管的深度应符合设计要求；

b. 保护钢管伸出穿越物两侧应不小于 1m；

c. 保护钢管穿越公路排水沟的埋深应大于永久沟底以下 500mm；

d. 在特殊情况下达不到以上 b 或 c 的规定时，应采用保护钢管再加套管的措施，符合图 3.3.4 - 25 的要求。

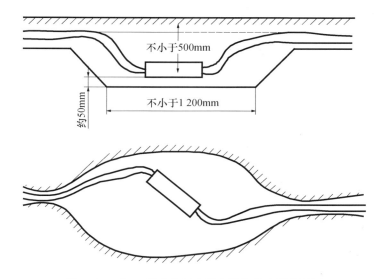

图 3.3.4 - 24　埋式光(电)缆在接头坑内的位置图

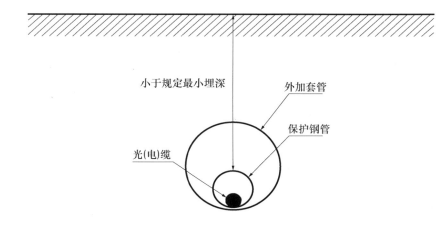

图 3.3.4 - 25　光(电)缆保护管图

表 3.3.4 - 1   直埋光缆埋深表

敷设地段或土质	埋深(米)	备注
普通士(硬土)	≥1.2	
半石质(砂砾士、风化石)	≥1.0	
全石质	≥0.8	从沟底中垫 10 厘米细土或砂土的上面算起
流砂	≥0.8	
市郊、村镇	≥1.2	
街坊内、人行道下	≥1.0	
穿越铁路、公路	≥1.2	距道渣底或距路面
沟、渠、水塘	≥1.2	
农田排水沟(沟宽 1 米以内)	≥0.8	

(4)回填土:

a. 充气的光(电)缆在回填土前必须做好保气工作。

b. 先填细土,后填普通土,且不得损伤沟内光(电)缆及其他管线。

c. 在回填 300mm 细土后,盖红砖保护。每回填土约 300mm 处应夯实一次,并及时做好余土清理工作。

d. 回土夯实后的光(电)缆沟,在高级路面上应与路面平齐,回土在路面修复前不得有凹陷现象;其他土路可高出路面 50~100mm,郊区大地可高出 150mm 左右。

表 3.3.4 - 2   直埋光缆与其他建筑物间最小净距(米)

名　　　称		平行时	交越时
市话管道边线(不包括人孔)		0.75	0.25
非同沟的直埋通信电缆		0.5	0.5
埋式电力电缆	35kV 以下	0.5	0.5
	35kV 以上	2.0	0.5
给水管	管径小于 30cm	0.5	0.5
	管径为 30~50cm	1.0	0.5
	管径大于 50cm	1.5	0.5
高压石油、天然气管		1.0	0.5
热力、下水管		1.0	0.5
煤气管	压力小于 3kg/cm²	1.0	0.5
	压力为 3~8kg/cm²	2.0	0.5

续表

名　　　　称		平行时	交越时
排水沟		0.8	0.5
房屋建筑红线（或基础）		1.0	
树木	市内、村镇大树、果树、路旁行树	0.75	
	市外大街	2.0	
水井、坟墓		3.0	
粪坑、积肥池、沼气池、氨水池		3.0	

4. 建筑物内主干线电缆敷设

主干缆是建筑物的主要线缆，它为从设备间到每层楼上的管理间之间传输信号提供通路。在新的建筑物中，通常有电缆竖井通道（如图 3.3.4 - 26 所示）或专用电缆孔通道（如图 3.3.4 - 27 所示）。在竖井中敷设主干缆一般有向下垂直施放缆线和向上牵引缆线两种方式，相比较而言，向下垂放比向上牵引容易，但有时受空间和设备的限制，一些地方只能采取向上牵引的方式。

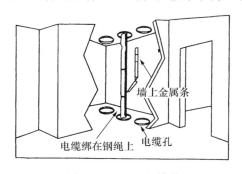

图 3.3.4 - 26　电缆井

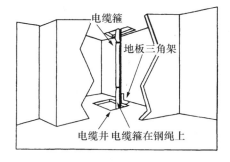

图 3.3.4 - 27　电缆孔

（1）向下垂放光缆的一般步骤如下：

a. 首先要将垂放光缆的卷轴抬放在需要敷设线缆的高层；

b. 在离建筑层槽孔 1～3m 处安放光缆卷轴（光缆和大直径同轴电缆通常是绕在线缆的木制或钢架卷轴上），使卷筒在转动时能控制光缆。将光缆卷轴安置于平台上，以便保持在所有时间内光缆与卷筒轴心都是垂直的；

c. 在线缆卷轴处安排所需的施工人员，每层要安排一个工人以便引导下垂的缆线；

d. 转动光缆卷轴，并将光缆从其外牵出。牵引光缆时，要保持不超过最小弯曲半径和最大张力的规定；

e. 将拉出来的线缆引导进入弱电井，如果有桥架则要将缆线引入敷设好的桥

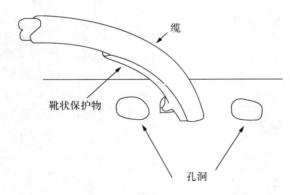

图 3.3.4-28　线缆靴状保护装置

架中。在此之前先在孔洞中安放一个塑料靴状保护物，以防止孔洞不光滑擦破线缆的外皮，如图 3.3.4-28 所示；

f. 慢慢地从光缆卷轴上牵引光缆，直到下一层的施工人员可以接到光缆并引入下一层。在每一层楼均重复以上步骤，当光缆达到最底层时，要使光缆松弛地盘在地上。在弱电间敷设光缆时，为了减少光缆上的负荷，应在一定的间隔上(如 5.5m)用缆带将光缆扣牢在墙壁上。用这种方法，光缆不需要中间支持，但要小心地捆扎光缆，不要弄断光纤。为了避免弄断光纤及产生附加的传输损耗，在捆扎光缆时不要碰破光缆外护套，固定光缆的步骤如下：

(a)使用塑料扎带，由光缆的顶部开始，将干线光缆扣牢在电缆桥架上；

(b)由上往下，在指定的间隔(5.5m)安装扎带，直到干线光缆被牢固地扣好；

(c)检查线缆外套有无破损，盖上桥架的外盖。

g. 如果要经过一个大孔洞敷设线缆，就不能采用塑料靴状物保护线缆，这时最好采用一个滑轮装置，如图 3.3.4-29 所示，通过它来放线。此外线缆要绕过弯曲半径较小地方，则可以采用如图 3.3.4-30 的滑轮装置解决问题。

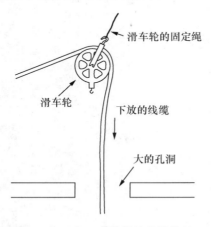

图 3.3.4-29　大孔滑轮放线装置

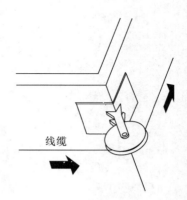

图 3.3.4-30　滑轮解决弯曲半径小的问题

(2)向下垂放轻电缆。诸如"4 对芯"双绞线、75-5 同轴电缆、音频线中的一些轻型线缆的步骤与光缆相似，只是由于线缆质地较轻，在敷设时比较容易控制，工作难度要小些,但在操作时仍要细心,以防弄伤线缆。

(3)向上牵引光(电)缆。有些芯数较多的光缆、大口径同轴电缆以及集成综合电缆等重型缆线由于空间和技术条件所限在向下垂放有一定困难时,通常采用向上牵引的方法敷设。

a. 首先要将垂放光(电)缆的卷轴放在需要敷设线缆的底层;

b. 在离建筑层槽孔 1～3m 处安放光(电)缆卷轴(光缆和大同轴电缆通常是绕在线缆的木制或钢架卷轴上),使卷筒在转动时能控制光缆。将光缆卷轴安置于平台上,以便保持在所有时间内光缆与卷筒轴心都是垂直的;

c. 将拉绳从上面放入敷设好的电缆桥架中,直到底层,如果层数太高或光(电)缆太重,则应该分段分层牵引;

d. 慢慢地从光缆卷轴上向上牵引光缆,直到上层的施工人员可以接到光缆并引入上层。在每一层楼均重复以上步骤,当光缆达到目的高层时,留足余量后,分层固定光(电)缆,使预留使光(电)缆松弛地盘在地上。其他步骤与向下垂放基本相同。

5. 吹光纤敷设工艺简介

吹光纤技术是目前的一种新的光纤布线方法,它是用一个空的塑料管(微管)建造一个低成本的网络布线模式,当需要时,将光纤吹入微管,每根微管最多可以吹入 8 芯光纤,如果光纤损坏或已过时,可以将其吹出,并用新的光纤代替,当光纤吹入微管后,再与尾纤熔接,然后放入专门设计的地面出口盒或配线架上的终端盒。

3.4　光缆连接工艺

光缆的连接包括光纤连接器的端接、机械拼接和熔接。

3.4.1　光纤连接器

具体内容前面已经介绍了,这里不再重复。

3.4.2　光缆熔接技术

1. 光缆的开剥

光缆在开剥之前应该首先弄清光缆的结构,因为不同的光缆的开剥方法会有所不同,久置不用的光缆往往要视光缆头端的情况截除头端 0.5～1m 左右,首先用光缆横向开剥刀剥除 0.8～1.2m 光缆外皮,方法是一边绕光缆旋转开剥刀,一边旋紧开剥刀的刀片,即缩小开剥刀片的对应直径,开剥到有钢带保护的地方时,再旋转 1～2 周,便可以了;但对于层绞式光缆在开剥时要特别注意不要伤到松套管,具体方法是:当开剥刀快把光缆外皮全部割断,大约还有 0.3～0.5mm 时,便可以停止用刀了,改用手工弯折开剥口处,然后用美工刀轻轻压割(注意不是拉割),这样比较容易控制力量,在弯折口处的部分未全断光缆外皮会在内应力的作用下自然开裂,从而保证内部的松套管不受伤害,然后用力拉出光缆外皮,如图 3.4.2 - 1 所示。在中心束管式光缆的钢丝外层和层绞式光缆的松套管外层往往还有一层无纺布和纱线的包裹和捆扎,所以在操作中还应该把无纺布和纱线去除,去除纱线的方法是用美工刀顺钢丝或松套管的缝隙将纱线挑断,然后用卫生纸包往向外掳去。这样可以在保证内部光纤安全的前提下较为迅速地除去纱线的包裹。

　　2. 光缆的保护和固定

　　根据固定支架的要求,留下足够长度和数量的钢丝加强件,对于只有两根或一根钢丝加强件的光缆,一般要求长度按需要留足,加强件的全数保留,对于多根钢丝绞合于光缆中心的层绞式光缆,建议在不妨碍固定的前提下全数保留,长度可根据要求取舍;对于钢丝包裹在松套管外侧的中心束管式光缆,则建议保留全数的一半以上,长度则根据要求取舍,多余部分用钢丝剪断钳剪断。然后用防水密封胶在光缆外皮上相应的地方,包扎若干层,具体位置要根据续接包的情况来定,靠近续接处内侧的包扎,其主要作用是增加支架对光缆外皮的固定阻力,另一处包扎的作用是保证续接包的气密性,起到防潮防水的作用,因此这两处包扎的厚度也是有讲究的,过多时可能引起光缆固定困难或熔接包上盖紧固困难,过少时可能起不到固定光缆外皮的作用或气密性无法保证,正确的做法是让包扎厚度大于孔径的 15%～20% 为宜。将包扎好的光缆的钢丝加强件放入支架固定螺丝的孔隙中,上紧固定螺母,盖上光缆外皮固定夹板,上紧固定螺丝,如图 3.4.2 - 2 所示。

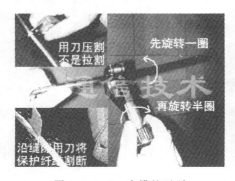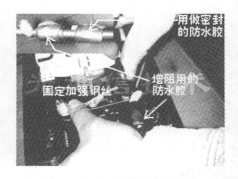

图 3.4.2 - 1　光缆的开剥　　　　　　图 3.4.2 - 2　光缆固定和保护

　　3. 松套管的剥除和固定

　　在适当的位置用松套管开剥钳剥除多余松套管,松套管预留的长度可根据支架到续接盘的实际情况,在续接盘上从固定松套管位置到固定热缩管的位置之间灵活掌握,如图 3.4.2 - 3 所示。对于有多个白色松套管的光缆还可根据顺时针或逆时针顺序,按一定的梯度留取白管的长度,这样在熔接的时候就可以很容易地辨认出白管的顺序,以提高熔接效率,降低出错率。剥除松套管的操作要领是,仅用松套管开剥钳对松套管用劲剪一刀，不要试图用松套管直接往外拉，这样极容易将管内的裸光纤弄断。然后用卫生纸紧抓松套管，用力往外拉，当松套管拉开后，紧抓的卫生纸又可一次性地将套管内部的油脂擦去，这样可以提高工作效率。最后用塑料扎带将松套管固定在续接盘上的松套管入口处。

光纤涂敷层的剥离，首先在需要对接的两条光缆的一头的裸光纤上套入热缩管，接着用涂敷层开剥钳剥除裸纤的涂敷层，剥除要领：剥除长度要根据光纤切割刀的具体要求，对于普通机械光纤切割刀一般取 30～40mm 就可以了，剥的时候要握紧开剥刀，尽量使裸纤在开剥刀口前后保持在一条直线上，这样均匀向外用力拉，涂敷层就可以比较轻松地被剥离出去了，而且不易因受力不在一条直线上而导致裸纤被剥断。剥完的纤芯需要用酒精药棉进行清洁，如图 3.4.2-4 所示。

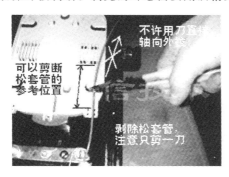

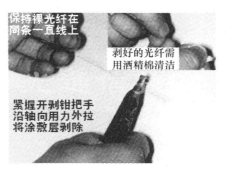

图 3.4.2-3 松套管的剥除和固定 　　 图 3.4.2-4 光纤处理与清洁

下面再介绍一下尾缆和尾纤的处理方法，尾缆是种特殊的光缆，内部装的是 2 条或 4 条尾纤而不是普通裸光纤，此外在尾缆里还有钢制或尼龙的固定加强件，尾缆外皮的开剥方法与普通光缆相似。在熔接包里的保护和固定方法也与前面说的相似，需要说明的是在固定尼龙加强件的时候上紧螺丝时应该用力适中，否则上紧螺丝会将加强件切断，将剥出的尾纤用扎带固定在续接盘上，然后用松套管开剥钳剥除黄色外皮，露出带塑料护套的光纤和包裹在外面丝状纤维，将纤维沿尾缆外皮开剥处齐根剪去。

最后是尾纤护套层和涂敷层的剥离工作，如果要一次性同时剥除这两层，需要一定技巧，用力大而且一定要均匀，一次成功率也稍低，此外就是分两次剥，第一次是把塑料护套层放在涂敷层剥离刀口上，手握刀把稍稍用力不要压到底，然后向外均匀拉，塑料护套层就可以轻松剥离，第二次在同样的位置手握刀把用力到底，然后向外均匀拉，涂敷层就就可轻松剥离，这样操作成功率比较高。

4. 光纤的切割

将已清洁过的纤芯放入切割刀中相应槽位进行切割，注意在切割刀上一般有两条槽位，一条是 0.25mm 的，用于切割裸光纤的，一条是 0.9mm 的，用于切割尾纤中护套光纤的,由于热缩管长度为 60mm,对于裸纤剥除涂敷层的一端保留长度一般取 16mm 左右,对于尾纤中的护套光纤剥除涂敷层的一端保留长度一般取 18mm 左右,这样在熔接机既好操作又不影响热缩管对剥除部分的保护。切割刀的操作:①将刀轮移到初始位;②放入光纤,看标尺保留相应长度;③盖上压纤磁铁 1;④盖上压纤磁铁 2;⑤把刀轮推向另一侧,用拇指按住切割刀座;⑥最后依次打开压纤磁铁 2 和压纤磁铁 1,取出光纤。如图 3.4.2-5 所示。

5. 光纤的熔接

将切割好的光纤放入熔接机,要求是切割端面距放电针保持 2～4mm,在从切割刀里取出到放入熔接机到位的整个过程中不允许切割端面碰到其他物品,否则端面就可能被污染,从而影响熔接质量。这点在操作中要十分注意,具体方法是:从切割机中拿出时纤芯端面要向上挑,在放入熔接机时,先将光纤端面向下压使光纤向下呈 10～20°倾斜放入距离放电针 0～0.5mm 处,然后再放平尾部,慢慢回抽光纤到切割端面距放电针 2～4mm 时,盖上压纤磁铁即可,如图 3.4.2-6 所示,尾纤中护套光纤操作方法相同。盖上熔接机防风盖,启动熔接按钮即可。

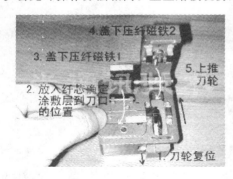
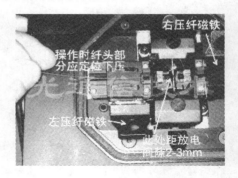

图 3.4.2-5　光纤的切割　　　　　图 3.4.2-6　光纤的熔接

6. 熔接点的热缩保护

将熔接好的光纤从熔接机中取出,方法是:对于两头都是裸光纤的可以根据需要任意先开哪边的压纤磁铁,将熔好的光纤取出;对于一头是尾纤的一般是先开裸光纤那端的压纤磁铁(因为尾纤那端比较重,先开这端有时容易弄断熔接点),用手抓住尾纤那端将光纤取出;接下来将熔接点拉入热缩管而不是推入热缩管(因为熔接点抗拉能力比抗弯能力要差一些,推入时很容易因为弯曲而折断),然后把熔接点和热缩管放入加热仓,调节光纤与热缩管的相对位置使光纤熔接点位于热缩管中央,盖上仓盖加热,待加热完毕后取出。

7. 余纤盘理

待全部光纤熔接完毕后,接下来的工作是盘纤,要点是首先抓住热缩管处,把热缩管先排列整齐放入热缩管固定架内,在放入时要试探一下热缩管的放置方向和位置,看能不能将余纤排得整齐、顺畅、美观,如果不行应考虑变更热缩管的方向和位置,然后用"旋转折叠法"将热缩管两端的余纤折叠成若干个大圆圈,放入续接盘内,盘内余纤盘圈的直径在可以放入盘中的前提下应考虑尽量大,直径应尽量大于 20mm,否则会造成较大的传输损耗。此时续接盘内的光纤看起来也比较美观,不到不得已时尽量不要出现"8"字盘,实践证明,不合适的放置方向和位置,可能造成盘纤困难,很难盘出较大的圆圈,甚至会出现盘纤凌乱,造成不必要的链路损耗。下面介绍一下"旋转折叠法"具体操作步骤:把热缩管放入固定架后,将热缩管左边光纤拉成一个"U"字形,并沿平行于热缩管的轴向扭转 180°,形成一个"∞"字形,然后按图 3.4.2 - 7 所示方向扭转折叠 180°,这样就可以将大圆逐步缩小,并同时贴向续接盘,如果此时圆圈还太大,不能放入续接盘内,则再如此操作,将大圆直径不断缩小,直到刚好可以放入续接盘内为止,同样右边的余纤也是这样操作。

8. 续接包的密封

盘纤完成后,在盒内装入一份熔接记录,然后再盖上续接盘盖,封装前检查熔接包上的必要的密封配件是否都已经安装到位,之后就可以对熔接包进行封装,如图 3.4.2 - 8 所示,在封装时需要注意的是,螺丝和夹紧部件在紧固时应该对称施加力量。单边施加力量容易引起熔接包变形,造成密封不良甚至塑料件损坏。

图 3.4.2 - 7 余纤的盘理   图 3.4.2 - 8 续接盒的密封

3.4.3 光纤熔接损耗

光纤熔接损耗值,应符合表 3.4.3 - 1 的规定。

表 3.4.3 - 1 光纤连接损耗

光纤连接损耗(dB)				
连接类别	多 模		单 模	
	平均值	最大值	平均值	最大值
熔接	0.15	0.3	0.15	0.3

3.5 综合布线工程验收

3.5.1 综合布线工程验收项目及内容

综合布线工程验收项目和内容如表3.5.1-1所列：

表 3.5.1-1 综合布线工程验收项目及内容

序号	工程阶段	验收项目	验收目的	验收内容和要求	验收方式	备注
1	施工前准备工作进行检查	1. 施工环境条件要求	检查工程环境是否具备满足安装施工条件和要求	(1)建筑施工情况墙面地面门、窗、接地装置是否满足要求	施工前检查	不属于工程验收内容但与工程质量有关
				(2)机房面积、预留孔洞管槽竖井等(包括交接间)是否齐全		
				(3)电源是否保证施工要求;上、下水管是否安装妥当(包括其他管线)		
				(4)天花板活—动地板是否敷设		
		2. 设备器材质量检查	对设备器材的规格、数量、质量进行核对检测以保证工程进度和质量	(1)设备器材的外观检查有无破损或不配套	施工前检查	不属于工程验收内容但与工程质量有关
				(2)设备器材的品种规格数量等是否符合施工要求		
				(3)电缆电气性能和其他性能进行测试检查是否合格		
				(4)光缆的光学特性的测试检查是否满足施工要求		
		3. 防火安全措施和要求	保证施工安装人员的人身安全和设备器材的妥善存放	(1)设备器材堆放场合是否安全可靠有无可能被损坏或丢失	施工前检查	不属于工程验收内容但与工程质量有关
				(2)消防器材的准备,危险物品的存放是否完善		
				(3)预留孔洞的防火措施和相关防火材料的准备工作		

续表

序号	工程阶段	验收项目	验收目的	验收内容和要求	验收方式	备注
2	设备安装	1. 设备机架的安装	设备机架安装应符合施工标准以确保工程质量	(1)设备机架的规格程式是否符合设计要求	随工序进行检验	不属于工程验收内容但与工程质量有关
				(2)设备机架的外观整洁,油漆不得脱落,标志完整齐全		
				(3)设备机架安装正确达到垂直水平均符合要求		
				(4)各种附件安装齐全所有螺丝紧固牢靠无松动现象		
				(5)有切实可靠的防震加固措施保证设备安全接地可靠		
		2. 信号、控制引出端的安装	信号、控制引出端的位置和数量以及安装质量都应满足使用要求	(6)接地措施齐备良好	随工序进行检验	不属于工程验收内容但与工程质量有关
				(1)信号、控制引出端的规格和位置均符合使用要求质量可靠		
				(2)外观整洁配件完整,标志齐全		
				(3)各种螺丝紧固牢靠,无松动现象		
				(4)屏蔽层连接可靠符合标准		
				(5)安装工艺符合施工标准要求		
3	建筑物内电缆、光缆的敷设安装	1. 电缆桥架槽道及其他的安装	保证各种缆线敷设安装条件	(1)桥架槽道等安装位置正确无误,附件齐全配套	随工序进行检验	不属于工程验收内容但与工程质量有关
				(2)安装牢固可靠,保证质量,符合安装工艺要求		
				(3)接地措施齐备良好		
		2. 线缆的敷设和安装	各种线缆的敷设和安装均应符合标准要求	(1)各种线缆的规格、长度符合设计要求		
				(2)线缆的路由和位置正确,敷设安装操作符合工艺要求		

序号	工程阶段	验收项目	验收目的	验收内容和要求	验收方式	备注
4	建筑物间电缆、光缆的敷设安装	1. 架空缆线的安装施工	架空缆线的敷设安装符合标准要求	(1)架空电缆或光缆的吊线规格质量符合使用要求	随工序进行检验	不属于工程验收内容但与工程质量有关
				(2)吊线的架设位置、垂度及施工工艺符合标准		
				(3)电缆、光缆的规格质量均符合使用要求		
				(4)电缆、光缆挂设工艺、吊挂卡钩间隔均匀,均符合标准		
				(5)各种缆线的引入安装方式符合标准		
				(6)其他固定缆线的装置(包括沿墙敷设)符合工艺标准		
		2. 管道缆线的安装敷设	管道缆线安装敷设符合标准要求	(1)占用管道管孔位置合理,不影响其他管孔的使用	隐蔽工程签证	是工程验收内容
				(2)管道缆线规格和质量符合设计规定		
				(3)管道缆线的走向和在人(手)井中的不止合理有序		
				(4)管道缆线的防护措施切实有效,施工质量有一定的保证		
		3. 直埋线缆的安装敷设	直埋电缆光缆等缆线的安装敷设符合标准	(1)直埋线缆规格和质量均符合设计规定	隐蔽工程签证	属于工程验收内容
				(2)敷设位置和深度均符合设计规定		
				(3)线缆的保护措施切实有效,正确设置		
				(4)回土夯实无塌陷可能,不致发生后患,保证工程质量		

续表

序号	工程阶段	验收项目	验收目的	验收内容和要求	验收方式	备注
4	建筑物间电缆、光缆的敷设安装	4. 隧道管沟缆的安装敷设符合标准	信号、控制引出端的位置和数量以及安装质量都	(1)隧道管沟所用缆线规格和质量均符合设计规定	隐蔽工程签证	
				(2)缆线安装敷设的路由和位置正确符合标准		
				(3)隧道管沟的规格和质量符合工艺要求		
		5. 其他	要求满足有关标准或设计规定	(1)通信线路与其他设施的间距符合标准或设计要求		属于工程验收内容
				(2)引入房间部分的缆线安装敷设符合施工标准规定		
5	线缆终端	1. 信号、控制引出端	要求满足有关标准或设计规定	应符合施工规范和有关工艺要求	随工序进行检验	不属于工程验收内容但与工程质量有关
		2. 配线模块				
		3. 光纤插接件				
		4. 各类跳线				
6	系统测试	1. 工程电气性能测试	要求综合布线系统的整体性能符合标准规定	(1)连接图正确无误,符合标准要求	竣工检验	属于工程验收的重要内容之一
				(2)布线长度满足布线链路性能要求		
				(3)衰减等传输性能的测试结果符合标准要求		
				(4)近端串扰衰减的测试值满足规范要求		
				(5)设计中有特殊规定或要求需做测试的项目		
		2. 光缆特性测试	要求光缆布线链路性能达到标准	(1)多模或单模光纤的类型规格是否符合设计规定		
				(2)衰减值是否符合标准规定		
				(3)回波损耗是否符合标准规定		
		3. 系统接地	要求达到标准	符合设计文件规定要求		

序号	工程阶段	验收项目	验收目的	验收内容和要求	验收方式	备注
7	工程验收	1. 在竣工后编制竣工技术文件	要求达到工程验收的要求	(1)清点、核对和交接设计文件及有关技术资料	竣工验收	属于工程验收的主要内容
				(2)查阅分析设计文件和竣工技术文件		
		2. 工程验收评价	具体考核和对工程的评价	(1)考核工程质量(包括设计和施工质量)		
				(2)确认评价验收结果,正确骨架工程质量等级		

说明:

1. 在安防工程中的各种缆线如敷设安装方式采用预埋槽到及暗管系统时,其验收方式应为隐蔽工程签证;

2. 系统测试中具体内容的验收可随着工序进行;

3. 随工序进行的检验和隐蔽工程签证的详细记录,可作为工程验收的原始资料,供确认和评价综合布线工程质量等级时参考;

4. 在工程验收时,如对隐蔽工程有疑义需要复查或检测,应按规定进行复查和检测。

3.5.2 各子项分项检验验收明细表

安防工程布线验收项目和内容如表 3.5.2 - 1、2、3、4 所列:

表 3.5.2 - 1 系统安装质量检测分项工程质量检测记录表(1)

单位(子单位)工程名称				子分部工程	综合布线系统
分项工程名称		系统安装质量检测		检测部位	
施工单位				项目经理	
施工执行标准名称及编号					
分包单位				分包项目经理	
检测项目			检测记录		备注
1	弱电间、设备间、设备机柜、机架	规格、外观			一般项目
		安装垂直、水平度			
		标志完整齐全			
		机柜的固定			
		机架前、后的空间			
		线槽与机架的连接			
		抗震加固措施			
		接地措施			

续表

2	配线部件及 8 位模块式通用插座	规格、位置、质量		一般项目
		各种螺丝必须拧紧		
		标志齐全		
		安装符合工艺要求		
		屏蔽层可靠连接		
3	电、光缆布放（楼内）	电缆桥架及线槽布放	安装位置正确	主控项目
			安装符合工艺要求	
			符合放缆线工艺要求	
			接地	
		缆线暗敷（包括暗管、线槽、地板等方式）	缆线规格、路由、位置	
			符合布放缆线工艺要求	
			接地	
4	缆线终接	8 位模块式通用插座		一般项目
		配线部位		
		光纤插座		
		各类跳线		

检测意见：

监理工程师签字(建设单位项目专业技术负责人)：　　　　　　检测机构人员签字：

日期：　　　　　　　　　　　　　　　　　　　　　　日期：

说明：

1. 本表为子分部工程综合布线系统的分项工程设备安装质量的检测表(1)，本检测内容包括主控项目和一般项目。

2. 本表(1)是楼内部分设备安装的检查记录。包括：弱电间、设备间、设备机柜、机架的安装；配线部件及 8 位模块式通用插座的安装；电、光缆的布放；缆线终接等。根据工程的具体要求，需增加检测项目时，可在表中检测项目一栏中增加项目。

3. 本表第 3 栏"电、光缆布放"的"电缆桥架及线槽布放"中：

(1)安装位置：是指综合布线系统缆线与电源线的分隔布放、与电力线的最小净距；综合布线与配电箱、变电室、电梯机房、空调机房之间的最小净距；及综合布线系统缆线与其他弱电系统子系统缆线的间距应符合设计要求。

(2)安装工艺要求：是指电缆桥架及线槽布放的工艺要求。

(3)缆线布放工艺要求：是指缆线的弯曲半径应符合规定；槽内缆线布放应顺直，尽量不交叉，在缆线进出线槽部位、转弯处应绑扎固定；水平敷设时，在缆线的首、尾、转弯及每间隔 5～10m 处进行固定；垂直线槽布放缆线应每间隔 1.5m 固定在缆线支架上；对绞电缆、光缆及其他信号电缆应根据缆线的类别、数量、缆径、缆线芯数分束绑扎。绑扎间距不宜大于 1.5m，间距应均匀，不宜绑扎过紧或缆线受到挤压。对具有安全保密要求的缆线应采取独立的金属桥架敷设。

(4)接地：是指电缆桥架及线槽的接地应符合要求。

"缆线暗敷(包括暗管、线槽、地板等方式)"中：

（1）缆线规格、路由、位置：是指暗管的材质应为钢管或阻燃硬质 PVC 管；管道的截面利用率应符合要求；电、光缆暗管敷设与建筑物内其他管线的最小净距；具有安全保密要求的缆线应采取独立的钢管或金属桥架敷设。

（2）布放缆线工艺要求：是指对预埋暗管的保护要求；对预埋金属线槽的保护要求；对网络地板缆线敷设的保护要求。

（3）接地：是指暗管、线槽、地板等敷设方式中的接地应符合要求。

4. 缆线终接

（1）8 位模块式通用插座：是指对绞线在与 8 位模块式通用插座相连时，必须按色标和线对顺序进行卡接。屏蔽对绞电缆应符合屏蔽系统的要求。

（2）配线部位。

（3）光纤插座：是指光纤与连接器连接方式；光缆芯线终接应符合要求。

（4）各类跳线：是指各类跳线选用符合系统设计要求；各类跳线长度应符合设计要求；跳线缆线和接插件间接触应良好，接线无误，标志齐全。

表 3.5.2‑2　系统安装质量检测分项工程质量检测记录表（2）

单位（子单位）工程名称				子分部工程	综合布线系统
分项工程名称		系统安装质量检测		检测部位	
施工单位				项目经理	
施工执行标准名称及编号					
分包单位				分包项目经理	
检测项目（主控项目）				检测记录	备注
1	电、光缆布放（楼间）	架空缆线	吊线规格、架设位置、装设规格		
			吊线垂度		
			缆线规格		
			卡、挂间隔		
			缆线的引入符合工艺要求		
		管道缆线	使用管孔孔位		
			缆线规格		
			缆线走向		
			缆线的防护设施的设置质量		
		埋式缆线	缆线规格		
			敷设位置、深度		
			缆线的防护设施的设置质量		
			回土夯实质量		
		隧道缆线	缆线规格		
			安装位置，路由		
			土建设计符合工艺要求		
		其他	通信线路与其他设施的间距		
			进线室安装、施工质量		

续表

检测意见：	
监理工程师签字：（建设单位项目专业技术负责人） 日期：	检测机构人员签字： 日期：

说明：

1. 本表为子分部工程综合布线系统的分项工程设备安装质量的检测表(2)，本检测内容为主控项目。

2. 本表(2)是楼间电、光缆布放安装的检查记录。包括：架空缆线、管道缆线、埋式缆线、隧道缆线、其他等检测。根据工程的具体要求，需增加检测项目时，可在表中检测项目一栏中增加项目。

3. 如同一安装方式有多个检测部位时，应分别填表，以附加编号区别，即表 3.5.2-2—XX，其中 XX 为被检安装方式的排列序号。

表 3.5.2-3　系统电气性能检测分项工程质量检测记录表

单位(子单位)工程名称			子分部工程	综合布线系统
分项工程名称	系统电气性能检测		检测部位	
施工单位			项目经理	
施工执行标准名称及编号				
分包单位			分包项目经理	
检测项目(主控项目)			检测记录	备注
1	链路电气性能检测	连接图		
		长度		
		衰减		
		近端串音(两端)		
		回波损耗		
		衰减对近端串扰比值		
		等效远端串扰		
		综合功率近端串扰		
		综合功率衰减对近端串扰比值		
		综合功率等效远端串扰		
		插入损耗		
		屏蔽层导通		
		工程规定的其他测试		

续表

2	光缆性能检测	连通性检测		
		衰减测试		
		光纤链路的反射测量		
		工程规定的其他测试		

检测意见：

监理工程师签字：　　　　　　　　　　　　检测机构人员签字：

（建设单位项目专业技术负责人）

日期：　　　　　　　　　　　　　　　　　日期：

说明：

1. 本表为子分部工程综合布线系统的分项工程系统链路电气性能的检测表，本检测内容为主控项目。

2. 链路电气性能检测包括：连接图；长度；衰减；近端串音（两端都应测试）；回波损耗；衰减对近端串扰比值；等效远端串扰；综合功率近端串扰；综合功率衰减对近端串扰比值；综合功率等效远端串扰；插入损耗；屏蔽层导通；设计中特殊规定的测试内容等。根据工程的具体要求，需增加检测项目时，可在表中检测项目栏中增加项目。

3. 每一检测链路填写一张表，在检测部位填被检链路编号、安装位置（包括楼层及部位），多条链路的表格以附加编号区别，即表 3.5.2-3—XX，其中 XX 为被检链路的排列序号。

4. 表中的电气性能测试包括：

(1) 接线图：是一项基本检查。指被检链路有无端接错误。测试的接线图显示出所测每条电缆的 8 条芯线与接线端子的连接实际状态。

(2) 长度：指被检链路的长度。

(3) 衰减：指信号沿链路在传输信号时的能量损失。传输衰减主要测试传输信号在每个线对两端间传输损耗值，与同一条电缆内所有线对中最差线对的衰减量，相对于所允许的最大衰减值的差值。

(4) 近端串扰损耗（NEXT）：近端串扰值（dB）和导致该串扰的发送信号（参考值定为 0dB）之差值为近端串扰损耗。

在一条链路中处于线缆一侧的某发送线对，对于同侧的其他相邻（接收）线对通过电磁感应所造成的信号偶合，（由发射机在近端传送信号，在相邻线对近端测出的不良信号偶合）为近端串扰。

(5) 回波损耗（RL）：由于链路特性阻抗偏离标准值导致功率反射而引起（布线系统中阻抗不匹配产生的反射能量）。由输出线对的信号幅度和该线对所构成的链路上反射回来的信号幅度的差值导出。

(6) 衰减对近端串扰比值（ACR）：在受相邻发送信号线对串扰的线对上，其串扰损耗（NEXT）与本线对传输信号衰减值（A）的差值。

(7) 等效远端串扰损耗（ELFEXT）：某线对上远端串扰损耗与该线路传输信号衰减的差值。

从链路近端线缆的一个线对发送信号，经过线路衰减从链路远端干扰相邻接收线对，（由发射机在远端传送信号，在相邻线对近端测出的不良信号偶合）为远端串扰损耗（FEXT）。

(8) 综合功率近端串扰（PSNEXT）：在 4 型双绞线一侧测量 3 个相邻线对对某线对近端串扰总和。（所有近端干扰信号同时工作时，在接收线对上形成的组合串扰。）

(9) 综合功率衰减对近端串扰比值：是指某线对的综合功率衰减与其他线对对其综合近端串扰之比，

用分贝(dB)表示。

(10)综合功率等效远端串扰(功率和等电平远端串扰)(PSELFEXT):在 4 对型双绞线一侧测量 3 个相邻线对对某线对远端串扰总和。(所有远端干扰信号同时工作,在接收线对上形成的组合串扰。)

(11)插入损耗:发射机与接受机之间插入电缆或元件产生的信号损耗。通常指衰减。

(12)屏蔽层导通:指屏蔽层是否电气导通;屏蔽层两端接地,链路屏蔽线两端接地电位差应小于 1Vr. m. s。

表 3.5.2 - 4　综合布线系统管理分项工程质量检测记录表

单位(子单位)工程名称			子分部工程	综合布线系统
分项工程名称		系统管理	检测部位	
施工单位			项目经理	
施工执行标准名称及编号				
分包单位			分包项目经理	
检测项目(一般项目)			检测记录	备注
1	管理系统级别			
2	标识符与标签的设置	设置		
		终接色码		
		终接点两端色码标签一致		
		标识符的组成		
		标签的选用		
		跳线的色码		
		其他		
3	管理系统的记录文档	管线通道记录		
		缆线记录		
		连接硬件及连接位置记录		
		接地记录		

检测意见:

监理工程师签字:　　　　　　　　　　检测机构人员签字:

(建设单位项目专业技术负责人)

日期:　　　　　　　　　　日期:

说明:

1. 本表为子分部工程综合布线系统的分项工程管理系统的检测表,本检测内容为一般项目。

2. 管理系统检测包括:管理系统级别、标识符与标签、管理系统的记录文档的检测。根据工程的具体要求,需增加检测项目时,可在表中检测项目栏中增加项目。

3. 每一管理系统填写一张表,在检测部位填被检光缆链路编号、安装位置(包括楼层及部位),多条链路的表格以附加编号区别,即表 3.5.2-4-XX,其中 XX 为被检光缆链路的排列序号。

4. 表中电气性能测试包括:

(1)管理系统级别:指综合布线的管理系统级别选择是否符合设计要求。

(2)标识符与标签的设置:指综合布线系统每个组成部分的标识符与标签的设置是否符合设计要求。包括标识符与标签设置的部位;检查终接色码是否符合缆线的布放要求;缆线两端终端点的色码标签颜色是否一致;标识符的组成和标签的选用是否符合要求;交叉连接跳线的色码是否按规定选用等。

(3)管理系统的记录文档:

a. 管线通道记录:包括通道的标识符、管线类型、管线填充率、接地等内容。

b. 缆线记录:包括缆线标识符、缆线类型、连接状态、线对连接位置、缆线占用通道类型、缆线长度、接地等内容。

c. 连接硬件及连接位置记录:包括相应标识符、安装场地、连接件类型、连接件位置、连接方式、接地等内容。

d. 接地记录:包括接地体与接地导线标识符、接地电阻值、接地导线类型、接地体安装位置、接地体与接地导线连接状态、导线长度、接地体测量日期等内容。

3.5.3 常见质量问题

1. 多芯信号、控制线敷设中常见故障

(1)线缆中间有断芯,原因主要有:

a. 施工前本身有断芯,由于没有事先检验造成;

b. 这类电缆的外皮一般不是很厚,施工中由于保护工作做得不好,造成施工中人为损坏;

c. 这类电缆的铜芯比较细,在施工中牵引力过大,造成的人为拉断;

d. 布线管路密封不好,由老鼠咬断。

(2)线缆由于无法对号入座,原因主要有:

线缆的头尾标志没做或做错,线缆太多,造成无法对号;

(3)线缆有局部短路,原因主要有:

a. 施工前本身有短路,由于没有事先检验造成;

b. 施工中由于保护工作做得不好,造成施工中人为损坏;

c. 布线管路密封不好,由老鼠咬破绝缘造成;

d. 在高温物体附近,绝缘被融化造成的。

2. 五类、超五类、六类线布线中常见故障

五类、超五类、六类线除了有以上多芯线的常见故障外,还有它自己特有的故障,线路是通的,但是却无法联网,原因可能有:

(1)线缆敷设距离超过规定的长度;

(2)线缆质量不合格。

3. 同轴电缆、音频电缆布线中常见故障

对于 75-3、75-5 视频电缆以及普通音频信号电缆出的故障基本与前面几点

中所述的相近。但对于铝管同轴电缆断路,原因可能是施工时弯曲半径太小,造成铝管断路。

另外视频传输对线缆的传输性能要求比较高,线缆的高频特性将直接影响图像的传输效果,这类故障常表现为线路是通的,但图像质量差,有时还有干扰信号。

4. 光缆布线中常见故障

(1)光缆不通:

a. 野蛮施工造成光缆内部光纤断纤;

b. 光缆续接时,续接包内光缆加强件没有固定,在外力作用下光缆被拉断;

c. 熔接纤序不对。

(2)链路损耗大:

a. 光缆续接质量不好,纤芯没有对准、倾斜或熔接处有气泡;

b. 光缆续接时,续接包内光纤盘纤方法不对,光纤弯曲半径小于 20mm;

c. 光纤连接器端面不清洁。

思　考　题

1. 施工前的监理工作主要有哪些?

2. 安防工程中综合布线常见的路由有哪些?

3. 金属管在打弯时有什么具体要求?

4. 设置桥架(槽)支撑保护方面有什么具体要求?

5. PVC 管在工作区暗埋线槽,操作时要注意哪几点?

6. 有 20 条线缆需要同时布放,线缆的外径为 6mm,需要什么样规格的塑料槽?

7. 沿墙缆线施工有什么具体要求?

8. 试叙述向下垂放光(电)缆的一般步骤。

9. 试说明光缆中间续接的主要过程。

10. 试叙述多芯线敷设中常见的问题及处理方法。

11. 试叙述光缆敷设中常见的问题及处理方法。

实训项目

光缆熔接

1. 实训目的

(1)熟悉光纤熔接工具的功能和使用方法;

(2)掌握光纤熔接技术;

(3)掌握光缆续接技术、成端制作技术;

（4）了解终端配线架的结构和使用方法

2. 实训工具

光纤熔接机、光纤切割刀、其他辅助熔接工具。

3. 实训内容

光缆的熔接与接头的保护

4. 实训设备与材料

光缆、光纤跳线、法兰盘、尾纤、光缆熔接包、光纤配线架等。

第4章 入侵报警系统的施工与监理

【内容提要】本章简要介绍入侵报警系统的组成、设备和基本功能,同时还介绍了入侵报警系统的安装、调试以及验收、检测方法和手段等。通过本章的学习,要求掌握入侵报警系统安装、调试技能,了解和熟悉验收、检测环节、步骤和方法。

4.1 入侵报警系统概述

入侵报警系统也称报警系统、防盗报警系统等。它通常包括周界防护、建筑物内区域空间防护和对实物目标的防护。

4.1.1 系统组成

入侵报警系统由前端报警探测器、传输线路(有线或无线)、报警控制器和报警信号显示与记录设备组成,如图4.1.1-1所示。

图4.1.1-1 入侵报警系统的组成

(1)探测器包括各类报警的探测器,如主动红外、被动红外、振动、微波、复合探测器、玻璃破碎、门磁、燃气泄漏等;通常还包括报警信号的处理部分。

(2)传输线路:为电源线和报警信号的传输线路,通常是双绞线或无线传输。

(3)控制器:是报警信号的中央处理设备。

(4)信号显示装置:可以是声、光信号显示,也可以是报警点位置的信息显示或通过电子地图显示报警点的位置等,并将报警信息进行记录。

4.1.2 系统设备

1. 前端探测器

入侵报警系统的前端设备为各类报警探测器。根据不同的防范要求常用的探测器有以下各类:

(1)常用室内入侵报警探测器:

a. 室内用超声波多普勒探测器。探测器由传感器和信号处理器组成。是一种对由于人体移动而使反射的超声波频率发生变化从而产生报警信号的探测器。

b. 室内用微波多普勒探测器。探测器由传感器和信号处理器组成。是一种对由于人体移动使反射的微波辐射频率发生变化从而产生报警信号的探测器。

c. 主动红外入侵探测器。探测器由一对红外发射机和红外接收机组成,当发射机与接收机之间的红外辐射光束被完全遮断或按给定的百分比被部分遮断时产生报警信号的探测装置。常用于室内某些重要部位的防范,如博物馆的文物展区、展柜等,实物如图 4.1.2-1 所示。

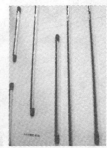

图 4.1.2-1　主动红外入侵探测器

d. 室内用被动红外探测器。探测器由传感器和信号处理器组成。是一种对由于人在探测器覆盖区域内移动引起接收到的红外辐射电平变化从而产生报警信号的探测器,实物如图 4.1.2-2 所示。

e. 微波和被动红外双技术入侵探测器。将微波和被动红外两种探测单元组合于一体,且当两者都感应到人体的移动,同时都处于报警状态时才发出报警信号的装置,实物如图 4.1.2-3 所示。

图 4.1.2-2　吸顶红外入侵探测器　　　图 4.1.2-3　微波-红外双技术探测器

f. 超声和被动红外双技术入侵探测器。将超声多普勒和被动红外两种探测单元组合于一体,且当两者都感应到人体的移动,并在设定的时间间隔内都处于报警状态时才发出报警信号的装置。

　　g. 振动入侵探测器。在探测范围内能对入侵者引起的机械振动，如锤击、钻、爆炸、水压工具、焊枪等造成的冲击产生报警信号的装置。它由振动传感器、信号放大器和触发器组成。

　　h. 室内用被动式玻璃破碎探测器。玻璃破碎探测器由传感器和信号处理器组成。当传感器和信号处理器安装在同一外壳里时，被视作一个传感器。将传感器安装在玻璃表面上，它能对玻璃破碎时通过玻璃传送的冲击波作出响应。玻璃破碎探测器适用于对普通平板玻璃、冶炼玻璃、金属玻璃、薄片玻璃等的保护，常用于商店、宾馆、珠宝店、文物展柜等的玻璃保护。它通常安装在被测玻璃上，或与被测玻璃紧邻、正对的天花板或墙上，实物如图 4.1.2-4 所示。

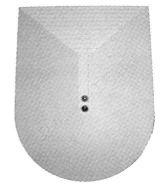

图 4.1.2-4　玻璃破碎探测器

　　i. 磁开关入侵探测器。它由开关盒和磁铁盒构成，当磁铁盒相对于开关盒移开至一定距离时，引起开关状态的变化，控制有关电路发出报警信号，实物如图 4.1.2-5 所示。

　　磁开关探测器通常可分成动合型触点、动断型触点和转换型触点三类

　　j. 电子幕帘。它是室内用被动红外探测器的一种，专用于检测对门、窗的入侵报警。它的体积较小，探测范围是一定的面积，如用于对门的保护时探测范围为 2.1m×1.5m；用于对窗的保护时探测范围为 6.6m×4.5m 等，实物如图 4.1.2-6 所示。

图 4.1.2-5　门磁探测器　　　　图 4.1.2-6　电子幕帘方向识别红外探测器

　　(2)常用周界入侵报警探测器：

　　a. 室外用主动红外入侵探测器。其原理同室内用主动红外入侵探测器。

　　b. 感应电缆。由探测器和周界围栏组成，也可制成地埋式。它是一种根据电磁场探测原理构成的一种周界探测设备。当人体靠近探测器(感应电缆)时，无需接触即可感应到电磁场参量的改变，从而产生报警信号。其特点是不受环境、气候和

地形等条件的影响。有效防护距离可达 100m,实物如
图 4.1.2-7 所示。

　　c.电子围栏。电子围栏是一种以拦截为主、报警
为辅的探测器。有电子脉冲式和静电高压式两大类。
电子脉冲围栏由带电脉冲电子缆线组成,当入侵者触
及电子缆线时,在发出报警信号的同时,产生的脉冲高
压(非致命)可有效击退入侵者。报警触发阈值可根据　　图 4.1.2-7　感应电缆
环境条件设定。静电高压式电子围栏可瞬间产生高达
16KV 的静电,电击强度符合国家相关标准,实物如图 4.1.2-8、9 所示。

　　　　图 4.1.2-8　电子围栏　　　　　　图 4.1.2-9　主控设备

　　以上入侵报警探测器因为是安装在现场,所以要求有防拆和防破坏功能,包括:
当探测器壳体被打开到足以触及任何控制部件或调节装置时应产生报警信号;当探
测器的报警信号线断开、短路,电源线切断时,处理器应在 10s 内产生报警信号。

　　2.传输线路

　　传输线路是将探测器的报警信号传送至报警控制器。通常有有线和无线两种
传输方式。

　　(1)有线传输通常采用双绞线、多芯控制电缆。

　　(2 无线传输时要求传输的频率和发射功率符合全国无线电管理委员会对报警
系统的要求。无线电频率在 36.050MHz～36.725MHz、315.0MHz～316.0MHz、
430.0MHz～432.0MHz 范围内按规定选用,发射功率在 1W 以内,最大(需经批准)
不超过 10W。

　　3.报警控制器

　　报警控制器也称为报警主机,是安全防范工程中不可缺少的主要控制设备。
目前生产入侵报警控制器的厂家较多,品种多达几十种。入侵报警控制器应能直
接或间接接收来自入侵探测器发出的报警信号,发出声、光报警且能指示入侵发生
的部位。入侵报警控制器按其容量分为单路或多路报警控制器,多路报警控制器
则多为 2、4、8、16、24、32 路,常做成盒式、壁挂式和柜式。根据用户的管理机制和对

报警的要求,入侵报警控制器分为小型报警控制器、区域入侵报警控制器和集中入侵报警控制器,在实际的工程中应根据业务的需求、产品基本功能、技术支持等因素选择入侵报警控制器,小型报警控制器实物如图 4.1.2 - 10 所示。

图 4.1.2 - 10　报警控制器

4.1.3　系统的灵敏度

系统的灵敏度主要取决于探测器的灵敏度,它是指入侵者进入探测器的有效探测范围时,或发生在有效频率范围的振动、声波时,探测器报警的反应速度。

4.1.4　系统的漏报、误报和响应时间

(1)漏报是指现场有入侵情况,而探测器未发出报警信号;或探测器有报警状态,而报警控制器未作出报警。

(2)误报是指现场无入侵情况,而探测器恰发出了报警信号;或探测器并无报警状态,而报警控制器恰产生报警信号。

(3)系统响应时间是指从现场探测器发出报警信号到报警控制器给出报警信号显示(声、光或在显示器上显示)的时间延迟。一般要求小于 4s(一、二级风险工程小于 2s)。

4.1.5　系统监控功能

入侵报警系统的监控功能是指报警控制器对系统的管理功能,报警控制器也是报警信号的处理设备。它涉及系统的布防、撤防、关机报警功能;系统备用电源自动投入的切换功能;报警响应功能;报警信号的显示和记录功能;报警管理软件功能等。

(1)报警功能:系统应具有开关量输入、模拟量输入和开关量输出等接口,以便可接入各类探测器和发送报警信号、控制警号/警铃、布/撤防指示灯等报警输出设备。

(2)系统应能方便地按时间、区域部位实现对防区的布防和撤防,可自动(任意编程)或人工、单个点或一组点进行布防、撤防,及对各防区输入/输出功能进行编程等。

(3)整个系统应具有定时巡检、运行状态显示、实时控制功能。系统发生报警时

除能直接进行联动控制外,还能提供对报警信号的联动处理信息,指导值班人员迅速采取正确的应对措施。

(4)系统可选配可视化多媒体电子地图:多媒体电子地图使报警系统工作情况通过地图直观地表达。它将监控现场布防图作为电子地图的背景,采用分层式管理,每一层对应一个特定区域,图中还有一些关键图素,如环境图素和监控图素,可以进行标识并显示其状态。可在地图中对报警探头进行操作,比如进行布防和撤防,查询报警状态,报告报警时间列表等。

(5)报表打印功能:能够记录用户的操作信息(包括操作者姓名、登录及退出时间、日期)和系统的报警信息等,并能按一定的格式打印出来,便于以后查验,监督操作者的工作,分清责任。

(6)系统本身应有极高的防破坏性及可靠性,前端设备应有防拆、防断线等保护措施。确保监控中心主机和前端设备通信线路的正常工作,一旦出现异常,监控主机就会产生不同的报警提示,提醒用户采取必要的措施,并能自动联动各种已设定好的报警行动。

(7)报警系统能与其他安全防范系统、设备管理系统等实现联网,以便实施集成化的集中管理、集中监控。

(8)报警系统的电源应保证系统在市电断电后能持续工作 8h 以上。

4.1.6　系统联动功能

报警系统的联动功能包括两方面,一是其他智能化系统发生报警时要求入侵报警系统进行联动响应;一是指在入侵报警系统检测到非法闯入时,能给安全防范系统的其他子系统[如视频监控系统、出入口管理系统、停车场(库)管理系统等]或其他智能化系统发出联动信号。

联动方式一般有两类:一类是采用硬件联动,一类是采用软件联动。

硬件联动是报警系统的控制(驱动)器的报警信号输出接点直接接入视频监控系统、出入口管理系统等相关系统的联动信号接入点,从而按事先规定的动作将报警点附近的视频监视画面自动调入并进行事件录像,将相关的出入口管理系统的门禁装置打开或关闭等。

软件联动是指报警系统的报警信号通过报警系统管理计算机,向视频监控系统、出入口管理系统的管理计算机给出联动信号。

(1)火灾自动报警及消防联动系统报警时,入侵报警系统将与火警现场相关的防区置于撤防状态;而将重点与要害部位的防区置于布防状态,以防止不法者趁机哄抢。

(2)当入侵报警系统发出报警信号时,要求视频监控系统将报警现场附近的摄像机对准报警现场,将该画面调到主监视器监视,并进行录像并随着入侵者的运动,可人工控制切换摄像机进行跟踪。

(3)当入侵报警系统发出报警信号时,出入口控制系统将报警现场及与入侵者逃逸路径相关的门禁控制器置于打开或关闭状态；关闭可向其他地方逃窜的出入口、开启通向下层楼的门，引导入侵者向下层运动，以便保安人员在相应楼层的出入口伏击。

（4）当入侵报警系统发出报警信号时，停车场（库）管理系统置于关闭状态，防止入侵者借机动车逃逸。

（5）当入侵报警系统发出报警信号，建筑设备监控系统的照明监控子系统将报警点及附近的照明灯打开，对入侵者起威慑作用。

（6）当入侵报警系统发出报警信号，建筑设备监控系统的电梯监控子系统接获指令后，停止电梯运行。

（7）当入侵报警系统发出报警信号，公共广播系统接获指令后，打开报警点附近的广播，利用广播系统对入侵者喊话。

4.2　入侵报警系统工程施工

4.2.1　入侵报警系统工程施工要求

入侵报警系统工程施工时，要注意如下几点：

（1）入侵报警系统工程施工现场必须设一名现场工程师，以指导施工进行，并协同建设单位做好施工中的隐蔽工程检测与验收。

（2）入侵报警系统工程施工前应具备下列图纸资料：

a. 探测器布防平面图、中心设备布置图、系统原理及系统连接图；

b. 管线要求及管线敷设图；

c. 设备、器材安装要求及安装图。

（3）入侵报警系统施工应按图纸进行，不得随意更改。确需更改原设计图纸时，应按程序进行审批。审批文件（通知单等）需经双方授权人签字后方可实施。入侵报警系统竣工时，施工单位提交下列图纸资料：

a. 施工前全部图纸资料；

b. 工程竣工图；

c. 设计更改文件；

d. 检测记录，包括绝缘电阻、接地电阻等测试数据；

e. 隐蔽工程的验收记录。

4.2.2　入侵探测器的安装

安装入侵探测器要注意以下操作步骤：①入侵探测器（以下简称探测器）安装前要通电检查其工作状况，并做记录；②探测器的安装应符合《安全防范工程技术规范》GB 50348—2004 第 6.3.5 的规定的要求；③探测器的安装应按设计要求及设计图纸进行。

不同类型的探测器其安装方法有所不同,有着不同的要求,下面分别叙述。

1. 室内被动红外探测器的安装要求

(1)壁挂式被动红外探测器应安装在与可能入侵方向成 90°角的方位,高度 2.2m 左右,并视防范具体情况确定探测器与墙壁的倾角;

(2)吸顶式被动红外探测器,一般安装在重点防范部位上方附近的天花板上,必须水平安装;

(3)楼道式被动红外探测器,必须安装在楼道端,视场沿楼道走向,高度 2.2m 左右;

(4)被动红外探测器一定要安装牢固,不允许安装在暖气片、电加热器、火炉等热源正上方;不准正对空调机、换气扇等物体;不准正对防范区内运动和可能运动的物体;防止光线直射探测器;探测器正前方不准有遮挡物。

2. 主动红外探测器的安装要求

(1)安装牢固,发射机与接收机对准,使探测效果最佳;

(2)发射机与接收机之间不能有可能的遮挡物,如:风吹树摇的遮挡物等。

(3)利用反射镜辅助警戒时,警戒距离较对射时的警戒距离要缩短。

(4)安装过程中注意保护透镜,如有灰尘可用镜头纸擦干净。

3. 微波—被动红外双技术探测器的安装要求

(1)壁挂式微波—被动红外双技术探测器应安装在与可能入侵方向成 45°角的方位(如受条件限制应优先考虑被动红外单元的探测灵敏度),高度 2.2m 左右,并视防范具体情况确定探测器与墙壁倾角;

(2)吸顶式微波—被动红外双技术探测器,一般安装在重点防范部位上方附近的天花板上,必须水平安装;

(3)楼道式微波—被动红外双技术探测器,必须安装在楼道端,视场正对楼道走向,高度 2.2m 左右;

(4)探测器正前方不准有遮挡物和可能遮挡物;

(5)微波—被动红外双技术探测器的其他安装注意事项请参考被动红外探测器的安装。

4. 声控—振动双技术玻璃破碎探测器的安装要求

(1)探测器必须牢固地安装在玻璃附近的墙壁上或天花板上;

(2)不能安装在被保护玻璃上方的窗帘盒上方;

(3)安装后应用玻璃破碎仿真器精心调节灵敏度。

5. 磁开关探测器的安装要求

(1)磁开关探测器应牢固地安装在被警戒的门、窗上,距门窗拉手边的距离 150mm;

(2)舌簧管安装在固定的门、窗框上,磁铁安装在活动门、窗上,两者对准,间距在 0.5mm 左右为宜；

(3)安装磁开关探测器(特别是暗装式磁开关)时,要避免猛烈冲击,以防舌簧管破裂。

6. 电缆式振动探测器的安装要求

(1)在网状围栏上安装时,需将信号处理器(接口盒)固定在栅栏的桩柱上,电缆敷设在栅网 2/3 高度处；

(2)敷设振动电缆时,应每隔 20cm 固定一次,每隔 10m 做一半径为 8cm 左右的环；

(3)若警戒周界需过大门时,可将电缆穿入金属管中,埋入地下 1m 深度；

(4)在周界拐角处须作特殊处理,以防电缆弯成死角和磨损；

(5)施工中不得过力牵拉和扭结电缆,电缆外皮不可损坏,电缆末端处理应符合《安全防范工程技术规范》GB 50348—2004 第 6.3.5 的规定,并加防潮处理。

7. 电动式振动探测器的安装要求

(1)远离振源和可能产生振动的物体。如:室内要远离电冰箱;室外不要安装在树下等。

(2)电动式探测器通常安装在可能发生入侵的墙壁、地面或保险柜上,探测器中传感器振动方向尽量与入侵可能引起的振动方向一致,并牢固连接。

(3)埋在地下时,需埋在 10cm 深处,并将周围松土夯实。

4.2.3　报警控制器的安装

安装报警控制器要注意以下操作方法。

1. 安装

(1)报警控制的安装应符合《安全防范工程技术规范》GB 50348—2004 第 6.3.5 的规定的要求。

(2)报警控制器安装在墙上时,其底边距地面高度不应小于 1.5m,正面应有足够的活动空间。

(3)报警控制器必须安装牢固、端正。安装在松质墙上时,应采取加固措施。

(4)引入报警控制器的电缆或导线应符合下列要求:

a. 配线应排列整齐,不准交叉,并应固定牢固；

b. 引线端部均应编号,所编序号应与图纸一致,且字迹清晰不易褪色；

c. 端子板的每个接线端,接线不得超过两根；

d. 电缆芯和导线留有不小于 20cm 的余量；

e. 导线应绑扎成束；

f. 导线引入线管时,在进线管处应用机械润滑油封堵管口。

g. 报警控制器应牢固接地,接地电阻值应小于 4Ω,采用联合接地装置时,接地电阻值应小于 1Ω。接地应有明显标志。

2. 调试

(1)一般要求:

a. 报警系统的调试,应在建筑物内装修和系统施工结束后进行;

b. 报警系统调试前应具备该系统设计时的图纸资料和施工过程中的设计变更文件(通知单)及隐蔽工程的检测与验收记录等;

c. 调试工作必须由熟悉该系统的工程技术人员担任;

d. 具备调试所用的仪器设备,且这些仪器设备符合计量要求;

e. 检查施工质量,做好与施工队伍的交接。

(2)调试过程:

a. 调试开始前应先检查线路,对错接、断路、短路、虚焊等进行有效处理。

b. 调试工作应分区进行,由小到大。

c. 报警系统通电后,应按《安全防范工程技术规范》GB 50348—2004 第 6.4.3 - 2 的规定的要求,以及《防盗报警控制器通用技术条件》GB 12663—2001 的有关要求及系统设计功能检查系统工作状况。主要检查内容为:报警系统的报警功能,包括紧急报警、故障报警等功能;自检功能;对探测器进行编号,检查报警部位显示功能;报警控制器的布防与撤防功能;监听或对讲功能;报警记录功能;电源自动转换功能。

d. 调节探测器灵敏度,使系统处于最佳工作状态。

e. 将整个报警系统至少连续通电 12 小时,观察并记录其工作状态,如有故障或是误报警,应认真分析原因,做出有效处理。

f. 调试工作结束后,填写调试报告。调试报告可用表 4.2.3 - 1 入侵报警、电视监控系统调试报告;也可由调试单位自行制表。

4.3　入侵报警系统的检测

4.3.1　检测依据

执行《安全防范工程技术规范》GB 50348—2004 第 6.3.5 - 1、6.3.5 - 2、7.1.9、7.2.1 规定。

4.3.2　检测数量及合格判定

探测器和前端设备抽检的数量应不低于 20％且不少于 3 台,少于 3 台时应全部检测;被抽检设备合格率为 100％时为合格。

系统功能、联动功能和报警数据记录的保存等全部检测;功能符合设计要求时为合格,合格率为 100％时为系统功能检测合格。

4.3.3　检测项目

1. 系统前端探测器的功能检测

(1)探测盲区的检测。根据探测器的安装方式及与其对应的有效探测区间,检查探测器对报警区域的覆盖,有无盲区。

（2）探测器防动物功能检测。根据探测器的安装方式及与其对应的有效探测区间、防动物入侵的功能，检查探测器对在规定条件下的动物活动不应发出报警信号，特别是被动红外探测器、双技术探测器等。

（3）探测器的防破坏功能检测。探测器的防破坏功能检测是指现场安装的探测器及其组件，包括信号处理部分、前端驱动部分等，在遇到破坏时是否具有报警功能。

防破坏的报警信号应不受布防/撤防状态的影响，报警信号应持续到报警原因被排除后才能实现复位。

（4）人工报警装置检测。对人工报警装置要检查其工作的可靠性及报警效果。

2. 探测器灵敏度检测

灵敏度是探测器的重要指标之一，探测器的灵敏度应适中，灵敏度过高或过低都会影响防范的效果。

（1）红外入侵探测器的灵敏度是入侵者进入布防区域时，探测器接收到目标的红外辐射电平变化的感应速度，它与探测器的安装高度、安装角度均有关。

（2）微波多普勒探测器的灵敏度是入侵者进入布防区域时，探测器对目标微波辐射频率反射的感应速度。

（3）微波和被动红外双技术探测器的灵敏度是入侵者进入布防区域时，探测器对目标微波辐射频率反射和红外辐射电平变化两者的感应速度。

（4）玻璃破碎探测器的灵敏度是在规定的布防半径范围内探测器的感应速度，以及对玻璃破碎时发出的声波（4kHz～5kHz）的灵敏度。

3. 系统监控功能的检查

（1）现场设备的完好率及接入率：

a. 完好率是指现场的探测器保持完好的百分数。$H=(H_1-H_2)/H_1\times100\%$。式中 H—完好率；H_1—实际安装的探测器总数；H_2—失效的探测器数。

b. 接入率是指现场的探测器有效接入报警控制器的百分数，是入侵报警系统有效监控范围和监控面的反应。$J=J_0/H_1\times100\%$。式中 J—接入率；H_1—实际安装的探测器总数；J_0—接入系统的探测器数。

（2）报警控制器。

a. 检查布防/撤防功能：就地布防/撤防、远距离布防/撤防、定时布防/撤防、各防区分别设置、分区设置；

b. 检查报警信息的显示；

c. 检查报警信号的记录；

d. 检查报警控制主机与管理计算机的连接；检查报警信号的传输：向固定电话的传输，无线传输，向手机传输等。

（3）报警响应功能检测。报警控制器对前端探测器报警信号的响应情况，包括：

a. 报警响应时间：一般要求小于 4s（1、2 级风险工程小于 2s）；

　　b. 报警系统是否有漏报,对报警控制器的要求是不应发生漏报事件;

　　c. 报警系统是否有误报:对报警控制器的要求是应尽量减少误报事件。

　　(4)报警信号的显示和记录功能检测。现场报警事件在监控中心的显示形式有:声、光信号显示;报警点位置的信息显示;通过电子地图显示报警点的位置等,并将报警信息进行记录。

　　a. 检查声、光信号显示装置对报警事件的响应;

　　b. 在报警系统管理计算机的显示器上检查报警事件部位的信息显示;

　　c. 在报警系统管理计算机的显示器的电子地图上检查报警事件部位的直观显示。

　　(5)报警管理软件功能检测。报警系统管理软件能提供:系统设置、组编制、系统地图和防区设置、时间表设置、布/撤防设置、显示等的可视化操作界面。对系统软件功能的检测包括:

　　a. 报警系统的登录和密码功能检测;

　　b. 系统软件的参数设置、时间表编制、对报警输入/输出点的设定、编组,编制报警地图等功能的检测;

　　c. 报警系统管理软件(含电子地图)功能检测;

　　d. 系统软件所定义的联动控制功能及联动效果的检测;

　　e. 软件对所定义的报警信号输出的检测等;

　　f. 报警事件信号(报警点、报警时间)的存储功能检查;

　　g. 报警事件信息查询功能;

　　h. 统计制表打印功能的检测。

　　(6)系统备用电源自动投入切换功能的检测。在监控中心模拟市电停电时检查备用电源自动投入和来电时的自动恢复功能。

　　a. 备用电源的连续工作时间:应符合《安全防范工程技术规范》GB 50348—2004 第7.6.4 的规定的要求及《防盗报警控制器通用技术条件》GB 12663—2001 第5.3.2 的规定,备用电源应保持系统能连续工作 24h;

　　b. 当市电恢复供电时,应符合《安全防范工程技术规范》GB 50348—2004 第7.6.2 的规定的要求,系统能自动切换到市电供电。

　　c. 系统应有断电事件数据记忆功能。

　　4. 系统联动功能的检查

　　根据工程的具体要求对以下报警系统联动功能进行检查:

　　(1)火灾自动报警及消防联动系统报警时与入侵报警系统的联动;

　　(2)入侵报警系统报警时与视频监控系统的联动;

　　(3)入侵报警系统报警时与出入口控制系统的联动;

　　(4)入侵报警系统报警时与建筑设备监控系统的照明监控子系统的联动;

　　(5)入侵报警系统报警时与建筑设备监控系统的电梯监控子系统的联动;

（6）入侵报警系统报警时与公共广播系统的联动。

5. 报警数据记录的检查

检查报警事件数据记录存储保存时间是否满足管理要求。

6. 报警信号联网上传功能的检查

报警信号与城市 110 报警系统联网功能的检查,包括通信接口、通信协议、数据格式等;还应包括报警信息上传时的人工确认功能,以减少误报事件。

4.3.4　检测方法

1. 常用探测器的产品检测方法

由于需要一些专用设备和仪器,这里暂不做详细介绍。

2. 常用探测器的工程检测方法

（1）用观察法检测探测器的安装位置、高度和角度,应符合产品技术条件的规定。

（2）检查探测器的防破坏功能。人为模拟使探测器的外壳打开;传输线路断路、短路或并接其他负载;检查监控中心主机是否有故障报警信号并指示故障部位,直至故障排除。故障报警时对非故障回路的报警无影响。

（3）检查探测器的报警功能。

a. 对主动红外入侵探测器、室内用被动红外入侵探测器、室内用超声波多普勒探测器、室内用微波多普勒探测器、微波和被动红外线双技术入侵探测器、超声波和被动红外线双技术入侵探测器等,采用步移测试检验探测器的报警功能。

b. 对室内用被动式玻璃破碎探测器采用模拟的方法检测。在玻璃破碎探测器的探测范围(根据产品技术指标确定)内,用信号发生器模拟玻璃破碎时的声音频率(4kHz～5kHz)信号,检查探测器是否有报警信号输出。

c. 对振动入侵探测器,采用人为模拟步行、用钢锤敲击建筑物或保险箱等检测探测器是否有报警信号输出。

d. 对磁开关探测器,采用人为开、关门和窗等方法,监测探测器是否有报警信号输出。

e. 对可燃气体泄漏探测器可用打火机进行模拟检查:在报警器进入正常工作状态后,用打火机持续向探测器气孔喷入可燃气体(使打火机处于不点火状态)5s 左右,探测器正常时应在 5s～8s 左右发出报警信号。

f. 在检测探测器的报警功能的同时,应在监控中心主机检测下列几项:报警的响应时间:响应时间是指从现场探测器报警指示灯亮起,到监控中心报警主机接收到报警信号为止的这段时间;监控中心报警信号的声、光显示;报警信号在 CRT 或电子地图上的显示;报警信号的持续时间,应保持到手动复位;在其中某一路报警时应不影响其他回路的报警功能。

4.3.5　入侵报警系统主要性能的检验

对入侵报警系统功能和主要性能的全面检验是根据《安全防范工程技术规范》

GB 50348—2004 第 7.2.1 的规定的要求进行的,检验项目、检验要求及测试方法应符合表 4.3.5-1 的要求。

表 4.3.5-1　入侵报警系统检验项目、检验要求及测试方法

序号	检验项目		检验要求及检测方法
1	入侵报警功能检验	各类入侵探测器报警功能检验	各类入侵探测器应按相应标准规定的检验方法检验探测灵敏度及覆盖范围。在设防状态下,当探测到有入侵发生,应能发出报警信息。防盗报警控制设备上应显示出报警发生的区域,并发出声、光报警。报警信息应能保持到手动复位。防范区域应在入侵探测器的有效探测范围内,防范区域内应无盲区。
		紧急报警功能检验	系统在任何状态下触动紧急报警装置,在防盗报警控制设备上应显示出报警发生地址,并发出声、光报警。报警信息应能保持到手动复位。紧急报警装置应有防误触发措施,被触发后应自锁。
		多路同时报警功能检验	当多路探测器同时报警时,在防盗报警控制设备上应显示出报警地址,并发出声、光报警信息。报警信息应能保持到手动复位,报警信号应无丢失。
		报警后恢复功能检验	报警发生后,入侵报警系统应能手动复位。在设防状态下,探测器的入侵探测与报警功能应正常;在撤防状态下,对探测器的报警信息应不发出报警。
2	防破坏及故障报警功能检验	入侵探测器防拆报警功能检验	在任何状态下,当探测器机壳被打开,在防盗报警控制设备上应显示出探测器地址,并发出声、光报警信息,报警信息应能保持到手动复位。
		防盗报警控制器防拆报警功能检验	在任何状态下,防盗报警控制器机盖被打开,防盗报警控制设备应发出声、光报警,报警信息应能保持到手动复位。
		防盗报警控制器信号线防破坏报警功能检验	在有线传输系统中,当报警信号传输线被开路、短路及并接其他负载时,防盗报警控制器应发出声、光报警信息,应显示报警信息,报警信息应能保持到手动复位。
		入侵探测器电源线防破坏功能检验	在有线传输系统中,当探测器电源线被切断,防盗报警控制设备应发出声、光报警信息,应显示线路故障信息,该信息应能保持到手动复位。
		防盗报警控制器主备电源故障报警功	当防盗报警控制器主电源发生故障时,备用电源应自动工作,同时应显示主电源故障信息;当备用电源发生故障或欠压时,应显示备用电源故障或欠压信息,该信息应能保持到手动复。
		电话线防破坏功能检验	在利用市话网传输报警信号的系统中,当电话线被切断,防盗报警控制设备应发出声、光报警信息,应显示线路故障信息,该信息应能保持到手动复位。

续表

序号	检验项目		检验要求及检测方法
3	记录显示功能检验	显示信息检验	系统应具有显示和记录开机、关机时间、报警、故障、被破坏、设防时间、撤防时间、更改时间等信息的功能。
		记录内容检验	应记录报警发生时间、地点、报警信息性质、故障信息性质等信息。信息内容要求准确、明了。
		管理功能检验	具有管理功能的系统,应能自动显示、记录系统的工作状况,并具有多级管理密码
4	系统自检功能检验	自检功能检验	系统应具有自检或巡检功能,当系统中入侵探测器或报警控制设备发生故障、被破坏,都应有声光报警,报警信息应保持到手动复位。
		设防/撤防旁路功能检验	系统应能手动/自动设防/撤防,应能按时间在全部或部分区域任意设防和撤防;设防、撤防状态应有显示,并有明显区别。
5	系统报警响应时间检验		1. 检测从探测器探测到报警信号到系统联动设备启动之间的响应时间,应符合设计要求; 2. 检测从探测器探测到报警发生并经市话网电话线传输,到报警控制设备接收到报警信号之间的响应时间,应符合设计要求; 3. 检测系统发生故障到报警控制设备显示信息之间的响应时间,应符合设计要求。
6	报警复核功能检验		在有报警复核功能的系统中,当报警发生时,系统应能对报警现场进行声音或图像复核
7	报警声级检验		用声级计在距离报警发声器件正前方 1m 处测量(包括探测器本地报警发声器件、控制台内置发声器件及外置发声器件),声级应符合设计要求。
8	报警优先功能检验		经市话网电话线传输报警信息的系统,在主叫方式下应具有报警优先功能。检查是否有被叫禁用措施。
9	其他项目检验		具体工程中具有的而以上功能中未涉及到的项目,其检验要求应符合相应标准、工程合同及设计任务书的要求。

4.3.6　检测记录

检查结果填写到《入侵报警系统分项工程质量检测记录表》(表 4.3.6-1)。

表 4.3.6-1　入侵报警系统分项工程质量检测记录表　　　编号:

单位(子单位)工程名称		子分部工程	安全防范系统
分项工程名称	入侵报警系统	检测部位	
施工单位		项目经理	
施工执行标准名称及编号			
分包单位		分包项目经理	

续表

检测项目(主控项目)			检测记录	备注
1	探测器功能	探测器有无盲区		
		防小动物功能		
		防破坏功能		
		人工报警装置功能		
2	探测器灵敏度	是否符合设计要求		
3	系统功能	撤防/布防功能		
		关机报警功能		
		报警信号传输 报警响应时间		
		是否有误报、漏报		
		报警信号的显示和记录		
		设备运行 完好率/接入率		
		运行情况		
		后备电源自动切换		
4	报警系统管理软件			
5	系统联动功能	安防子系统间联动		
		与其他智能化系统的联动		
6	报警事件数据存储			
7	报警信号联网			

检测意见:

监理工程师签字: 检测机构人员签字:

(建设单位项目专业技术负责人)

日期: 日期:

说明:

1. 本表为子分部工程安全防范系统的分项工程入侵报警系统的检测表,本检测内容为主控项目。

2. 入侵报警系统的功能包括:探测器功能检测、探测器灵敏度检测、系统监控功能检测、报警系统管理软件功能检测、系统联动功能检测、报警事件数据存储记录和报警信号联网等项,根据工程的具体要求,需增加检测项目时,可在表中检测项目一栏中增加项目。

3. 表中1、2两栏为每个被检探测器填写一张表,在检测部位填被检探测器编号、安装位置(包括楼层及部位),多个探测器的表格以附加编号区别,即表4.3.6-1-XX,其中XX为被检探测器的排列序号;3栏~7栏为整个分项工程填写一张表。

4. 系统前端探测器的功能检测。

(1)探测器盲区:根据探测器的有效探测区间及其安装方式检查其对报警区域的覆盖,有无盲区。

(2)探测器防动物功能：当小动物入侵时，探测器不应发出报警信号。

(3)探测器的防破坏功能：指现场安装的探测器及其组件，包括信号处理部分、前端驱动部分等，在遇到破坏时是否具有报警功能。这些破坏包括：拆卸报警探测器；报警信号线的断开、短路；电源线的切断等人为的破坏。在遇到对探测器的上述破坏时，系统应发出报警信号；防破坏的报警信号应不受布防/撤防状态的影响，报警信号应持续到报警原因被排除后才能实现复位。

(4)对人工报警装置：主要检查其工作的可靠性及报警效果。

5. 探测器灵敏度检测。探测器的灵敏度与其安装方式有关，灵敏度应适中，灵敏度过高或过低都会影响防范的效果。

6. 系统监控功能的检查。

(1)现场设备的完好率及接入率。

(2)报警控制器：对现场防区布防和撤防的管理功能；对非预定关机的报警功能；自检、巡检功能检测。

(3)报警响应功能检测：报警控制器对前端探测器报警信号的响应情况，包括：①报警响应时间：从现场探测器报警到报警控制器给出报警信号显示的时间，应在规定的范围内。②报警系统的漏报：这是指现场探测器有报警，而报警控制器或系统没有报警信号；或现场有入侵，探测器及报警控制器均无报警信号。③是否有误报：这是指现场无入侵，而探测器或报警控制器却产生报警信号。

(4)报警信号的显示和记录功能检测：指现场报警事件在监控中心有：声、光信号显示；或报警点位置的信息显示；或通过电子地图显示报警点的位置等；并将报警信息进行记录。

(5)后备电源自动投入功能：指市电失电时，后备电源能自动投入，并保持系统能连续工作24小时；当市电恢复供电时，系统能自动切换到市电供电；并有断电事件数据记忆功能。

7. 报警管理软件功能检测。报警系统管理软件能提供：系统设置、组编制、系统地图和防区设置、时间表设置、布撤防设置、显示等的可视化操作界面。

8. 系统联动功能的检查：联动功能应根据工程的具体要求进行检测。包括与消防系统、建筑设备监控系统的联动；与安全防范系统其他子系统的联动。

9. 报警数据记录：报警事件数据记录存储保存时间是否满足管理要求。

10. 报警信号联网上传功能：指与城市110报警系统联网功能的检查，包括通信接口、通信协议、数据格式等；还应包括报警信息上传时的人工确认功能，以减少误报事件。

思　考　题

1. 简述入侵报警系统的组成。

2. 列举市面上常见的入侵探测器的种类以及它们各自的特点。

3. 简述主动红外线探测器、室内微波—被动红外线探测器安装要求。

4. 简述报警控制器的安装、调试要求。

5. 简述常用探测器的工程检测方法。

6. 根据《安全防范工程技术规范》GB 50348—2004 要求，入侵报警系统检验项目主要有哪些？

实训项目

实训 1　常用入侵报警探测器及控制器的认识

1. 实训目的

了解常用入侵报警探测器种类和使用场合，熟悉控制器的主要功能，了解它们的使用调试方法。

2. 实训环境

实训室。

实训 2　小型入侵报警系统的搭建、检测

1. 实训目的

(1)熟悉入侵报警系统组成；

(2)掌握入侵报警系统缆线的布防；

(3)掌握探测器、控制器的使用方法和安装调试；

(4)掌握如何对入侵报警系统进行检查和验收系统，如何分析和处理检查结果。

2. 实训工具

万用表、螺丝刀、尖嘴钳、电烙铁。

3. 实训设备与材料

多芯线、探测器、控制器、尾线电阻、桥架或管道等。

第5章　视频监控系统施工与监理

【内容提要】本章简要介绍视频监控系统的组成、设备、基本功能以及视频接口种类和使用场合,同时还介绍了视频监控系统的安装、调试以及验收、检测方法和手段等。通过本章的学习,要求掌握视频监控系统的安装、调试技能,了解和熟悉视频监控系统的验收、检测环节、步骤和方法,学会处理视频监控系统在安装调试中出现的一些典型故障。

5.1　视频监控系统概述

5.1.1　系统组成

视频监控系统也称视频安防监控系统、电视监控系统、闭路电视监控系统(CCTV)等。它通过摄像机、监视器等设备对目标场所、通道和重要部位进行实时监视、录像,通常和入侵报警系统的出入口控制系统实现联动。

视频监控系统通常由前端图像获取部分、传输线路、控制器、显示和记录设备等组成,如图 5.1.1-1 所示。

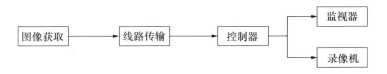

图 5.1.1-1　视频监控系统的组成

其中图像获取部分为摄像机(包括摄像机、镜头、云台、附件等);

传输线路为控制信号和视频信号的传输线路,通常是双绞线、视频同轴电缆、光缆以及微波传发设备等,此外还应该包含信号放大器、电源等;

控制器是信号的处理设备,如多画面分割器、日期时间生成器、计算机控制等的总称,在模拟式监控系统中主要是矩阵控制器,数字化系统中是视频服务器;

监视器是指系统的图像显示设备;

录像机一般为长时间录像机或硬盘录像机。

视频安防监控系统按其工作方式可分成模拟式和数字式两大类。

1. 模拟式视频监控系统

系统前端采用传统的 CCD 摄像机(包括摄像机、镜头、护罩、支架、云台等)、传输线路、控制主机(矩阵控制器)、显示部分采用多画面分割器、监视器,图像的记录则采用长时间模拟磁带式录像机设备。如图 5.1.1-2 所示。

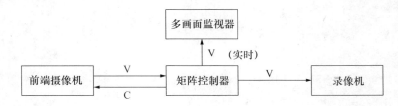

图 5.1.1-2　模拟式视频(电视)监控系统结构

由前端 CCD 摄像机摄取的图像信息以模拟量的形式通过同轴视频电缆传输，显示和记录的信号也都是模拟量的形式。

作为记录设备的长时间录像机采用 1/2 英寸 VHS 磁带，慢速、间歇式录像，这种记录方式的缺点是画面质量和记录间隔有限制、录像机的磁头和转动部件需要经常清洗和维修、磁带的更换和保管麻烦、图像记录的查找极不方便。

模拟式视频监控系统的特点是显示和记录的图像损失较小，系统价格较低，由于宽带视频信号在远距离传输时引起的失真增加、噪声增加、信噪比下降，所以应用领域越来越小。

2.数字式视频监控系统

数字式视频监控系统又可按其信号的传输方式分成一般数字监控系统和网络型视频监控系统。

一般数字监控系统是指采用传统的 CCD 摄像机摄取图像信息，图像信息仍通过同轴视频电缆传输，在视频服务器(数字处理主机)中将模拟信号转换成数字信号，并进行压缩、处理，图像在计算机的监视器上显示(通常可显示 1~16 个画面)，图像采用数字硬盘记录。如图 5.1.1-3 所示。

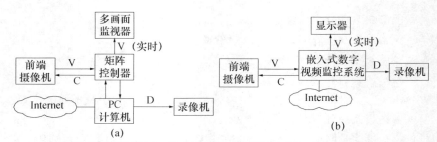

a.基于PC机的视频显示、数字录像式DVR系统；b.嵌入式计算机的DVR系统

图 5.1.1-3　数字式视频监控系统结构

网络型视频监控系统按其构成方式有两类：一种是传统的 CCD 摄像机加网络服务器，其框图如图 5.1.1-4 所示；另一种是采用数字式摄像机(也称网络摄像

机），即将摄像机和网络服务器做成一体化产品，其框图如图 5.1.1-5 所示。网络服务器既可将摄取的图像信号、音频信号直接转换成数字信号，并进行图像压缩处理和声音压缩处理，再经局域网或互联网传输，也可将视频服务器传来的远端控制信号经串口输出，摄像机完成云台的调整和镜头变焦。

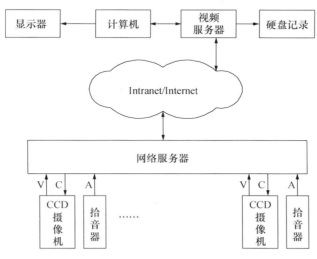

图 5.1.1-4　网络型视频监控系统示意图

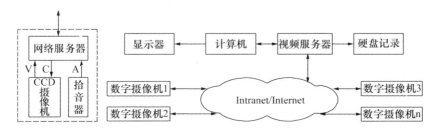

图 5.1.1-5　网络摄像机、网络型视频监控系统示意图
(a)数字(网络)摄像机；b. 网络型视频监控系统

　　图 5.1.1-6 是模拟监禁中心的基于网络的视频监控系统，此系统由一个中心监控室和 6 个分监控子系统组成，每个子系统以下采用同轴电缆＋RS485 总线传输图像信号和控制指令，各子系统到中心监控中心通过 TCP/IP 网络连接，当分监控子系统的距离较远时，可以考虑采用光纤收发器延长以太网的传输距离，在网络中设置流媒体、系统管理认证、报警转发、集中存储服务器，负责处理流媒体转发、集中存储、报警转发等工作，另外为了实现监控信号上电视墙的功能，在系统中还设置了数字矩阵服务器，为了实现与报警系统的联动还设置了报警和电子地图服务器。

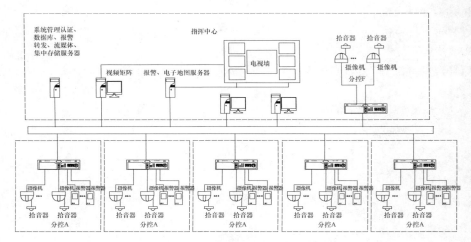

图 5.1.1 - 6　模拟监禁中心视频监控系统

网络型视频监控系统的主机是视频服务器,它接收来自摄像机的图像和音频信号进行存储,并将这些信息实时多点或单点播送到所有客户机和互联网中的浏览器;视频服务器还接收来自客户机或浏览器经网络传输的远程控制指令,发往摄像机的网络服务器,并完成图像信号、音频信号在硬盘里的存储。对视频服务器的要求是配置独立的微机和大容量硬盘,需要时可以做成阵列。

网络型视频监控系统最大的特点是便于远端浏览图像、远端对摄像机进行监控。网络型视频监控系统适于在规模较大的工程、城市等有远程使用要求的场合,如银行系统对 ATM,自助银行及金库的远端监控;城市交通管理系统的远端监控;电力系统的无人值守变电站、电信系统的无人值守机房等的远程监控等。

在数字式视频系统中监控主机也有两大类:一类是采用专用硬件(嵌入式或 DSP)实现的数字式视频监控系统;另一类是采用基于微机技术(商用机或工控机)实现的数字式视频监控系统。

数字式视频监控系统中的图像信息一般都采用压缩方式传输、存储和记录,常用的格式标准有 JPEG、MPEG1、MPEG2、MPEG4、H.264 等,不同格式的压缩比不一样,图像的损失也不同。

数字硬盘记录最大的优点是图像记录的清晰度较高,回放、查找、检索非常方便,也便于保存,但目前价格略高。

在具体使用中经常有两类设备配合应用的实例,如采用模拟式监控系统的主机和显示设备,采用数字硬盘作为图像信息的记录。

5.1.2　系统设备

1. 系统前端设备

视频安防监控系统的前端设备为各种型号规格的摄像机,以及与摄像机配套的各种规格的镜头、适应不同环境要求的护罩、支架、云台和红外夜视射灯等。

(1)摄像机。视频安防监控系统常用的摄像机种类繁多,型号规格各异。按所摄取的图像种类来分可分为黑白摄像机和彩色摄像机,按所采用的器件可分成CCD器件和CMOS器件摄像机;按图像制式可分成PAL、NTSC以及SECAM等三种;按对图像信息的处理方式可分为模拟摄像机和数字摄像机等;按信号的传输形式可分成有线传输和无线传输摄像机;按结构形式可分成枪式、云台、半球、球机、一体化摄像机(将云台、变焦镜头和摄像机封装在一起)等形式,即使是球机也有不同外形的护罩;还有按摄像机的分辨率区分的、按摄像机工作的照度区分的等,摄像机实物如图5.1.2-1所示。

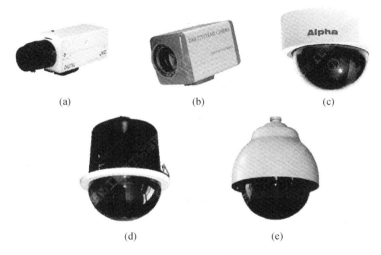

(a) (b) (c)

(d) (e)

图 5.1.2-1 摄像机

(a)单体枪式摄像机;(b)一体化变倍摄像机;(c)半球摄像机;(d)室内球型摄像机;(e)室外球型摄像机

一般黑白摄像机要比彩色摄像机的分辨率高,适用于光线不足、照度较低的场合。如果使用的目的只是监视被摄像物体的位置和移动,一般常采用黑白摄像机;如果要分辨被摄像物体的细节,如分辨服饰和物体的颜色,则应选用彩色摄像机。

对摄像机成像质量的要求主要有像素数、清晰度、层次、图像失真程度等几个方面。

(2)镜头。常用的镜头种类也很多,通常可分定焦镜头和光圈变焦镜头两大类。定焦镜头又分标准镜头(监视的角度和距离适中)和广角镜头(适用于所监视环境的角度较宽,距离较近)之分为标准镜头和广角镜头;光圈变焦镜头有手动光圈镜头(适用于所监视环境照度变化不大的场所)和自动光圈镜头(适用于所监视环境照度变化大的场所);变焦镜头又有多种倍数,实物如图5.1.2-2所示。对镜头的要求是成像清晰、透光力强、杂散光少、图像畸变小等。

图 5.1.2 - 2　摄像机镜头

(a)固定光圈镜头；(b)手动光圈镜头；(c)手动变焦镜头；(d)手动变焦自动光圈镜头；
(e)手动变焦自动光圈镜头；(f)视频驱动自动光圈镜头；(g)电动三可变镜头

（3）护罩。护罩用于对摄像机的保护，分室内和室外两大类。室内护罩主要起隐蔽和防护作用；室外护罩的功能是为防止摄像机受日光、风、雨、雷电、冰、雪、露、霜、尘等的侵害，除密封外还带有冷却风扇、加热、雨刷等装置。对于易爆、易腐蚀等环境，还有特殊用途的护罩，实物如图 5.1.2 - 3 所示。

（4）云台。摄像机的安装方式有固定安装和云台安装两种。云台用于安装和固定摄像机，分固定和电动云台两大类。摄像机在固定云台上将水平和俯仰的角度调整好后加以锁定；电动云台一般有两个自由度：水平旋转（一般为 $0°\sim350°$）和俯仰（一般为 $90°$），电动云台的转动有恒速、中速和快速等。一体化球机则是将云台、变焦镜头和摄像机封装在一起，分一般球机和快速球机，后者的水平旋转速度和垂直旋转速度可分别高达 $200°/s$ 和 $30°/s$ 以上。

在监控中心的主机上可对云台摄像机的监视点和巡视路径预置，平时按设定的路线自动扫描巡视，一旦发生报警，就可控制云台的旋转和俯仰角度，使摄像机迅速对准报警点，进行定点监视和录像。也可在监控中心值班员的直接操纵下跟踪监视对象，实物如图 5.1.2 - 4 所示。

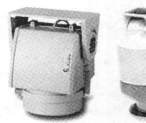

图 5.1.2 - 3　护罩和支架　　　　图 5.1.2 - 4　室内云台和室外云台

　　(5)解码器(箱)。解码器功能是支持对摄像机、镜头、云台的控制,并为云台、摄像机供电,为雨刷、灯光、电源提供现场开关量节点,实物如图 5.1.2-5 所示。

室外多协议解码器　　　　　　　　　　　云台、镜头解码器

图 5.1.2-5　解码器

　　对前端设备检查主要是检查摄像机的分辨率、工作时对照度的要求、镜头调节和云台的工作等是否符合设计要求。

　　2. 传输线路

　　传输线包括视频信号、控制信号和电源的传输。视频信号传输常用同轴电缆、光纤;控制信号传输采用双绞线;电源线也采用双绞线。传输的方式可分直接控制、通信编码和调制传输等方式:直接控制是将控制信号和电源直接传输到摄像机,特点是控制线缆数量多;通信编码控制为将控制信号编制成并行码或串行码传输,传输线缆较少,或只需一条;调制传输是指将控制信号调制到同轴电缆和视频信号一起传输,除同轴电缆外无需另敷线缆。

　　3. 控制器

　　视频监控系统的控制器因其工作方式的不同而有较大的差别。在模拟式视频监控系统中的控制器通常称视频矩阵控制器,实物如图 5.1.2-6 所示,在数字式视频监控系统中的控制器可以是普通微机、工控机或嵌入式微机等。

半球型摄像机控制器　　五路云台、镜头控制器　　单路云台镜头控制器　　电源供应器

图 5.1.2-6　控制器和电源

　　视频矩阵控制器可将前端摄像机的视频信号,按一定的时序分配给特定的监视器进行显示。显示图像可以固定显示某一场景,也可按程序设定的时间间隔对一组摄像机的信号逐个切换显示。当接到报警信号或其他联动信号时,可按程序设定固定显示报警点场景。在切换过程中要求对镜头、云台控制进行同步切换。

在数字式视频监控系统中控制主机的功能是将摄像机获取的视频信号进行数字化处理包括将模拟信号转换成数字信号，对数字信号的压缩，并以 VGA 的格式在微机的显示器上显示画面，在同一画面上可显示单个画面或多个的画面，并将图像数据送硬盘记录。在图像记录时，可借助数字信号处理的特点，对被监视场景的图像与背景图像进行分析比较，在有差异时才进行记录，即所谓"动则录"，可大大节省磁盘空间。

4. 多画面分割器

多画面分割器是实现在一台监视器上同时显示多个画面。在监控中心一般将某些场景或需要重点监视的区域用一台摄像机固定显示其画面，而对一般的监视点则通过多画面分割器将多路视频信号合成为一路信号输出到一台监视器显示，可在该监视器屏幕上同时显示多个画面。常用的分割方式有：4 画面、9 画面及 16 画面。采用多画面分割器还可以用一台录像机同时录制多路视频信号，是模拟式视频监控系统中的常用设备之一，实物如图 5.1.2 - 7 所示。

5. 监视器

分黑白和彩色两类；监视器又有一般分辨率和高分辨率之分，一般黑白监视器的中心分辨率可达在 600 线左右，彩色监视器的分辨率为 300 线以上；监视器的视频信号带宽范围为 7MHz~8MHz；监视器与摄像机数量的比例为 1：2~1：5。常用的监视器规格有：14″、21″和 29″。也有选用彩色电视机作为图像监视器，也是模拟式视频监控系统中的常用设备之一。

6. 图像记录设备

视频监控系统监控图像的记录设备有两类。一是长时间磁带录像机；一是数字硬盘录像机。长时间磁带录像机记录的介质是磁带，用于模拟式视频监控系统；数字硬盘录像机记录的介质是数字硬盘，它是数字式视频监控系统的图像记录设备，由于数字硬盘记录的图像可边录边放、存贮时间长、长期使用画质保持不变，又无需每天进行管理操作，既便于保管、也便于检索、查找等特点，常常被用于模拟式视频监控系统的图像记录，近年数字硬盘录像机已异军突起，大有取代长时间磁带录像机之势，实物如图 5.1.2 - 8 所示。

数字16路画面分割器

图 5.1.2 - 7　画面分割器

电脑式硬盘录像机　　　嵌入式硬盘录像机

图 5.1.2 - 8　硬盘录像机

7. 视频设备接口

(1)射频接口:天线和模拟闭路连接电视机就是采用射频(RF)接口,如图 5.1.2-9 所示。作为最常见的视频连接方式,它可同时传输模拟视频以及音频信号。RF 接口传输的是视频和音频混合编码后的信号,显示设备的电路将混合编码信号进行一系列分离、解码再输出成像。由于需要进行视频、音频混合编码,信号会互相干扰,所以它的画质输出质量是所有接口中比较差的。有线电视和卫星电视接收设备也常用 RF 连接,但这种情况下,它们通常是传输数字信号的。

图 5.1.2-9　射频接口

(2)复合视频接口:不像射频接口那样包含了音频信号,复合视频(Composite)通常采用黄色的 RCA(莲花插座)接头,如图 5.1.2-10 所示。"复合"含义是同一信道中传输亮度和色度信号的模拟信号,但监视器如果不能很好的分离这两种信号,就会出现虚影。在专业设备中还经常使用 BNC 接头,由于 BNC 接口可以让视频信号互相间干扰减少,可达到最佳信号响应效果,加上它的特殊设计,连接非常紧,不必担心接口松动而产生接触不良。

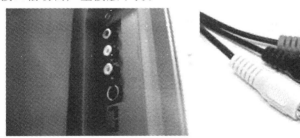

图 5.1.2-10　复合视频视频

(3)S 端子:S 端子(S-Video、Separate Video,)它将亮度和色度(Y/C)分离输出,避免了混合视讯讯号输出时亮度和色度的相互干扰。S 端子实际上是一种五芯接口,由两路视频亮度信号、两路视频色度信号和一路公共屏蔽地线共五条芯线组成,接口为四针接口,其中两针为接地,另外两针分别传输亮度和色度信号,如图 5.1.2-11 所示。同 AV 接口相比,由于它不再进行 Y/C 混合传输,因此也就无需再进行亮色分离和解码工作,而且使用各自独立的传输通道,因此在很大程度上避免了视频设备内信号串扰而产生的图像失真,极大地提高了图像的清晰度。但 S-Video 仍要将两路色差信号(Cr、Cb)混合为一路色度信号 C,进行传输然后再在显示设备内解码为 Cb 和 Cr 进行处理,这样多少仍会带来一定信号失真。而且由于 Cr 和 Cb 的混合导致色度信号的带宽也有一定的限制,所以 S‑Video 的图像离完美还相去甚远。同时 S 端子的抗干扰能力较弱,所以 S 端子线的长度最好不要超过 7m。

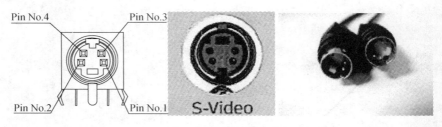

图 5.1.2‑11　S 端子

　　(4)色差接口:色差接口(Component)是在 S 端子的基础上,把色度(C)信号里的蓝色差(b)、红色差(r)分开发送,其分辨率可达到 600 线以上,如图 5.1.2‑12 所示。它通常采用 YPbPr 和 YCbCr 两种标识,前者表示逐行扫描色差输出,后者表示隔行扫描色差输出。而且透过色差接口,可以输入多种等级信号,从最基本的 480i 到倍频扫描的 480p,甚至 720p、1080i 等等,都是要通过色差输入才能将信号传送到监视器中。色差接口的效果要好于 S 端子,因此不少 DVD 以及高清播放设备上都采用该接口。如果使用优质的线材和接口,即使采用 10 米长的线缆,色差线也能传输优秀的画面。

图 5.1.2‑12　色差接口

　　(5)VGA 接口:VGA 接口(Video Graphics Array)也叫 D‑Sub 接口,VGA 接口是一种 D 型接口,VGA 接口共有 15 针,分成 3 排,每排 5 个孔,如图 5.1.2‑13 所示,是显卡上应用最为广泛的接口类型,绝大多数显卡都带有此种接口。VGA 接口传输的仍然是模拟信号,对于以数字方式生成的显示图像信息,通过数字/模拟转换器转变为 R、G、B 三原色信号和行、场同步信号,信号通过电缆传输到显示设备中。对于模拟显示设备,如普通 CRT 显示器,信号被直接送到相应的处理电路,驱动控制显像管生成图像。而对于 LCD、DLP 等数字显示设备,显示设备中需配置相应的 A/D(模拟/数字)转换器,将模拟信号转变为数字信号。在经过 D/A 和 A/D

两次转换后,不可避免地造成了一些图像细节的损失。因此 VGA 接口应用于普通 CRT 显示器效果较好,但用于数字电视之类的显示设备,则转换过程的图像损失会使显示效果略微下降。使用 VGA 连接设备,线缆长度最好不要超过 10m,而且要注意接头是否安装牢固,否则可能引起图像中出现虚影。

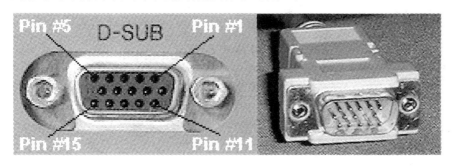

图 5.1.2-13　VGA 接口

(6)DVI 接口:DVI(Digital Visual Interface)数字显示接口主要用于与具有数字显示输出功能的计算机显卡相连接,显示计算机的 RGB 信号,如图 5.1.2-14 所示。DVI 数字端子比标准 VGA 端子信号要好,数字接口保证了全部内容采用数字格式传输,保证了主机到监视器的传输过程中数据的完整性(无干扰信号引入),可以得到更清晰的图像。目前,很多高清电视上也提供了 DVI 接口。需要注意的是,DVI 接口有多种规范,常见的是 DVI-D(Digital)和 DVI-I(Intergrated)。DVI-D 只能传输数字信号,可以用它来连接显卡和平板电视。DVI-I 则在 DVI-D 可以和 VGA 相互转换。

DVI-D　　　　　　　　　　　　DVI-I

图 5.1.2-14　DVI 接口

(7)HDMI 接口:HDMI(High Definition Multimedia Interface)接口是最近才出现的接口,它同 DVI 一样是传输全数字信号的,如图 5.1.2-15 所示。不同的是 HDMI 接口不仅能传输高清数字视频信号,还可以同时传输高质量的音频信号。同时功能跟射频接口相同,不过由于采用了全数字化的信号传输,不会像射频接口那样出现画质不佳的情况。对于没有 HDMI 接口的用户,可以用适配器将 HDMI 接口转换为 DVI 接口,但是这样就失去了音频信号。如果采用高质量的 HDMI 线材,即使长达 20m,也能保证优质的画质。

图 5.1.2 - 15　HDMI 接口

（8）IEEE 1394 接口：IEEE 1394 接口也称为火线或 iLink，如图 5.1.2 - 16 所示，它能够传输数字视频和音频及机器控制信号，具有较高的带宽，且十分稳定。通常它主要用来连接数码摄像机、DVD 录像机等设备。IEEE 1394 接口有两种类型：6 针的六角形接口和 4 针的小型四角形接口。6 针的六角形接口可向所连接的设备供电，而 4 针的四角形接口则不能。

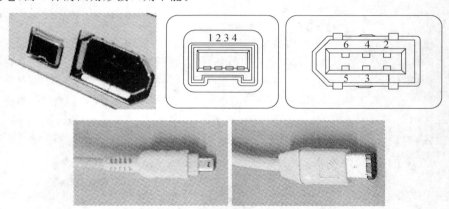

图 5.1.2 - 15　IEEE 1394 接口

（9）SCART 接口：SCART 接口是欧洲的标准视频接口，如图 5.1.2 - 16 所示，SCART 接口传输 CVBS（复合视频基带）信号和音频信号或隔行 RGB 信号等，通常厂家都把 SCART 用来传输 RGB 信号。由于三原色信号分开传输，因此在色度方面表现比 S - Video 更好。SCART 现在只有传输 480i/576i 隔行信号的标准，不同厂家对引脚定义也可能有所不同。

5.1.3　系统的图像质量

系统图像质量取决于摄像机的分辨率、镜头、环境照度，以及摄像机和传输线路质量及电磁环境等，此外与监视器的质量也有关。

传输线路的规格和传输距离如果在规定范围内，一般不会对图像质量有明显影响；如采用的传输线路线径太小、质量差或传输距离超过规定，则将引起图像信号衰减而影响图像的清晰度。

Connector

Plug

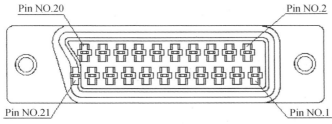

Pin NO.20　　　　　　　　　　　　Pin NO.2

Pin NO.21　　　　　　　　　　　　Pin NO.1

图 5.1.2‐16　SCART 接口

系统图像质量特别是动态图像还与系统的工作方式有关,在采用数字式视频监控系统时,系统的动态图像质量将取决于图像记录的速度(帧/秒)和图像的压缩方式。

5.1.4　系统的监控功能

系统监控功能主要是指视频监控系统中监控主机的功能。监控主机的形式随视频安防监控系统的工作方式而不同。

1. 模拟式监控系统

即传统的电视监控系统,采用矩阵控制器作为主机。对模拟式监控系统的监控功能包括系统的监控范围;现场设备的完好率及接入率;监控主机的切换、控制、编程、巡检、记录等功能。

2. 数字式视频监控系统

对数字式视频监控系统的监控功能包括系统的监控范围、现场设备的完好率及接入率,还应检查图像显示和记录速度、图像质量、对前端设备的控制功能。

对网络型数字视频监控系统还包括通信接口功能、远端联网(图像传输、监控命令的传输)功能等。

5.1.5　系统联动功能

与视频监控系统相关的联动控制有:

(1)火灾自动报警及消防联动系统报警时,要求视频安防监控系统将火警现场附近的监控摄像机对准火警现场,将该画面调到主监视器监视,并进行录像;

　　(2)入侵报警系统报警时要求视频监控系统将报警现场附近的摄像机对准报警现场,将该画面调到主监视器监视,并进行录像。随着入侵者的运动,可人工控制切换摄像机进行跟踪;

　　(3)当出入口控制系统发生非法入侵报警时,要求视频监控系统将报警现场附近的摄像机对准报警现场,将该画面调到主监视器监视,并进行录像。随着入侵者的运动,可人工控制切换摄像机进行跟踪;

　　(4)巡更管理系统报警时要求视频监控系统将报警现场附近的摄像机对准报警现场,将该画面调到主监视器监视,并进行录像。

5.2　电视监控工程的施工

电视监控工程施工时,要注意如下六点要求,现分别叙述如下。

5.2.1　施工要求

　　1.施工现场必须设一名现场工程师以指导施工进行,并协同建设单位做好隐蔽工程的检测与验收。

　　2.电视监控工程施工前应具备下列图纸资料:

　　(1)系统原理及系统连线图;

　　(2)设备安装要求及安装图;

　　(3)中心控制室的设计及设备布置图;

　　(4)管线要求及布线敷设图。

　　3.电视监控系统施工应按设计图纸进行,不得随意更改。确实需要更改原图纸时,应按程序进行审批,审批文件(通知单等)经双方授权人签字,方可实施。

　　4.电视监控系统工程竣工时,施工单位提交下列图纸资料:

　　(1)施工前所接的全部图纸;

　　(2)施工竣工图;

　　(3)设计更改文件。

5.2.2　设备安装

1.BNC 和 RCA 接头的制作

BNC 和 RCA 接头在安防工程中使用非常广泛,焊接式 BNC 和 RCA 接头的制作也是安防工程施工中一个重要的基本技能,下面介绍一下焊接式 BNC 接头的制作过程,焊接式 RCA 接头的制作与焊接式 BNC 接头的制作过程大体相同。

　　(1)用电工刀或美工刀将同轴电缆的外层绝缘割断,如图 5.2.2-1 所示;剥除外层绝缘,如图 5.2.2-2 所示。

图 5.2.2-1　割断外层绝缘　　　　　　图 5.2.2-2　剥除外层绝缘

（2）用镊子或小螺丝刀分开网状屏蔽层并拧结成型，如图 5.2.2-3 所示，然后套入 BNC 接头后盖和热缩管，如图 5.2.2-4 所示。

 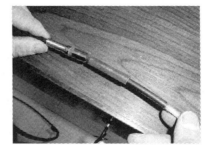

图 5.2.2-3　分开屏蔽层　　　　　　图 5.2.2-4　套入后盖和热缩管

（3）根据 BNC 接头的尺寸剥除内绝缘层，如图 5.2.2-5 所示，把电缆放入接头中，并把内导体插入 BNC 接头的内芯，如图 5.2.2-6 所示。

图 5.2.2-5　剥除内绝缘层　　　　　　图 5.2.2-6　把电缆放入接头中

（4）用尖嘴钳将接头夹片把同轴电缆包住并夹紧，如图 5.2.2-7 所示，然后焊接内、外导体，如图 5.2.2-8、9 所示。

图 5.2.2 - 7　将接头与同轴电缆夹紧

图 5.2.2 - 8　焊接内导体

图 5.2.2 - 9　焊接外导体

图 5.2.2 - 10　套入热缩管

（5）把预先放入的热缩管套在接头焊接部分，如图 5.2.2 - 10，用打火机或电烙铁对热缩管加热，如图 5.2.2 - 11、12 所示是加工制作好的 BCN 接头。

图 5.2.2 - 11　加热热缩管

图 5.2.2 - 12　加工好的 BNC 接头

2. 前端设备安装

（1）云台的安装：

a. 检查云台转动是否平稳、刹车是否有回程等现象，云台的回转范围、承载能力、旋转速度和使用的电压类型应符合设计要求及标准（规范）规定。

b. 支架与建筑物、支架与云台均应牢固安装，转动时无晃动。负载安装的位置不应偏离回转中心。

c. 所接电源线、视频信号线及控制线接出端应固定,且留有一定的余量,以不影响云台的转动为宜。安装高度以满足防范要求为原则。

(2)解码器的安装。解码器(箱)在安装时,需要设置地址和协议类型,应安装在云台附近的建筑物上,但不应影响建筑的美观,可在吊顶内,但须有检修孔,以便维修或拆装,解码器应固定牢固,不能倾斜,不能影响云台(摄像机)的转动。

(3)摄像机的安装:

a. 摄像机宜安装在监视目标附近不易受到外界损伤的地方,也不应影响附近现场人员的工作和正常活动,同时应满足监视目标视场范围要求,并具有防损伤,防破坏能力;

b. 安装高度:室内距离地面不低于 2m,室外距离地面不低于 3.5m;

c. 电梯厢内的摄像机应安装在电梯厢门左侧(或右侧)上角(或顶部),并应能有效监视电梯厢内乘员。摄像机的光轴与电梯厢的两个面壁成 45°角,与电梯天花板成 45°俯角为宜;

d. 安装前应对摄像机进行逐个检测和初步调整,使摄像机处于正常工作状态。摄像机经功能检查,监视区域的观察和图像质量达标后方可固定;

e. 在高压带电的设备附近安装摄像机时,应遵守带电设备的安全规定;

f. 摄像机应牢固地安装在云台上,所留尾线长度以不影响云台(摄像机)转动为宜,尾线须加保护措施;

g. 摄像机配套装置(防护罩、支架、雨刷等器材)安装应灵活牢固;

h. 摄像机转动过程尽可能避免逆光摄像;

i. 室外摄像机若明显高于周围建筑物时,应加避雷措施。

j. 在搬动、安装摄像过程中,不得打开摄像机头盖,以防灰尘落在 CCD 靶面上。

3. 中心控制设备的安装

(1)一般要求:

a. 监视器应端正、平稳地安装在监视器机柜上,小屏幕监视器也可安装在控制台操作柜上,安装在柜内时,应有良好的通风散热措施,并注意电磁屏蔽;

b. 主监视器距监控人员的距离应为主监视器荧光屏对角线长度的 4 倍～6 倍;

c. 避免日光或人工光源直射荧光屏;荧光表面背景光照度不得高于 100lx;

d. 监视器机柜(架)的背面与侧面距墙不应小于 0.8m;

e. 监视器的外部可调部分应处于适当位置以便操作。

(2)控制设备的安装:

a. 控制台应端正、平衡安装,机柜内设备应安装牢固,安装所用的螺钉、垫片、弹簧、垫圈等均应按要求装好,不得遗漏;

b. 控制台或机架柜内的插件设备均应接触可靠,安装牢固,无扭曲、脱落现象;

c. 监控室内的所有引线均应根据监视器、控制设备的位置设置电缆槽和进线孔；

d. 所有引线在与设备连接时，均要留有余量，并做永久性标志，以便维修和管理。

4. 供电与接地

(1)测量所有接地极电阻，必须达到设计要求。达不到要求时，可在接地极回填土中加入无腐蚀性的长效降阻剂或更换接地装置。

(2)系统的防雷接地安装，应严格按设计要求施工。接地安装最好配合土建施工同时进行。

5.2.3　电视监控系统的调试

1. 一般要求

(1)电视监控系统的调试应在建筑物内装修和系统施工结束后进行；

(2)电视监控系统调试前应具备施工时的图纸资料和设计变更文件，以及隐蔽工程的检测与验收资料等；

(3)调试负责人必须有中级以上专业技术职称，并由熟悉该系统的工程技术人员担任；具备调试所用的仪器设备，且这些设备符合计量要求；

(4)检查施工质量，做好与施工队伍的交接。

2. 调试前的准备工作

(1)核对设备器材。按设计要求，对照图纸逐一或抽查检查设备的规格、型号、数量、备品备件等；

(2)电源检测。接通控制台总电源开关，检测交流电源电压；检查稳压电源上电压表读数；合上分电源开关，检测各输出端电压、直流输出极性等，确认无误后，给每一回路通电。

(3)线路检查。检查各种接线是否正确，用 250V 兆欧表对控制电缆进行测量，线芯与线芯、线芯与地绝缘电阻不应小于 0.5MΩ；用 500V 兆欧表对电源电缆进行测量，其线芯间、线芯与地间绝缘电阻不应小于 0.5MΩ，对于错线、开路、虚焊、短路等应进行处理。

(4)接地电阻测量。监控系统中的金属护管、电缆桥架、金属线槽、配线钢管和各种设备的金属外壳均应与地连接，保证可靠的电气通路。系统接地电阻应小于 4Ω。

(5)器材质量检查。摄像机与镜头的配合、控制和功能部件(如云台、变焦、光圈及防护罩等)的技术状态应合理、正常。符合产品技术标准，应无明显逆光现象。

3. 摄像机的调试

在调整时要注意有足够的照度和必要的逆光处理等。

(1)闭合控制台、监视器电源开关，若设备指示灯亮，即可闭合摄像机电源，监视器屏幕上应会显示图像；

（2）调节光圈（电动光圈镜头）及聚焦，使图像清晰；

（3）改变变焦镜头的焦距，并观察变焦过程中图像清晰度；

（4）遥控云台，若摄像机静止和旋转过程中图像清晰度变化不大，则认为摄像机工作正常。

4. 云台的调试

（1）遥控云台，使其上下、左右转动到位，若转动过程中无噪音（噪音应小于50dB）、无抖动现象、电机不发热，则视为正常。

（2）在云台大幅度转动时，如遇以下情况就及时处理。

a. 摄像机、云台的尾线被拉紧；

b. 转动过程中有阻挡物，如解码器、对讲器、探测器等是否阻挡了摄像机转动；

c. 重点监视部位是否有逆光摄像情况。

5. 视频矩阵的调试

要调整操作程序的软件使其设置功能正常，切换功能正常，字符叠加功能正常。例如，标明摄像机位置、时间、日期等字符，电梯内图像画面是否叠加有楼层字符等显示标识。所有显示应稳定正常。云台镜头遥控功能应正常和其他功能也应正常。

6. 统调

调整监视器、录像机、视频打印机、图像处理器、同步机、编码器、解码器等设备使其工作正常，单机要确保系统达到相关指标。

（1）系统调试在单机设备调试完后进行；

（2）按设计图纸对每台摄像机编号；

（3）用综合测试卡测量系统水平清晰度和灰度；

（4）检查系统的联动性能；

（5）检查系统的录像质量；

（6）在现场情况允许、建设单位同意的情况下，改变灯光的位置和亮度，以提高图像质量。

在系统各项指标均达到设计要求后，可将系统连续开机 24 小时，若无异常，则调试结束。

7. 填写调试报告

调试完毕后填写电视监控系统调试报告，可自行制表。

5.3　视频监控系统的检测

5.3.1　检测依据

执行《安全防范工程技术规范》GB 50348 - 2004 第 6.3.5 - 3、7.1.9、7.2.2 以及

相关国家标准的规定。

5.3.2　检测数量及合格判定

前端设备(摄像机、镜头、护罩、云台等)抽检的数量应不低于 20％且不少于 3 台,少于 3 台时应全部检测;被抽检设备的合格率为 100％时为合格。系统功能、联动功能和图像记录的保存等全部检测,功能符合设计要求时为合格。

5.3.3　检测项目

1. 系统前端设备功能的检测

(1)摄像机:摄像机的选配是否与被监视的环境相匹配;分辨率及灰度是否符合要求(黑白≥350 线,彩色≥270 线,灰度≥8 级);视频电信号是否符合要求($1V_{P-P}$ ±20％,75Ω 复合视频信号);照度指标是否与现场条件相匹配。

(2)镜头,是否满足被监视目标的距离及视角要求;镜头的调节功能包括光圈调节、焦距调节、变倍调节是否正常。

(3)云台:摄像机云台的水平、俯仰方向的转动是否平稳、旋转速率是否符合要求;旋转范围是否满足监视目标的需要,有无盲区;一体化球机的转动功能检查。

(4)护罩、支架:摄像机的护罩选配是否符合要求,特别是室外用摄像机护罩是否符合全天候要求;固定摄像机的支架是否符合要求。

(5)解码器(箱):解码器功能是否满足要求,是否支持对摄像机、镜头、云台的控制;是否为云台、摄像机供电;是否为雨刷、灯光、电源提供现场开关量节点。

前端设备是否具有现场脱机自测试和现场编制功能。

2. 图像质量检测

(1)监视器与摄像机数量的比例是否符合要求;

(2)检查视频信号在监视器输入端的电压峰值,应为$1V_{P-P}$±20％;

(3)图像应无损伤和干扰,达到 4 级标准;

(4)图像的清晰度是否符合要求黑白电视系统≥350 线,彩色电视系统≥270 线;

(5)系统在低照度使用时,监视画面应达到可用图像要求;

(6)数字式视频监控系统的图像质量(包括实时监视图像质量与录像回放图像质量)是否符合要求。

3. 系统监控功能检测

(1)模拟式视频监控系统:

a. 系统的监控范围;

b. 现场设备(摄像机)的完好率及接入率,指监控主机可监控的前端摄像机;

c. 矩阵控制器的切换功能——通用巡视、序列巡视、监视器巡视,矩阵控制

器的控制功能——对摄像机云台、镜头和辅助设备的控制,矩阵控制器的编程功能;

d. 字符叠加功能:可在图像信号上打出月/日/年/星期/时/分/秒、摄像机编号、录像模式等字符信息;

e. 报警系统:报警的布防输入,报警时的调用功能。

(2)数字式视频监控系统:

a. 系统的监控范围;

b. 现场设备(摄像机)的完好率及接入率,指监控主机可监控的前端摄像机;

c. 图像记录:压缩格式、分辨率、录像速度、录像(帧或场)时间间隔;

d. 主机对摄像机云台、镜头和辅助设备的控制和切换功能;

e. 字符叠加功能:可在图像信号上打出月/日/年/星期/时/分/秒、摄像机编号、录像模式等字符信息;

f. 报警系统:报警的布防输入、报警时的调用功能,其他报警输出:视频丢失报警、硬盘满警告、报警满警告等;

g. 权限设置功能和热键屏蔽功能:确保不能进行不被授权的操作;

h. 中心逆向解码功能:当监控中心采用屏幕墙显示时,数字视频系统应具备中心逆向还原功能,即能将数字硬盘录像机通过网络传回中心的数字信号逆向还原成模拟的 AV 音、视频信号,并在屏幕墙上切换显示。

(3)网络型视频监控系统。除上述 a～h 项外,还应检查:

a. 图像传输速率;

b. 通过网络对云台、镜头等设备的控制;

c. 报警信号通过网络传输的实时性;

d. 网络前端视频主机对断电故障的检测功能:前端监控主机检测到断电故障,应能自动关机,又来电后,系统能够自动重启,进入工作状态,恢复断电前录像文件。任何异常死机均会被前端主机设备自动检测并重新启动;

e. 网络型视频监控系统的中心端对前端主机的管理功能:前端监控主机应无人值守,全自动运行。中心端可对前端主机进行设置和控制,并可在中心端对系统进行升级。

4. 统联动功能的检测

联动功能应根据工程的具体要求进行检测。检测项目包括:

(1)火灾自动报警及消防联动系统报警时与视频安防监控系统的联动;

(2)入侵报警系统报警时与视频监控系统的联动;

(3)出入口控制系统报警时与视频监控系统的联动;

(4)巡更管理系统报警时与视频监控系统的联动。

5. 图像记录保存时间的检测

(1)长时间磁带录像机。检查图像记录的保存时间是否满足管理要求。

(2)数字硬盘录像机：

a. 检查回放模式：按回放、静止、搜索、提示、重放、帧进、慢速等各种模式检查；

b. 检查图像记录的检索：按时间、文本、摄像机或报警事件等检索；

c. 检查图像记录的保存时间是否满足管理要求。

5.3.4　检测方法

1. 视频监控系统质量的主观评价

(1)系统图像质量的主观评价标准。对图像质量的要求是：图像清晰度好，层次应分明，无明显的干扰、畸变或失真；彩色还原性好，不能有明显的失真。常用的系统质量主观评价的标准有五级损伤制标准（五级质量制）或七级比较制。

a. 五级损伤制标准（五级质量制）。系统的图像质量按《彩色电视图像质量主观评价方法》GB 7401 - 1987 中对五级损伤制标准的规定进行主观评价。评价标准见表 5.3.4 - 1。系统主观评价得分值不应该低于 4 级。

表 5.3.4 - 1　视频监控系统图像质量五级损伤制标准

序号	等级	图像质量损伤程度
1	5分(优)	图像上没有可察觉的损伤或干扰存在
2	4分(良)	图像上稍有可察觉的损伤或干扰存在,但并不令人讨厌
3	3分(中)	图像上有明显可察觉的损伤或干扰存在,令人感到讨厌
4	2分(差)	图像损伤或干扰较严重,令人相当讨厌
5	1分(劣)	图像损伤和干扰极严重,不能观看

b. 七级比较制。七级比较制是将一个基准图像与被测试的图像同时显示，由评价人员对两者做出比较判断，并给出评分，见表 5.3.4 - 2。

表 5.3.4 - 2　视频监控系统图像质量七级比较制

序号	等级	与基准图像质量比较	序号	等级	与基准图像质量比较
1	+3分	比基准图像质量好得多	5	-1分	比基准图像质量稍差点
2	+2分	比基准图像质量显得较好	6	-2分	比基准图像质量显得较差
3	+1分	比基准图像质量稍好	7	-3分	比基准图像质量差得多
4	0	比基准图像质量相同			

(2)随机杂波对图像影响的主观评价。随机杂波对图像的影响一般不进行信噪比测试，而采用主观评价方法。随机杂波对图像影响的主观评价标准见表 5.3.4 - 3。

表 5.3.4-3　随机杂波对图像影响的主观评价标准

序号	评价等级	影响程度	序号	评价等级	影响程度
1	5	不察觉有杂波	4	2	杂波较严重,很讨厌
2	4	可察觉有杂波,但不妨碍观看	5	1	杂波很严重,无法观看
3	3	有明显杂波,有些讨厌			

随机杂波对图像的影响的主观评价的得分值应不低于 4 级。

（3）系统质量主观评价的要求：

a. 系统质量主观评价时所用的信号源必须是高质量的,必要时可采用标准信号发生器或标准测试卡；

b. 系统应处于正常工作状态；

c. 对视频图像进行主观评价时应选用高质量的监视器；

d. 观看距离为监视器荧光屏图像高度的 6 倍；

e. 观看室内的环境应光线柔和适度、照度适中,彩色、亮度、对比度调整适中。

（4）系统质量主观评价的方法：

a. 参与系统质量主观评价的人员一般为 5～7 人,由专业人员和非专业人员组成；

b. 主观评价人员经过独立观察,对规定的各项参数逐项打分,取其平均值计为主观评价结果；

c. 在主观评价过程中如对某一项参数不合格或有争议时,则应以客观测试为准。

（5）系统质量主观评价的结论。在五级损伤制标准（五级质量制）中,当每项参数均不低于四级时定为系统主观评价合格。

在主观评价过程中,如发现有不符合规定要求的性能时,允许对系统进行必要的维修或调整,经维修和调整后应对全部指标重新进行评价。

2. 视频监控系统质量客观测试

视频监控系统质量的客观检测的深度相差很大,有常用的工程检测方法,也有类似于产品检测的综合检测方法,由于需要一些专用设备和仪器,这里暂不做详细介绍。

5.3.5　视频监控系统主要性能的检验

对视频监控系统功能和主要性能的全面检验是根据《安全防范工程技术规范》GB 50348-2004 第 7.2.2 的规定的要求进行的,检验项目、检验要求及测试方法应符合表 5.3.5-1 的要求。

表 5.3.5-1 视频安防监控系统检验项目、检验要求及测试方法

序号	检验项目		检验要求及检测方法
1	系统控制功能检验	编程功能检验	通过控制设备键盘可手动或自动编程,实现对所有的视频图像在指定的显示器上进行固定或时序显示、切换。
		遥控功能检验	控制设备对云台、镜头、防护罩等所有前端受控部件的控制应平稳、准确。
2	监视功能检验		1. 监视区域应符合设计要求。监视区域内照度应符合设计要求,如不符合要求,检查是否有辅助光源; 2. 对设计中要求必须监视的要害部位,检查是否实现实时监视、无盲区。
3	显示功能检验		1. 单画面或多画面显示的图像应清晰、稳定; 2. 监视画面上应显示日期、时间及所监视画面前端摄像机的编号或地址码; 3. 应具有画面定格、切换显示、多路报警显示、任意设定视频警戒区域等功能; 4. 图像显示质量应符合设计要求,并按国家现行标准《民用闭路监视电视系统工程技术规范》GB 50198 对图像质量进行 5 级评分。
4	记录功能检验		1. 对前端摄像机所摄图像应能按设计要求进行记录,对设计中要求必须记录的图像应连续、稳定; 2. 记录画面上应有记录日期、时间及所监视画面前端摄像机的编号或地址码; 3. 应具有存储功能。在停电或关机时,对所有的编程设置、摄像机编号、时间、地址等均可存储,一旦恢复供电,系统应自动进入正常工作状态
5	回放功能检验		1. 回放图像应清晰,灰度等级、分辨率应符合设计要求; 2. 回放图像画面应有日期、时间及所监视画面前端摄像机的编号或地址码,应清晰、准确; 3. 当记录图像为报警联动所记录图像时,回放图像应保证报警现场摄像机的覆盖范围,使回放图像能再现报警现场; 4. 回放图像与监视图像比较应无明显劣化,移动目标图像的回放效果应达到设计和使用要求。
6	报警联动功能检验		1. 当入侵报警系统有报警发生时,联动装置应将相应设备自动开启。报警现场画面应能显示到指定监视器上,应能显示出摄像机的地址码及时间,应能单画面记录报警画面; 2. 当与入侵探测系统、出入口控制系统联动时,应能准确触发所联动设备; 3. 其他系统的报警联动功能,应符合设计要求。
7	图像丢失报警功能检验		当视频输入信号丢失时,应能发出报警。
8	其他功能项目检验		具体工程中具有的而以上功能中未涉及到的项目,其检验要求应符合相应标准、工程合同及正式设计文件的要求。

5.3.6 检测记录

检查结果填写到《视频监控系统分项工程质量检测记录表》(表 5.3.6-1)。

表 5.3.6-1 视频监控系统分项工程质量检测记录表 编号：

单位(子单位)工程名称				子分部工程	安全防范系统
分项工程名称		视频安防监控系统		检测部位	
施工单位				项目经理	
施工执行标准名称及编号					
分包单位				分包项目经理	
检测项目(主控项目)				检测记录	备注
1	前端设备功能		摄像机功能		
			云台转动		
			镜头调节		
			防护罩、支架效果		
2	图像质量		图像清晰度		
			抗干扰能力		
3	系统功能	监视器	监控范围		
			与摄像机比例		
		矩阵主机	切换控制		
			编程		
			字符叠加		
			巡检		
			记录		
		数字视频	主机死机		
			显示速度		
			联网通信		
			存储速度		
			字符叠加		
			硬盘记录		
			回放、检索		
		设备运行	完好率/接入率		
			运行情况		
4	系统联动功能		安防子系统间联动		
			与其他智能化系统的联动		
5	图像记录保存时间				
检测意见：					
监理工程师签字： 检测机构人员签字： (建设单位项目专业技术负责人)					
日期： 日期：					

说明：

1. 本表为子分部工程安全防范系统的分项工程视频(安防)监控系统的检测表,本检测内容为主控项目。

2. 视频监控系统的功能包括：系统前端设备的功能检测、图像质量检测、系统监控功能检测、系统联动功能检测、图像记录保存的时间和质量的检测等项，根据工程的具体要求，需增加检测项目时，可在表中检测项目栏中增加项目。系统监控功能按系统不同类型分别在模拟式、数字式或网络型视频监控系统栏填写。

3. 表中1、2两栏为每个被检摄像机填写一张表，在检测部位填被检摄像机编号、安装位置(包括楼层及部位)，多个摄像机的表格以附加编号区别，即表5.3.6-1-XX，其中XX为被检摄像机的排列序号；3栏~5栏为整个系统填写一张表。

4. 系统前端设备功能的检测。

(1)摄像机：摄像机的选配是否与被监视的环境相匹配；分辨率是否符合要求；照度指标是否与现场条件相匹配。

(2)镜头：摄像机配用的镜头是否满足要求；镜头的调节功能：光圈调节、焦距调节、变倍调节；

(3)云台：摄像机云台的水平、俯仰方向的转动是否符合要求；有无盲区；一体化球机的转动功能检查。

(4)护罩、支架：摄像机的护罩选配是否符合要求，特别是室外用摄像机护罩是否符合全天候要求；固定摄像机的支架是否符合要求。

5. 图像质量检测。

(1)检查视频信号在监视器输入端的电压峰峰值，应为 $1V \pm 3dB$；

(2)图像应无损伤和干扰，达到4级标准；在低照度使用时，监视画面应达到可用图像要求；

(3)图像的清晰度是否符合要求，黑白电视系统不应低于400线，彩色电视系统不应低于270线；

6. 系统监控功能检测。

(1)模拟式视频监控系统：

a. 系统的监控范围；监视器与摄像机数量的比例是否符合要求；

b. 现场设备(摄像机)的完好率及接入率，指监控主机可监控的前端摄像机；

c. 矩阵控制器：矩阵控制器的切换功能：通用巡视、序列巡视、监视器巡视；矩阵控制器的控制功能：对摄像机云台、镜头和辅助设备的控制；矩阵控制器的编程功能；

d. 字符叠加功能：可在图像信号上打出月/日/年/星期/时/分/秒、摄像机编号、录像模式等字符信息；

e. 报警系统：报警的布防输入；报警时的调用功能。

(2)数字式视频监控系统：

a. 系统的监控范围；

b. 现场设备(摄像机)的完好率及接入率，指监控主机可监控的前端摄像机；

c. 图像记录：压缩格式、分辨率、录像速度、录像(帧、或场)时间间隔；

d. 主机对摄像机云台、镜头和辅助设备的控制和切换功能；

e. 字符叠加功能：可在图像信号上打出月/日/年/星期/时/分/秒、摄像机编号、录像模式等字符信息；

f. 报警系统：报警的布防输入；报警时的调用功能；其他报警输出：视频丢失报警、硬盘满警告、报警满警告等。

(3)网络型视频监控系统。除上述 a~f 外，还包括：图像传输速率；通过网络对云台、镜头等设备的控制。

7. 系统联动功能：联动功能应根据工程的具体要求进行检测。包括与消防系统的联动；与安全防范系统其他子系统的联动。

8. 图像记录的保存时间的检测。

(1)长时间磁带录像机:检查图像记录的保存时间是否满足管理要求。

(2)数字硬盘录像机:检查回放、检索横功能;检查图像记录的保存时间是否满足管理要求。

5.4　常见故障的处理

5.4.1　系统与设备的故障分析与处理

在一个监控系统进入调试阶段、试运行阶段时有可能出现这样那样的故障现象,由于这些故障现象的出现,系统或是不能正常运行,或是系统达不到设计要求的技术指标,使整体性能和质量不理想。

如何设法解决现分三点叙述:

1. 由设备和部件引起的故障及其解决方法

(1)电源的不正确引发的设备故障。电源不正确大致有:

a. 供电线路或供电电压不正确;

b. 电源电压功率不够(或某一路供电线路的线径太长,降压过大等);

c. 供电系统的传输线路出现短路、断路、瞬间过压等。

在系统调试时,应首先检查供电之前,一定要认真严格的进行核对与检查,防止通电时烧坏设备。

(2)线路或连接的问题。由于某些线路不好,特别是与设备相接的线路处理不好,产生断路、短路、线间绝缘不良、误接线等导致设备(或部件)的损坏、性能下降;或设备本身并未因此损坏,但反映出的现象是出在设备或部件身上。

特别是对云台、摄像机来说,除应保证正确的安装工艺外,对线路的高低温性能也必须保证满足要求。

(3)设备或部件本身的质量问题。一般来说,通过论证已商品化的设备或部件是不应该出现质量问题的。即使出现质量问题,也往往发生在系统已交付使用并运行了相当长时间之后。但是,如果在调试和试运行阶段就出现设备或部件的质量问题,从理论上说,各种设备和部件都有可能发生质量问题。问题多发生在解码器、电动云台、传输部件等设备上,而摄像机、中心控制设备、监视器等发生产品质量问题是比较少见的。

产品除了自身质量问题外,最常见的是由于对设备调整不当产生的问题。譬如摄像机后截距的调整是个非常细致和精确的工作,如不认真调整,就会出现聚焦不好或在三可变镜头的各种操作时发生散焦等问题。另外,摄像机上一些开关和调整旋钮的位置是否正确,是否符合系统的技术要求;解码器编码开关或其他可调部位设置的正确与否,都会直接影响设备本身的正常使用或影响整个系统的正常性能。

(4)设备与设备之间的连接不正确产生的问题。

a. 阻抗不匹配；

b. 通信接口或通信方式不对应。这种情况往往发生在控制主机与解码器或控制键盘等有通信控制关系的设备之间。这多半是由于选用的控制主机与解码器或控制键盘不是一个厂家的产品所造成的。一般来说，不同的厂家，所采用的通信方式或传输的控制数码是不同的。所以，对于主机、解码器、控制键盘等应选用同一厂家的产品；

c. 驱动能力不够或超出规定的设备连接数量。

2. 传输系统出现故障

(1)工频干扰。视频传输中，最常见的故障现象是 50 Hz 的工频干扰。表现出的现象是在监视器的画面上出现一条黑杠或白杠，并且或向上或向下的慢慢滚动。这种现象多半是由系统产生了地环路而引入了 50 Hz 的工频干扰(交流电的干扰)所造成的。

有时由于摄像机或控制主机(矩阵切换器)的电源性能不良或局部损坏也会出现这种两条黑杠或白杠的故障。

排除故障步骤：

a. 在控制主机上，就近只接入一台电源没有问题的摄像机输出信号，如果在监视器上没有出现上述的干扰现象，则说明控制主机无问题，应检查摄像机。

b. 逐个检查摄像机，查找有无因电源出现问题引入干扰的摄像机。如有，则进行处理；如无，则干扰是由地环路等其他原因造成的。

(2)雪花、木纹状干扰。监视器上出现雪花状、木纹干扰，轻微时不会淹没正常图像，严重时图像就无法观看了(甚至破坏同步)。产生这种故障现象大致原因有如下几种：

a. 视频传输线的质量不好，屏蔽性能差(这些传输线的特性阻抗往往不是75Ω)，分布参数超出规定也是产生故障的原因之一。

b. 由于供电系统的电源不"洁净"而引起的。这里所谓电源不"洁净"，是指在正常 50 Hz 电源的正弦波上叠加有谐波干扰信号，而这种电源上的干扰信号，多来自本电网中使用的可控硅设备。特别是大电流、高电压的可控硅设备，对电网的污染非常严重，这就导致了同一电网中的电源不"洁净"。电网中大功率可控硅调频调速装置、可控硅整流装置、可控硅交直流变换装置等，都会对电源产生污染。这种情况的解决方法比较简单，只要对整个系统采用净化电源或在线 UPS 供电就基本上可以得到解决。

c. 系统附近有很强的干扰源。这可以通过调查和了解而加以判断。如果属于这种原因，解决的办法是加强摄像机的屏蔽，以及对视频电缆线的管道进行接地处理等。

d. 线缆接头处接触不良。

（3）传输线短路或断路。由于视频电缆线的芯线与屏蔽网短路、断路造成的故障，其表现是在监视器上产生较深较乱的大面积网纹干扰，以至图像全部被破坏，形不成图像和同步信号。这种情况多出现在 BNC 接头或其他类型的视频接头上。只要认真逐个检查这些接头，就可以解决问题。这类故障容易判断的另一点原因，即这种故障出现时，往往不会是整个系统的各路信号均出问题，而仅仅出现在那些接头不好的路数上；

（4）传输线阻抗不匹配。由于传输线的特性阻抗不匹配引起的故障现象。其表现形式是在监视器的画面上产生若干条间距相等的竖条干扰，干扰信号的频率基本上是行频的整数倍。这是由于视频传输线的特性阻抗不是 75Ω，因而导致阻抗失配造成的。

（5）空间电磁辐射干扰。由传输线引入的空间辐射干扰。其产生多半是因为在传输系统、系统前端或中心控制室附近有较强的、频率较高的空间辐射源。这种情况的解决办法一个是在系统建立时，应对周边环境有所了解，尽量设法避开或远离辐射源；另一个办法是当无法避开辐射源时，对前端及中心设备加强屏蔽，对传输线的管路采用钢管并良好接地。

3. 其他故障现象

（1）云台转动故障。云台故障主要有云台在使用一段时间后出现运转不灵或根本不能转动，这种情况的出现除去产品质量的因素外，主要是以下各种原因造成的：

a. 装接方式错。只允许将摄像机正装（即摄像机坐在云台转台的上部）的云台，在使用时采用了吊装的方式（即将摄像机装在云台转台的下方）。在这种情况下，吊装方式导致了云台运转负荷加大，造成云台的传动机构损坏，甚至烧毁电机。

b. 摄像机及其防护罩等总重量超过云台的负荷。特别是室外使用的云台，往往防护罩的重量过大，常会出现云台转不动（特别是垂直方向转不动）的问题。

c. 室外云台因环境温度过高、过低、防水、防冻措施不良而出现故障甚至损坏。

（2）云台或镜头不受控。当距离较远时，操作键盘无法遥控摄像机（包括镜头）和云台。这主要是因为长线路对控制信号衰减太大，解码器接收到的控制信号太弱引起的。处理办法是在中途加装中继器。

（3）图像暗淡。监视器的图像对比度太小，图像淡。这种现象如不是控制主机及监视器本身的问题，就是传输距离过远或视频传输线衰减太大。

（4）图像清晰度差。图像清晰度不高、细节部分丢失，严重时会出现彩色信号丢失或色饱和度过小。这是由于图像信号的高频端损失过大，以致 3MHz 以上频率的信号基本丢失造成的。这种情况或因传输距离过远，而中间又无放大补偿装置；或因视频传输电缆的芯线与屏蔽线间分布电容过大造成的。

（5）色调失真。色调失真是在远距离的视频基带传输方式下容易出现的故障现象。主要原因是由传输线引起的信号高频段相移过大而造成的。这种情况应加相位补偿器。

（6）操作键盘失灵。操作键盘失灵这种现象在检查连线无问题时，基本上可确定为操作键盘"死机"造成的，在键盘的操作使用说明上，一般都有解决"死机"的方法，例如"整机复位"等方式，可用此方法解决。如无法解决，就可能是键盘本身损坏了。

（7）主机对图像的切换不干净。这种故障现象的表现是在选切后的画面上，叠加有其他画面的干扰或有其他图像的行同步信号的干扰。这是因为主机的矩阵切换开关质量不良，达不到图像之间隔离度的要求所造成的。另外在于多频道混合传输时，由于频道信号间的交调和互调也可能会引起类似故障。

5.4.2　图像显示部分故障原因与排除

图像显示部分故障一般出现以下三种：

1. 个别路输入无图像

当出现这种情况时，首先检查、操作键盘选路，查看是否将线路选择了该通道，该路处于"开状"，并将光圈调到最大，图像出现时，则找到了某路输入无图像的原因，并做出排除。

经过上述操作，仍然没有出现图像，这时检查与之串联的录像机时间发生器，检查是否打开。处于打开状态，图像出现了，图像质量也很好，则无图像的原因排除了。

某路输出端相接，当相接后图像正常，则说明主机线路输入口坏，可更换至另一输入口，同时将该路解码器地址变为与之相应的地址，故障排除。

当相接后，图像仍不正常，则重新焊接摄像头与主机输入发生端的 Q9 头，看图像是否正常，正常时，故障得到了排除。仍不正常，则检查摄像机镜头的电源供电是否正常。供电电源正常，则说明摄像头已坏，更换摄像头，故障排除。

如果供电不正常时，要检查两点：①更换供电电源；②检查解码器是否正常。在都正常的状态下，图像仍未出现，说明摄像头已坏，更换摄像头即可。

2. 图像显示部分某路输入图像质量差

当出现这种现象时，首先看图像是否有重影，或时有时无。是这种情况时：重新焊接摄像头处的 BNC（Q9）头和主机输入的 BNC（Q9）头，焊接方式要符合标准。

如图像质量差，但没有重影或时有时无现象时，检查更换摄像机的供电设备，图像正常，则说明是由摄像机供电电源问题，仍不正常则是摄像头有故障，更换或修理。

3. 图像显示某路输出图像质量差，有重影出现或时有时无

对于这种现象，只需重新焊接监视器输入与主机输出口线缆的 BNC（Q9）头，便

可以排除。如果不行,则按某路输入无图像或某路输入图像质量差的检查方式处理。

5.4.3　电源部分故障分析与处理

1. 启动系统时,全系统无动作

在这种情况下,应属于电源部分发生故障,一般有三种情况:

(1)保险丝熔断。保险丝熔断时,换保险丝,启动系统能够正常工作,此种情况属保险丝问题。如果更换保险丝后,仍不能工作或又熔断,则检查总电源或相关电路。

(2)保险丝正常,但系统不能工作。此时检查总电源开关,更换总电源开关,更换后,如系统正常,属电源开关问题。如果总电源开关没有问题,则检查电源输入继电器。如果继电器坏了,更换继电器,更换后系统正常工作,属继电器问题。

如果继电器未坏,则检查 UPS 电源是否有输出。如果系统无输出,则 UPS 电源有故障。

(3)总电源开关处于断开状态,则系统应无电、不能工作。总电源开关处于连接状态,这时应检查触电保护器开关。如果触电保护器正常,则去检查保险丝,按保险丝熔断或保险丝正常但系统不能工作的方式处理。

2. 设备供电电压不够

(1)前端设备电压不够,多半时因为供电线路过长,特别是采用 12V、24V 电压供电方式的;

(2)终端或机房设备电压不足,往往是因为市电电压低所致。

5.4.4　主机故障的原因查找与处理

1. 有图像输出,但不听指令

在这种情况下,应按下列顺序查找原因:

(1)通信线路是否接好。如没接好,接好通信线路故障可能就此解决;

(2)通信线路接上了,但接反了,更正接反的线路;

(3)通信线路正确,但不听指令;这时应检查接插件是否接触良好。如果接触不良,应修理;

(4)通信线路接插件是好的,但不听指令,这时应检查控制器,如果控制器有问题,更换控制器;

(5)对(1)、(2)、(3)、(4)检查无问题时,应考虑通信接口板,更换通信接口板;

(6)对(1)、(2)、(3)、(4)、(5)均进行了检查更换后,仍未找出原因,应请厂家修理或调换主机产品。

2. 个别终端无图像输入,但其他终端均正常

在这种情况下,应按下列顺序查找原因:

(1)该终端是否按使用说明书中的注意事项进行处理;

(2)按使用说明书中的注意事项操作后,仍不能工作,应检查该终端的耦合电容;

(3)在(1)、(2)均正常的情况下,应属电路有问题,更换电路板。

3. 所有信道均没有视频信号输出

在这种情况下,应按下列顺序查找原因:

(1)检查电源开关是否接通电源;

(2)检查电源插头是否插好;

(3)保险丝是否熔断;

(4)市电是否正常;

(5)是否有视频信号输入;

(6)监视器是否是好的;

(7)在(1)、(2)、(3)、(4)、(5)、(6)均正常的情况下,所有通道均没有视频信号输出时,则需修理或调换产品。

5.4.5　解码器故障原因的查找和处理

解码器故障一般表现在某路摄像头无图像,云台不动作,镜头不动作,不除尘、不除霜等。在这些操作均没有反应的情况下,按下列顺序检查:

(1)操作键盘是否能正常工作;

(2)解码器是否有电源输入;

(3)解码器地址是否正确;

(4)解码器供电是否超过额定值;

(5)解码器芯片是否坏了;

(6)在(1)、(2)、(3)、(4)、(5)均正常的情况下,则需修理或调换产品。

5.4.6　镜头不动作故障原因的查找与排除

镜头产生故障时,一般表现在以下几个方面:

(1)测量镜头输出端是否有电;是否在额定的供电指标内;

(2)镜头压线是否松动;是否线断;

(3)镜头是否坏了;

(4)光圈、聚焦(工作不正常),控制线路是否正确;

(5)整流器是否坏了;

(6)在(1)、(2)、(3)、(4)、(5)均正常的情况下,镜头不动作,则需维修或调换产品。

5.4.7　云台不动作故障原因的查找与排除

(1)云台不动作产生故障时,先自检,拨到自检开关,自检开关动作时:

a. 检验主芯片是否坏了;主芯片坏了,更换解码器;

b. 主芯片未坏,请厂家协助解决。

（2）当自检电路时,自检开关不动作时:

a. 供电是否正常;

b. 解码器控制板的云台部分供电是否通;

c. 云台与解码器间的线路端接是否良好;

d. 输出继电器是否坏了;

e. 云台是否坏了;

f. 在 a、b、c、d、e 均检查正常时,则需维修或调换产品。

5.4.8　摄像头无图像故障原因的查找与排除

摄像头无图像时,一般表现在以下两个方面:

（1）摄像机供电正常吗? 如果供电正常,是摄像机坏了,更换摄像机。

（2）摄像机供电不正常,检查其他功能是否正常。其他功能也不正常,按解码器所有功能不正常方法查找;而其他功能正常,则直接将摄像机供电改接到解码器供电的端子上。这时摄像机有图像,说明供电线路问题,摄像机是好的;如果仍然没有图像,则进一步说明摄像机坏了,更换摄像机。

思　考　题

1. 简述视频监控系统的组成。

2. 视频监控系统的前端设备主要有哪些。

3. 普通基带视频设备对输入视频信号在电压有什么要求?

4. 系统前端设备功能检测的主要内容有哪些?

5. 简述图像质量五级损伤制评价标准。

6. 试说明云台和摄像机的安装有什么要求?

7. 系统联动功能主要有哪些?

8. 论述在视频监控工程施工中进行系统调试需要做哪些工作?

9. 请你设计一个系统调试报告表。

10. 根据《安全防范工程技术规范》GB 50348 - 2004 要求,视频监控系统检验项目主要有那些。

11. 视频监控系统的系统和设备部分常见的故障可分为几类? 试分析可能存在的原因。

12. 视频监控系统图像显示部分常见的故障可分为几类? 试分析可能存在的原因。

13. 视频监控系统电源部分常见的故障可分为几类? 试分析可能存在的原因。

实训项目

实训 1　BNC、RCA、6.35 插头、卡侬接头的制作

1. 实训目的

了解几种常见弱电接头,掌握它们的加工制作方法。

2. 实训环境

实训室。

实训 2　视频监控系统器材及主控设备的认识

1. 实训目的

了解摄像机、镜头、云台、解码器、控制器、画面分割器、磁带录像机、硬盘录像机,熟悉它们的安装和连接,了解它们的调试方法。

2. 实训环境

实训室。

第6章 电子巡更系统施工与监理

【内容提要】本章简要介绍电子巡更系统的组成、设备和基本功能,同时还介绍了电子巡更系统安装、调试以及验收、检测方法和手段等。通过本章的学习,要求掌握电子巡更系统的安装、调试技能,了解和熟悉电子巡更系统的验收、检测环节、步骤和方法。

6.1 概　　述

电子巡更系统是一个人防和技防相结合的系统。它通过预先编制的巡逻软件,对保安人员巡逻的运动状态(是否准时、遵守顺序等)进行记录、监督,并对意外情况及时报警。

6.1.1　系统组成

电子巡更系统可分离线式和在线式(或联网式)两种。

1. 离线式电子巡更系统

离线式电子巡更系统通常有:接触式和非接触式两类。

(1)接触式:在现场安装巡更信息钮,采用巡更棒作巡更器。巡更员携巡更棒按预先编制的巡更班次、时间间隔、路线巡视各巡更点,读取各巡更点信息,返回管理中心后将巡更棒采集到的数据下载至电脑中,进行整理分析,可显示巡更人员正常、早到、迟到、是否有漏检的情况。

(2)非接触式:在现场安装非接触式磁卡,采用便携式IC卡读卡器作为巡更器。巡更员持便携式IC卡读卡器,按预先编制的巡更班次、时间间隔、路线,读取各巡更点信息,返回管理中心后将读卡器采集到的数据下载至电脑中,进行整理分析,可显示巡更人员正常、早到、迟到、是否有漏检的情况。

现场巡更点安装的巡更钮、IC卡等应埋入非金属物内,周围无电磁干扰,安装应隐蔽安全,不易遭到破坏。

在离线式电子巡更系统的管理中心还配有管理计算机和巡更软件。

2. 在线式电子巡更系统

在线式电子巡更系统按在现场设备的不同,通常有:

(1)巡更开关。在现场安装专用巡更开关,通过控制器联网。结构示意图如图6.1.1-1所示。

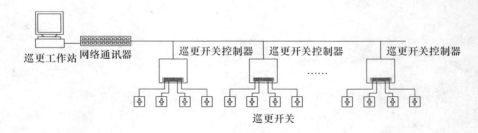

图 6.1.1-1 巡更开关式在线巡更系统

巡更员巡更时按预先编制的路线、时间间隔巡视,在各巡更点用专用钥匙打开巡更开关,巡更开关控制器可判别是否按路线和规定时间对该巡更点巡逻,并通过网络向管理中心传输其地址、时间信息;当在规定时间内巡更开关未接到开关信息,或接到的开关信息与预设的巡更路线不符时,控制器即向管理中心发出报警信号。

(2)读卡器。在现场各巡更点安装读卡器(可与出入口控制系统的读卡器共用),通过控制器联网,在管理计算机和巡更软件的管理下工作。结构示意图如图6.1.1-2所示。

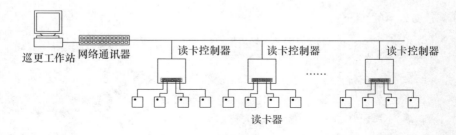

图 6.1.1-2 读卡式在线巡更系统

巡更员巡更时按预先编制的路线、时间间隔巡视,在各巡更点用专用 IC 卡在读卡器刷卡,读卡器的控制器可判别是否按路线和规定时间对该巡更点巡逻,并通过网络向管理中心发出其地址、时间信息;在管理主机的电子地图上有相应显示和记录。当在规定时间内读卡器和控制器未接到读卡信息或接到的信息与预设的巡更路线不符时,控制器即向管理中心发出报警信号。

在线式电子巡更系统应可设定多条巡更路线,这些路线能按设定的时间表自动启动或人工启动,被启动的巡更路线能人工暂停或中止。巡更中出现的违反顺序、报到早或报到迟都会发出警报,监控中心将中断巡更程序并进行报警记录。监控中心将按预案立即作出相应处理。

在线式电子巡更系统和离线式电子巡更系统的比较见表 6.1.1-1。

表 6.1.1-1　在线式和离线式电子巡更系统的比较

比较项目	离线式电子巡更系统	在线式电子巡更系统
系统结构	简单	较复杂
施工	简单	较复杂
系统扩充	方便	较困难
维护	一般无需维修	不需经常维修
投资	较低	较高
对巡更过程中意外事故的反应功能	无	可及时反应
对巡更员的监督功能	有	极强
对巡更员的保护功能	无	有

6.1.2　系统设备

离线式电子巡更系统的前端设备为巡更钮(或 IC 卡)实物如图 6.1.2-1 所示，监控中心的设备有巡更棒(或便携式读卡器)、通信器、管理计算机和巡更软件，实物如图 6.1.2-2 所示。巡更读卡如图 6.1.2-3 所示。

在线式电子巡更系统的前端设备为读卡器(或巡更开关)、控制器(实物如图 6.1.2-4 所示)，监控中心的设备有管理计算机和巡更软件，与出入口控制系统相同。

DS1990A
接触式地点钮(含座)　　DS1990A
接触式人员钮(含柄)　　PID1
感应式地点钮　　PID-KEY
感应式人员钮

PID2
感应式地点钮　　PID3
感应式地点钮　　PZ-U
铁路专用地点钮

图 6.1.2-1　巡更钮(或 IC 卡)

图 6.1.2-2　巡更棒、巡更器和通信器

图 6.1.2-3　巡更读卡　　　　　　图 6.1.2-4　控制器

6.1.3　系统功能

1. 离线式电子巡更系统功能

离线式电子巡更系统的功能主要通过其软件功能实现。

(1)应具有巡更棒(信息采集器)登录及巡更人设置;信息钮登录及地点、事件设置;巡更班次设置;巡更路线设置等功能。

(2)应具有软件启动口令保护功能,防止非法操作。

(3)应具有巡更人员、巡更路线、巡更时间等记录的储存和打印输出等功能;对已获得的巡更数据和信息有防止被恶意破坏或修改的功能。

(4)应具有查询(可按人名、时间、巡更班次、巡更路线对巡更人员的工作情况进行查询)、统计报表等功能。

(5)应具有巡更数据备份、恢复等功能。

2. 在线式电子巡更系统功能

系统联网运行时管理计算机可将巡更路线、时间间隔、有效卡信息等下载到现场读卡器;和读卡器进行信息传输;可进行巡更路线和巡更时间间隔的设置;实时监控巡更点的人员通过情况;储存巡更记录,以及与其他子系统的联动等。

在线式电子巡更系统的软件功能还应有:

（1）系统应可定义多条巡更路线，对每条路线又可设定多条路径，并可对选定的巡更路线自动或人工启动。

（2）可在管理计算机上设置巡更路线和绘制巡视路线图，设置巡更人员从前一个巡更点到达下一个巡更点所需的时间和误差（即最长及最短时间间隔）。系统能方便地对巡更路线和巡更时间间隔进行修改。

（3）可在管理计算机的实时监控界面—电子地图上对巡逻人员进行实时监控，自动显示当前的巡视位置和下一个应巡视的位置。

（4）管理计算机应具有系统设置、数据采集、查询打印、系统维护等功能。

a. 系统设置功能：人员管理、巡更点设置、巡更路线设置、班次设置、状态设置等。

b. 数据采集功能：读入资料、清除资料、资料归档等。

c. 查询打印功能：人员资料、巡检资料、班次资料、详尽的巡检统计报表和直观的图形报表。

d. 系统维护功能：参数设置、系统管理员、数据清理、软件的使用说明等。

6.1.4　系统联动功能

系统联动功能是指在线式电子巡更系统出现报警时，对其他系统的联动要求。

（1）电子巡更系统报警时，要求视频监控系统将报警现场附近的摄像机对准报警现场，并将该画面调到主监视器监视，进行录像。

（2）电子巡更系统报警时，出入口控制系统将报警现场及与入侵者逃逸路径相关的门禁控制器置于打开或关闭状态：关闭可向其他地方逃窜的出入口，开启通向下层楼的门，引导入侵者向下层活动，以便保安人员在相应楼层的出入口伏击。

6.2　电子巡更系统施工

6.2.1　电子巡更系统施工要求

电子巡更系统施工时，要注意如下几点：

（1）电子巡更系统施工现场必须设一名现场工程师，以指导施工进行，并协同建设单位做好施工中的隐蔽工程检测与验收。

（2）电子巡更系统施工前应具备下列图纸资料：

a. 控制器、读卡机、巡更开关安装平面图、控制设备、系统、网络设备布置图、系统原理及系统连接图；

b. 管线要求及管线敷设图；

c. 设备、器材安装要求及安装图。

（3）电子巡更系统施工应按图纸进行，不得随意更改。确需更改原设计图纸时，

应按程序进行审批。审批文件(通知单等)需经双方授权人签字后方可实施。电子巡更系统竣工时,施工单位提交下列图纸资料:

　　a. 施工前全部图纸资料;

　　b. 工程竣工图;

　　c. 设计更改文件;

　　d. 检测记录,包括绝缘电阻、接地电阻等测试数据;

　　e. 隐蔽工程的验收记录。

6.2.2　管线和设备的安装

1. 管路、线缆敷设

(1)管路、线缆敷设应符合设计图纸的要求及相关标准和规范的规定,有隐蔽工程的应办隐蔽验收;

(2)线缆回路应进行绝缘测试,并有记录,绝缘电阻应大于 20MΩ;

(3)地线、电源线应按规定连接,电源线与信号线分槽(或管)敷设,以防干扰。采用联合接地时,接地电阻应小于 1Ω。

2. 设备安装

(1)有线巡更信息开关或无线巡更信息钮,应安装在各出入口,主要通道、各紧急出入口,主要部门或其他需要巡更的站点上,高度和位置按设计和规定要求设置,没有明确要求的按《安全防范工程技术规范》GB 50348—2004 上的规定,安装高度离地 1.3m～1.5m;

(2)安装应牢固、端正,注意防破坏,户外还应有防水措施;

6.3　巡更系统的检测

6.3.1　检测依据

执行《安全防范工程技术规范》GB 50348—2004 第 6.3.5－7、7.1.9、7.2.4 以及其他有关的国家标准和规范的规定。

6.3.2　检测数量及合格判定

巡更终端抽检的数量应不低于 20% 且不少于 3 台,少于 3 台时应全部检测,被抽检设备的合格率为 100% 时为合格。

系统功能、联动功能和数据记录的保存等全部检测,功能符合设计要求为合格,合格率为 100% 时为系统功能检合格。

6.3.3　检测项目

(1)现场读卡器、巡更开关的检查,包括:灵敏度检测、防破坏功能检查;

（2）检查巡更路线和巡更时间的设定、修改和数据的传输功能；

（3）检查巡更异常时的故障报警情况；

（4）系统联动功能的检测；

（5）系统管理软件功能的检测；

（6）巡更数据记录的检查；

（7）管理制度和措施的检查。

6.3.4　检测方法

对电子巡更系统功能和主要性能的全面检验根据《安全防范工程技术规范》GB 50348—2004第 7.2.4 的规定的要求进行。

1. 离线式电子巡更系统的检测

离线式电子巡更系统的检测以功能性检测为主。

（1）用目测观察检查现场巡更钮的防破坏功能，包括：防拆卸、防撬功能，有无电磁干扰；

（2）用目测观察检查巡更设备是否完好，功能是否正常，包括：巡更棒、下载器等；

（3）通过软件演示检查巡更软件等功能，包括：

a. 对巡更班次、巡更路线设置等功能的检查；

b. 软件启动口令保护功能、防止非法操作等的检查；

c. 应能准确显示巡更钮的信息。

（4）检查巡更记录：

a. 检查巡更人员、巡更路线、巡更时间等记录的储存和打印输出等功能；

b. 可按人名、时间、巡更班次、巡更路线对巡更人员的工作情况进行查询、统计等检查；

c. 检查防止巡更数据和信息被恶意破坏或修改的功能；

d. 检查管理软件数据下载、报表生成和查询等功能。

2. 在线式电子巡更系统的检测

在线式电子巡更系统的检测以功能性检测为主。

（1）系统前端设备的功能检测：

a. 采用模拟方法对读卡器，或巡更开关的防破坏功能检查，包括：防拆卸、防撬功能，信号线断开、短路，电源线断开等情况的报警；

b. 用实际操作和目测观察，检查非接触式读卡器的读卡距离和灵敏度。

（2）系统功能的检测：

a. 检查系统和读卡器间进行的信息传输功能，包括：巡更路线和巡更时间设置数据的传输，现场巡更记录向监控中心的传输；

b. 检查系统的编程和修改功能：进行多条巡更路线和不同巡更时间间隔设置、

修改；

c. 在监控中心对现场的读卡器进行授权、取消授权、布防/撤防功能检查；

d. 用人工制造无效卡、对巡更点漏检、不按规定路线、不按规定时间（提前到达及未按时到达指定巡更点）等异常巡更事件，检查巡更异常时的故障报警情况，监控主机应能立即接收到报警信号，并记录巡更情况；

e. 检查对读卡器通信回路的自动检测功能，当通信线路故障时，系统给出报警信号。

（3）在监控中心管理计算机上检查系统管理软件的功能，演示软件的所有功能，并检查：

a. 系统软件的稳定性、图形化界面友好程度；

b. 系统软件的管理功能：是否可通过软件对读卡器进行设置，如增加卡、删除卡、设定时间表、级别、日期、时间、布/撤防等功能的设置；

c. 对巡更路线、巡更时间的设置、修改；

d. 对具有电子地图功能的软件，可在电子地图上对巡更点进行定义、查看详细信息，包括：巡更路线、巡更时间、报警信息显示、巡更人员的卡号及姓名、巡更是否成功等信息；

e. 数据记录的查询功能：可按日期或人员名称、巡更点名称等查询事件记录；

f. 系统安全性：对系统操作人员的分级授权功能，对系统操作信息的存储记录。

在软件测试的基础上，对软件给出综合评价。

（4）在监控中心管理计算机上检查系统的联动功能，检测应根据工程的具体要求进行以下检查：

a. 电子巡更系统报警时与视频监控系统的联动；

b. 电子巡更系统报警时与出入口控制系统的联动。

（5）巡更数据记录的检查：

a. 检查正常巡更的数据记录；

b. 按保安员检查巡更记录；

c. 检查巡更报警记录及应急处理记录；

d. 检查巡更数据和信息的防止被恶意破坏或修改的功能；

e. 数据存储的时间应符合管理要求。

（6）检查电子巡更制度：

a. 检查对巡更员的安全保障措施；

b. 检查巡更报警时的应急预案。

6.3.5 检测记录

检查结果填写到《电子巡更系统分项工程质量检测记录表》（附表 6.3.5-1）。

表 6.3.5-1 电子巡更系统分项工程质量检测记录表   编号：

单位(子单位)工程名称				子分部工程	安全防范系统
分项工程名称		电子巡更系统		检测部位	
施工单位				项目经理	
施工执行标准名称及编号					
分包单位				分包项目经理	
检测项目(主控项目)				检测记录	备注
1	前端设备功能	巡更终端功能			
		读卡距离和灵敏度			
		防破坏功能			
2	系统功能	巡更路线	路线编程、修改		
			时间间隔设定		
		离线式电子巡更系统巡更记录			
		在线式电子巡更系统	布防、撤防功能		
			对巡更的实时检查		
			现场信息传输		
			故障报警及准确性		
		设备运行	完好率/接入率		
			运行情况		
3	系统管理软件	系统软件的管理功能			
		对巡更路线的管理			
		电子地图功能			
		数据记录的查询功能			
		系统安全性			
4	联动功能				
5	数据存储记录				
6	管理制度和措施				

检测意见：
监理工程师签字：   检测机构人员签字：
(建设单位项目专业技术负责人)
日期：   日期：

说明：

1. 本表为子分部工程安全防范系统的分项工程电子巡更系统的检测表，本检测内容为主控项目。

2. 电子巡更系统的功能包括：前端设备功能检测、系统功能检测、系统管理软件功能检测、系统联动功能检测、数据存储记录、管理制度和措施等项，根据工程的具体要求，需增加检测项目时，可在表中检测项目一栏中增加项目。系统功能栏分别按离线式、在线式电子巡更系统的相关功能填写。

3. 表中 1 栏为每个被检前端设备填写一张表，在检测部位填被检前端设备编号、安装位置(包括楼层及部位),多个前端设备的表格以附加编号区别,即表 6.3.5-1-XX,其中 XX 为被检前端设备的排列序号;2 栏~6 栏为整个分项工程填写一张表。

4. 前端设备功能。

(1)巡更终端功能:指离线式电子巡更系统的巡更钮、在线式电子巡更系统的读卡器、或巡更开关的功能。

(2)读卡距离和灵敏度:指在线式电子巡更系统采用非接触式读卡器时的灵敏度、读卡距离是否符合设计要求。

(3)防破坏功能:包括拆卸;信号线的断开、短路;电源线的切断等人为的破坏。

5. 系统功能。

(1)巡更路线:指包括离线式电子巡更系统和在线式电子巡更系统的巡更路线编程、修改;巡更点之间的时间间隔设定等。

(2)离线式电子巡更系统巡更记录:指巡更棒、数据读入器的功能,巡更记录的完整性(包括巡更员、巡更路线、巡更时间等)。

(3)在线式电子巡更系统。

a. 布防、撤防功能:指系统对读卡器、或巡更开关的布防、撤防功能。

b. 对巡更的实时检查:指在电子地图上对现场巡更情况的实时检查。

c. 现场信息传输:指系统和读卡器间进行的信息传输功能,包括:巡更路线和巡更时间设置数据的传输;现场巡更记录向监控中心的传输等。

d. 故障报警及准确性:指巡更异常(包括未按预定巡更员、巡更路线、预定巡更时间)的故障。

e. 设备运行:指系统设备的完好率/接入率,以及系统运行是否满足合同要求。

(4)系统联动功能的检测:联动功能应根据工程的具体要求进行检测。包括与消防系统、建筑设备监控系统的联动;与安全防范系统其他子系统的联动。

6. 系统管理软件功能。

(1)系统软件的管理功能:可通过软件对读卡器进行设置,如增加卡、删除卡、设定时间表、级别、日期、时间、布/撤防等功能的设置;

(2)对巡更路线的管理:指对巡更路线、巡更时间的设置、修改;

(3)电子地图功能:指在电子地图上对巡更点进行定义、查看详细信息,包括:巡更路线、巡更时间、报警信息显示、巡更人员的卡号及姓名、巡更是否成功等信息;

(4)数据记录的查询功能:可按日期或人员名称、巡更点名称等查询事件记录;

(5)系统安全性:对系统操作人员的分级授权功能;对系统操作信息的存储记录。

7. 巡更数据记录:指正常巡更的数据记录、巡更报警记录及应急处理记录等;数据存储的时间应符合管理要求。

8. 管理制度和措施:指对巡更人员的监督和记录、安全保障措施、报警处理的预案和手段等。

思 考 题

1. 简述电子巡更系统的组成。

2. 试说出电子巡更系统的主要分类。

3. 比较在线巡更和离线巡更异同。

4. 电子巡更系统检验项目主要有哪些?

第7章 出入口控制系统施工与监理

【内容提要】本章简要介绍出入口控制系统的组成、设备和基本功能,同时还介绍了出入口控制系统安装、调试以及验收、检测方法和手段等。通过本章的学习,要求掌握出入口控制系统的安装、调试技能,了解和熟悉视频出入口控制的验收、检测环节、步骤和方法。

7.1 概 述

出入口控制系统,也称门禁系统,是指采用现代电子与信息技术,对建筑物、建筑物内部的区域、房间的出入口或其他通道(如地铁、码头等)中人员的进、出,实施放行、拒绝、记录和报警等操作的一种电子自动化系统。

出入口控制系统包括各类通道、门的出入管理和电梯的通行管理。前者是对工作人员可通行的办公区、办公室等的权限管理;后者则是对工作人员可通行楼层的权限管理。

7.1.1 系统组成

出入口控制(门禁)系统由前端识别器、控制器、电锁、传输线路和管理计算机等设备组成。通常各类识别器、控制器和电锁均安装在现场,现场控制器通过RS485或局域网与管理计算机相连接,管理计算机对通行及有关信息进行管理和储存。

系统框图如图7.1.1-1所示,系统示意图如图7.1.1-2所示。

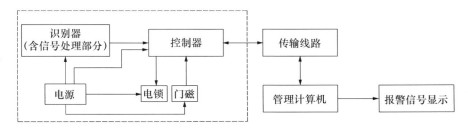

图7.1.1-1 出入口控制(门禁)系统的组成

7.1.2 系统设备

1. 系统的前端设备

(1)各类识别器。识别器是出入口控制(门禁)系统的核心,目前所采用的识别

器有三大类，一类是采用通行密码；第二类是由通行人员所持的卡、证；第三类则是
对通行人员本身的生物特征进行辨别。

　　a. 密码通行是最简单的识别器，由于安全性较低，现在只在一些低档的对讲管
理系统中采用。

　　b. 读卡器是通过对各类卡、证的识别进行通行者身份的认证，实物如图 7.1.2-
3 所示。读卡器可分接触读卡器和感应式读卡器两大类。接触式读卡器又有条形
码读卡器、磁卡读卡器、接触式 IC 卡读卡器等；感应式读卡器，即非接触式 IC 卡读
卡器。

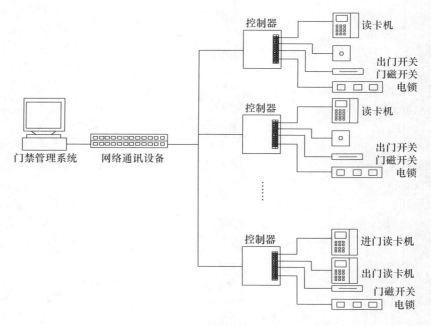

图 7.1.1-2　出入口控制（门禁）系统示意图

图 7.1.2-3　读卡器

与读卡器配套使用的卡也有多种形式。在接触式读卡器中使用的有：条形码、硬卡、ID 卡、接触式 IC 卡、接近式 IC 卡等；在非接触式读卡器中通常使用的卡有非接触式 IC 卡、非接触式 ID 卡等。此外这些卡还可封装成各种外形，如卡片式、纽扣式、钥匙式等形状。卡的格式也有多种，安全性最高的是 Mifare 卡，有惟一的编码，用于存储通行者的有关信息、通行点、通行时段、时限的设置等。码组合可多达 40 亿个。

接触式卡的寿命较低，非接触式卡的寿命可达 8 年～10 年。

这类识别器的特点是安全防范作用较高、较经济，使用普遍；缺点是"只认物不认人"，对盗用、伪造的卡、证起不到防范作用。在使用中通常都把密码识别作为备用。

c. 生物特征识别器，是根据对人体具有惟一性的特征进行识别，如对通行者的语音、指纹、指形、手指静脉图案、掌纹、掌形、手背静脉纹、虹膜、面像、DNA 等的辨识确定是否容许通行。生物特征识别器是防范作用最高的识别器，技术已成熟，已有许多商业化产品，目前使用较普通的有：

(a)指纹识别是手指的表面状态特征的认证。这是投入研究、开发最早的生物识别技术，也是目前使用最为普遍的识别技术，已在一些门禁、银行存款等取代密码使用，实物照片如图 7.1.2-4。最简单的是对一个指纹的识别，在具体使用中也有对多个指纹同时辨识，以提高可靠性。但指纹识别存在有些缺点，如使用中指纹易出现变形、沾水或污染的情况，从而会影响到辨识精度，使识别率下降；还有可能被怀有恶意的第三者利用，而被仿造出一模一样的指纹膜。

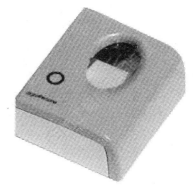

图 7.1.2-4　指纹识别器

(b)掌形识别是手掌的表面状态特征的认证。开发应用时间并不太长，技术初步进入实用阶段，全世界目前有 70 000 多台掌形仪系统在工作，在亚特兰大奥运会、旧金山国际机场也应用了掌形识别。

(c)手指静脉图案识别是从手指上方射入近红外光,通过 CCD 器件在手指下方摄取透过手指的光线,从而获得手指的静脉图像。通过手指中的血管(静脉)图案来识别,它利用了静脉中流过的红血球的成份——血红蛋白吸收近红外光(800nm～900nm)的特性。手指静脉图案认证是根据手指内部结构,而不是依赖于手指表面状态的认证,因此伪造的难度也非常大。

生物特征识别器虽已步入商业应用,但目前价格略高,只在一些要求防范级别高的场合使用。在具体的应用中常将生物特征识别和密码识别结合使用。

识别器的核心是信号读入和信号处理部分,特别是生物特征识别器,涉及图像信息特征抽取和算法等。

有的识别器还有液晶显示屏幕,可显示通行者的图像信息,以及有关通行信息,如:有效、读错误、无效卡、无效时段等。

在不同的工程中识别器的配置分两类:①单向识别,进入通道时通过识别器辨识,出门时用出门按钮开门;②双向识别,进入和出门均需通过识别器辨识。后者用于风险程度要求高的场合。

对识别器的要求是所识别的卡、证和特征必须是惟一的;"误识率"和"拒识率"满足实用要求;识别的速度快,一般要求小于 1s。

(2)控制器。现场控制器可接入识别器等读入设备,能根据事先的登录情况对读入的信息作出判断,并指令电锁执行规定的功作:合法有效的卡放行;非法卡或无效卡拒绝,同时向系统发出报警,实物如图 7.1.2-5 所示。

控制器有单门、双门、四门和多门等,具有多个辅助输入和输出,并能提供通信接口,通过通信接口与管理计算机联网。

门禁控制器的工作方式可以是独立的控制器,即具有独立的存储和编程能力,也可以通过网络对各门禁控制器实施集中监控的联网式控制。当与系统控制器的通信中断或系统出现故障时,能保证所管理出入口门禁的正常开启不受影响,且仍能记录进出事件。

对门禁控制器的要求是性能稳定可靠;可单独或联网运行;可进行通行的时段设置和时限设置;可接受系统管理计算机的指令进行开锁或闭锁;可存贮一定数量的通行信息。

(3)电锁。电锁起控制通道门开关的作用,通常有电插锁、电阴锁、电磁锁等种类,实物如图 7.1.2-6 所示,在公共场所还有三爪棍式通行机构等。根据通电时电锁的动作,可分成两类:①断电打开,加电关闭;②断电关闭,加电打开。对电锁的要求是工作可靠、耗电省。

(4)出门按钮,是设置在通道或门内侧的按钮,在人员出门时打开电锁,实物如图 7.1.2-7 所示。如对出门有限制要求时(如要求记录通行信息、出门时间等),则要在出门处安装出门读卡机,而不是装出门按钮。

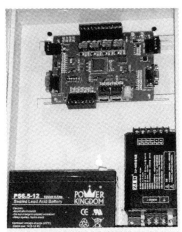

图 7.1.2-5　门禁控制器

对于进门刷卡，出门使用开门按钮的单向控制门禁，安装时严禁将出门按钮线缆和读卡器线缆同管铺设，以防止入侵者在不破坏读卡器、控制器的情况下（即不会触发防破坏报警），在门外侧将开门按钮的两根线短接，将门锁打开，而系统会认为是通过按动出门按钮开门的，是"合法"开门，而不是非法入侵。

（5）电源。为确保出入口控制（门禁）系统全天候工作，要求在识别器和门禁控制器配备备用充电电源，自带的充电器能对蓄电池进行充电，实物如图 7.1.2-8 所示。当市电掉电时，备用电源能自动投入，同时给出信号指示，并可保持连续工作 8 小时。

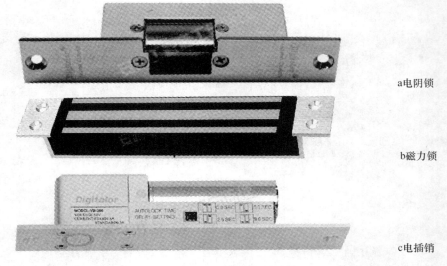

a电阴锁

b磁力锁

c电插销

图 7.1.2-6 电锁

图 7.1.2-7 出门按钮　　　　　图 7.1.2-8 门禁电源

2. 传输线路

信息传输一般采用专线或网络传输。

3. 系统管理软件

（1）系统管理软件功能应包括：报警（报警管理）、监控（系统监控）、报表（统计和打印有关设备数据）、查询（提供对设备和统计数据的查询）、自诊断（对系统自身运行状况监视）、管理（对系统工作站、操作人员、设备、数据和其他配置等的管理、数据备份）等基本功能。

（2）系统管理软件应具有卡、证的数据库，以及生物特征的模板库，可自动录入生物特征图像，并可方便地添加、修改、删除个人资料。

（3）系统管理软件应可方便地进行时段和时限设置；查看通行记录数据。

（4）系统应能存储系统参数、员工个人资料及出入门数据等信息。

（5）系统数据库应为开放的数据库，符合 TCP/IP 通讯协议，可与其他数据库，如单位的人事管理数据库相连接。

（6）可在电子地图上实时显示门禁点的设置、状态等信息。动态电子地图将所有需要监视的门禁点、报警点、各个控制点的状态显示在一级或多级电子地图上，并且可以在地图上通过鼠标进行开门、关门、设防、撤防、开灯、开车库等实时控制。在发生报警时，会自动弹出相应的电子地图。

7.1.3　系统监控功能

出入口控制（门禁）系统的监控功能因产品而异，常见的监控功能有：

1. 实现对人员身份的管理

根据工作人员的身份确定其在各门的通行权，对员工所持的卡进行授权（通行时间、通行区域）、授权变更、废除（如卡片遗失）等，对于某些要求特殊权限的卡，可以方便地进行个别权限定义；可对门禁授权人员的信息查询。

2. 实现对门禁系统工作模式的设定

门禁系统的工作模式通常有：

（1）按照设定的时间表自动启/闭：系统具有第一人延时功能，即到达开门的时间门仍不打开，直到第一个合法的刷卡；

（2）常开模式：当某一时段进出的人比较集中，如上下班时间，希望不用刷卡就能够进出，可由系统设置开门的模式，使门锁常开而不报警；

（3）双人模式：需要使用两张有效门禁卡开门；

（4）陪同模式：陪同卡必须要有主管卡的陪同才可开门，刷第一张卡后，读卡器蜂鸣器会快速鸣叫，必须在 10s 内刷第二张卡方能门禁通过；

（5）高安全模式：只有高安全等级的持卡人方可通过，为临时需要提高门禁安全级别提供了捷径。高安全模式可以是单向的或双向的，如发生挟持报警时，外出自动进入高安全模式，限制外出；而进入仍然采用正常模式，便于增援人员快速进入。

3. 系统具有多种开锁或闭锁控制功能

（1）通过刷卡，按卡的权限来控制开锁或闭锁；

（2）通过控制中心发送命令控制开锁或闭锁；

（3）按时间表定时开锁；

（4）特权开锁；

（5）开锁延时时间（残疾人使用）。

4. 门禁的拒绝

（1）对无效卡门禁拒绝通行，具有声、光显示，或语音、文字提示说明原因；

（2）非法强行侵入时，控制器将发出持续鸣叫；

（3）非法尝试封锁：门禁拒绝的次数超过设定的数量时产生报警，并在设定的时间内不再读卡。

5. 不正常状态警告

系统因根据产生不正常状态的时间发出警告和报警，警告是一种对出入者或周围人员的提示，当超过一定时间后就转成报警，报警是向系统的报告。

（1）开门超时警告/报警；

（2）门常开警告/报警。

6. 证卡制作

在系统的数据库中可存储所有通行人员的高分辨率数字相片，可方便地制作证件，包括图像和文字编辑、加色、成像打印等；在登录工作站或网络工作站做身份识别时，可自动或手动调出图像，以资鉴别。

7. 状态检测

能实现门禁状态的实时监测，实时显示各门的开关状态，可实时显示当前开启的门号、通行人员的卡号及姓名、刷卡时间和通行是否成功等信息，并可实现远程开门。

8. 常用参数设定

对现场的识别器进行授权、取消授权、时间区设定、报警设防/撤防等操作。

9. 处理信息

储存通行信息和误闯记录，收集、分析、统计和查询各门禁监控单元实时数据、报警信息及历史数据。

10. 对通行卡的特殊管理

（1）对出入人员的路径控制功能。

a. 时间防回传：在规定的时间内不可重复刷卡；

b. 进出防回传：同一个门只有进门刷卡后方可刷卡出门，同样，只有出门刷卡后方可刷卡进门；

c. 软防回传：违反防回传规则时，在中心产生报警，但持卡人仍可以按准入权限出入；

d. 硬防回传：违反防回传规则时，在中心产生报警，同时阻止持卡人出入。

（2）跟踪功能。跟踪（Trace）功能实现对特定卡的追踪，被追踪的卡到达任何区域，都会自动以报警方式监控向中心报告。该功能可以让中心随时了解值班或巡逻人员当前所在的位置，也可用于追踪访客。

11. 电梯通行管理控制

电梯通行管理控制是对电梯的使用权限进行管理，系统可限定每个（组）持卡人在不同的时间段可以进入哪些楼层和/或电梯。在每部电梯轿箱内安装一个读卡器，该电梯箱内的每一楼层按钮都串接上一个输出点。当持卡人在该读卡器刷卡时,控制器将根据此人的权限,开通相应楼层的输出,此时电梯的相应楼层按钮方可应用。对于每个持卡人进入电梯有完整的记录且可生成报告。电梯通行管理控制应与现行电梯控制系统兼容。

7.1.4　系统联动功能

(1)火灾自动报警及消防联动系统报警时,出入口控制系统将火警现场附近相关的门禁控制器置于打开或关闭状态(根据管理要求),开启用于疏散的安全门。

(2)入侵报警系统报警时,出入口控制系统将报警现场,以及与入侵者逃逸路径相关的门禁控制器置于打开或关闭状态:关闭可向其他地方逃窜的出入口,开启通向下层楼的门,引导入侵者向下层运动,以便保安人员在相应楼层的出入口伏击。

(3)当出入口控制系统发生强行闯入报警时,要求视频监控系统将门禁点现场附近的摄像机对准报警现场,将该画面调到主监视器监视,进行录像。并可随着入侵者的运动,人工控制切换摄像机进行跟踪。

(4)巡更管理系统报警时,按入侵报警系统报警时处理。

(5)出入口控制(门禁)系统对照明和空调的触发响应:在有些系统中还要求出入口控制(门禁)系统触发一些电气设备的控制。如根据预先编排的时间、事件,或某持卡人在某读卡器读卡后,触发通道和室内的灯光开/闭、空调器开关的开/闭等。

7.2　入口控制(门禁)系统施工

7.2.1　入口控制(门禁)系统施工要求

入口控制(门禁)系统施工时,要注意如下几点:

(1)入口控制(门禁)系统施工现场必须设一名现场工程师,以指导施工进行,并协同建设单位做好施工中的隐蔽工程检测与验收。

(2)入口控制(门禁)系统施工前应具备下列图纸资料:

a.中央管理机、控制器、读卡机、门磁和电锁安装平面图、控制设备、系统、网络设备布置图、系统原理及系统连接图;

b.管线要求及管线敷设图;

c.设备、器材安装要求及安装图;

(3)入口控制(门禁)系统施工应按图纸进行,不得随意更改。确需更改原设计图纸时,应按程序进行审批。审批文件(通知单等)需经双方授权人签字后方可实施。入口控制(门禁)系统竣工时,施工单位提交下列图纸资料:

a.施工前全部图纸资料;

b.工程竣工图;

c. 设计更改文件；

d. 检测记录，包括绝缘电阻、接地电阻等测试数据；

e. 隐蔽工程的验收记录。

7.2.2 中央管理机、读卡机、门磁和电锁等的安装

(1)安装中央管理机、控制器、读卡机等要注意以下操作步骤：

a. 中央管理机、控制器、读卡器、门磁开关、电锁等器材设备必须具备产品技术说明书，产品合格证等质保资料，还应符合设计要求和相关行业标准，数量符合图纸或合同的要求，设备进入现场，应有开箱清单，产地证明等随机资料，产品外观应完整，无损伤和任何变形，中央管理机、控制器、读卡机、门磁和电锁等安装前要通电检查其工作状况，并做记录；

b. 中央管理机、控制器、读卡机、门磁和电锁等的安装应符合《安全防范工程技术规范》GB 50348—2004 第 6.3.5-5 规定的要求，图 7.2.2-1 为某种电阴锁的安装示意图；

c. 中央管理机、控制器、读卡机、门磁和电锁等的安装应按设计要求及设计图纸进行。

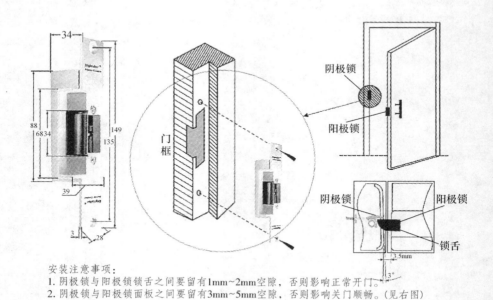

安装注意事项：
1. 阴极锁与阳极锁锁舌之间要留有1mm~2mm空隙，否则影响正常开门。
2. 阴极锁与阳极锁面板之间要留有3mm~5mm空隙，否则影响关门顺畅。(见右图)

图 7.2.2-1　电阴极锁的安装示意图

(2)读卡机(IC 卡机、磁卡机、出票读卡机、验卡票机等)的安装应符合下列规定。

a. 应安装在平整、坚固的水泥墩上，保持水平，不能倾斜；

b. 一般安装在室内，安装在室外时，应考虑防水措施及防撞装置；

c. 读卡机与电控闸门机安装的中心间距一般为 2.4m～2.8m。

7.3　出入口控制系统的检测

7.3.1　检测依据

执行《安全防范工程技术规范》GB 50348—2004 第 7.1.9、7.2.3 以及其他有关的国家标准和规范的规定。

7.3.2　检测数量及合格判定

出/入口控制系统的前端设备（各类读卡器、识别器、控制器、电锁等）抽检的数量应不低于 20％且不少于 3 台，数量少于 3 台时应全部检测；被抽检设备的合格率为 100％时为合格。系统功能、软件和数据记录的保存等全部检测，功能符合设计要求为合格，合格率为 100％时为系统功能检测合格。

7.3.3　检测项目

1. 系统前端设备的功能检测

(1)各类识别器的防破坏功能检查；

(2)对生物特征识别器的识别速度、识别距离、"误识率"和"拒识率"进行检查；

(3)对控制器功能的检查；

(4)电锁开锁功能检查；

(5)电源和备用电源的检查；

(6)在断电情况下手动开锁功能检查。

2. 系统监控功能的检测

(1)检查管理计算机与现场控制器的信息传输功能；

(2)管理计算机对门禁点人员通行情况的实时监控功能；

(3)系统对非法强行入侵、误闯时报警的功能；

(4)管理计算机对控制器开锁或闭锁的功能；

(5)在管理中心对现场的控制器进行授权、取消授权、时间区设定、报警设布/撤防等操作；

(6)对控制器通信回路的自动检测功能，当通信线路故障时，系统给出报警信号。

3. 其他功能的检测

(1)系统联动功能的检测；

(2)系统管理软件功能的检测；

(3)通行数据记录的检查。

7.3.4　检测方法

对出入口控制(门禁)系统的检测以功能性检测为主常采用以下方法:

1. 现场模拟

在现场采用模拟的方法,检查各类识别器的工作情况:

(1)对有效卡的识别功能,应给出放行信号;

(2)检查识别器的"误识"和"拒识"情况;

(3)用秒表检查识别的速度。

2. 无效模拟

人工制造无效卡、无效时段、无效时限,检查识别器、控制器的工作情况:

(1)对无效卡、无效时段、无效时限的判别符合要求,系统拒绝放行;

(2)识别器对误闯时向监控中心报警的情况;

(3)检查监控中心的误闯记录。

3. 出入目标识读装置功能检测

(1)出入目标识读装置的性能应符合相应产品标准的技术要求;

(2)目标识读装置的识读功能有效性应满足 GA/T′394 的要求。

4. 识别器的其他功能检测

(1)采用模拟方法对识别器的防破坏功能检查,包括:防拆卸、防撬功能,信号线断开、短路,电源线断开等情况的报警;

(2)检测对各类不同的通行对象及其准入级别,是否具有实时控制和多级程序控制功能;

(3)通过不同的读卡距离检测非接触式读卡器的灵敏度是否符合产品的指标;

(4)具有液晶显示器的读卡器,应通过目测观察,检查读卡时相应信息的显示,如:有效、读错误、无效卡、无效时段等;

(5)密码开锁功能检测:读卡器一般都配有辅助的密码开锁功能,通过目测观察检查其密码开锁功能;

(6)通过观察和检查运行记录,对识别器,特别是生物特征识别器的"误识率"和"拒识率"进行检查。

5. 控制器功能检测

(1)采用模拟方法对控制器的防破坏功能检测,包括:防拆卸、防撬功能,信号线断开、短路,剪断电源线等情况的报警;

(2)用秒表检测控制器前端响应时间,即从接收到读卡信息到做出动作时间应小于 0.5s,确保对有效卡可立即打开通道门;

(3)用目测观察检查控制器在离线工作时的独立工作功能,应符合准确、实时的要求,并能准确地储存通行信息;

(4)检查出门按钮按下时,门禁控制器、电控锁的动作是否正常;

(5)直接由管理计算机给出指令,对控制器进行开锁或闭锁检查;

(6)采用模拟方法检查对非法通行(无效卡、无效时段等)的报警功能;

(7)检查应急开启功能。

6. 系统监控功能的检测

在控制器与管理计算机联网时检查:

(1)现场控制器的完好率和接入率;

(2)和门禁控制器间进行信息传输功能,当门禁控制器允许通行时在监控中心工作站上应有通行者的信息、门磁开关的状态信息等;

(3)有关通行信息、图像信息往现场控制器下载的功能,以及对控制信息的增、删、修改功能;

(4)管理计算机对控制器指令开锁或闭锁的功能;

(5)对门禁点人员通行情况的实时监控功能;

(6)系统对非法强行入侵、误闯时报警的功能;

(7)对控制器通信回路的自动检测功能,当通信线路故障时,系统给出报警信号;

(8)有效证卡应有防止使用同类设备非法复制的密码系统,密码系统应能修改;

(9)在管理中心对现场的控制器进行授权、取消授权、时间区设定、报警设布/撤防等操作。

7. 电源的检测

模拟市电停电时,检查控制器充电电池自动投入功能:

(1)检查市电正常供电时,对充电电池的充电功能是否正常;

(2)检查市电供电掉电、直流欠压时,给系统发出报警信号;

(3)检查市电停电时,充电电池是否在规定时间内自动切换对现场控制器供电,蓄电池能否支持工作 8h 以上;

(4)检查市电恢复供电时,现场控制器是否在规定时间内自动切换到市电供电;

(5)检查充电电池自动切换过程中控制器储存的记录有无丢失。

8. 系统联动功能的检测

在监控中心管理计算机上检查系统间的联动效果,系统联动功能的检测应根据工程的具体要求进行以下检查:

(1)火灾自动报警及消防联动系统报警时与出入口控制系统的联动;

(2)入侵报警系统报警时与出入口控制系统的联动;

(3)出入口控制系统报警时与视频监控系统的联动;

(4)巡更管理系统报警时与出入口控制系统的联动。

9. 管理软件功能的检查

在监控中心管理计算机上检查各项软件功能和事件的记录,演示软件的所有功能。并检查：

（1）系统软件的汉化、图形化界面友好程度，人机操作界面是否简单、方便、实用；

（2）系统软件的管理功能：可通过软件对控制器进行设置，如增加卡、删除卡、设定时间表、级别、日期、时间、布/撤防等功能的设置；

（3）对具有电子地图功能的软件，可在电子地图上对门禁点进行定义、查看详细信息，包括：门禁状态、报警信息、门号、通行人员的卡号及姓名、进入时间、通行是否成功等信息；

（4）数据记录的查询功能：可按部门、日期、人员名称、门禁点名称等查询事件记录；

（5）系统应具有自检功能，当系统发生故障时，管理计算机应以声音或文字发出报警；

（6）系统安全性：对系统操作人员的分级授权功能；

（7）通过检查运行记录，检查系统软件长时间连续运行的稳定性，如：有无死机现象，有无操作不灵现象；

（8）最后，在软件测试的基础上，对软件给出综合评价。

10．事件的存储与记录的检查

在监控中心管理计算机上检查事件的记录：

（1）检查控制器和监控中心管理计算机的通行数据记录，两者应一致；

（2）检查控制器和监控中心管理计算机中的非法入侵事件记录，两者应一致；

（3）检查监控中心管理计算机对现场控制器的操作记录；

（4）检查数据存储的时间是否符合管理要求。

7.3.5 检测记录

检查结果填写到《出入口控制（门禁）系统分项工程质量检测记录表》（附表7.3.5-1）。

表 7.3.5-1　出入口控制（门禁）系统分项工程质量检测验收记录表　　编号：

单位（子单位）工程名称		子分部工程	安全防范系统
分项工程名称	出入口控制（门禁）系统	检测部位	
施工单位		项目经理	
施工执行标准名称及编号			
分包单位		分包项目经理	
检测项目（主控项目）		检测记录	备注

续表

1	识别器功能	识别灵敏度		
		识别速度		
		误识率/拒识率		
		防破坏功能		
2	控制器功能	独立工作功能、工作准确性		
		响应时间		
		指令开、关锁功能		
		强行通行报警功能		
		信息存储功能		
		防破坏功能		
		后备电源自动投入功能		
3	系统控制功能	对控制器的控制功能		
		信息传输功能		
		通行情况实时监控功能		
		强行通行报警功能		
		设备运行	完好率/接入率		
			运行情况		
4	系统管理软件	系统软件的管理功能		
		图形化界面		
		电子地图		
		数据记录的查询功能		
		安全性		
5	系统联动功能	安防子系统间联动		
		与其他智能化系统的联动		
6	数据存储记录			

检测意见：

监理工程师签字：　　　　　　　　　　　　检测机构人员签字：

（建设单位项目专业技术负责人）

日期：　　　　　　　　　　　　　　　　　日期：

说明：

1. 本表为子分部工程安全防范系统的分项工程出入口控制（门禁）系统的检测表，本检测内容为主控项目。

2. 出入口控制（门禁）系统的功能包括：识别器功能检测、控制器功能检测、系统控制功能检测、系统管理软件功能检测、系统联动功能检测、数据存储记录等项，根据工程的具体要求，需增加检测项目时，可在表中检测项目一栏中增加项目。

3. 表中1、2两栏为每个被检识别器填写一张表，在检测部位填被检识别器编号、安装位置（包括楼层及部位），多个识别器的表格以附加编号区别，即表7.3.5-1—XX，其中XX为被检识别器的排列序号；3栏~6栏为整个分项工程填写一张表。

4. 系统前端识别器功能：

(1)识别灵敏度：对非接触式识别器的识别灵敏度是否在规定的范围内，是否满足合同要求。

(2)对生物特征识别器：应检查识别速度、"误识率"和"拒识率"。

(3)各类识别器的防破坏功能：包括拆卸；信号线的断开、短路；电源线的切断等人为的破坏。

5. 控制器功能：

(1)独立工作功能、工作准确性：指控制器与系统脱开时，仍能独立完成出入口管理功能。

(2)响应时间：指识别器读入数据到控制器响应，打开通道的时间。

(3)指令开、关锁功能：指控制器联网时，监控中心对现场电锁的开关功能。

(4)强行通行报警功能：指持无效卡通行时识别器的报警功能。

(5)信息存储功能：指控制器内的通行记录信息的存储。

(6)防破坏功能：包括拆卸；信号线的断开、短路；电源线的切断等人为的破坏。

(7)备用电源自动投入功能：指市电失电时，后备电源能自动投入，并保持系统能连续工作8小时；当市电恢复供电时，系统能自动切换到市电供电；并有断电事件数据记忆功能。

6. 系统监控功能的检测：

(1)对控制器的控制功能：指系统对现场控制器的管理功能（对控制器进行授权、取消授权、时间区设定、报警发布/撤防等操作）、管理计算机对控制器指令开锁或闭锁的功能。

(2)信息传输功能：指系统对控制器的设定、及其他信息的下载；以及控制器通行信息、报警信号等向控制器的传送。

(3)通行情况实时监控功能：指对门禁点人员通行情况的实时监控功能。

(4)强行通行报警功能：指系统对非法强行入侵、误闯时的报警功能。

(5)对控制器通讯回路的自动检测功能，当通信线路故障时，系统给出报警信号。

(6)设备运行情况：指系统设备的完好率/接入率，以及系统运行是否满足合同要求。

7. 系统联动功能：联动功能应根据工程的具体要求进行检测。包括与消防系统、建筑设备监控系统的联动；与安全防范系统其他子系统的联动。

8. 系统管理软件功能：

(1)系统软件的管理功能：指软件对控制器进行设置，如增加卡、删除卡、设定时间表、级别、日期、时间、布/撤防等功能的设置；

(2)图形化界面：指图形化界面友好程度；

(3)电子地图：指在电子地图上对门禁点进行定义、查看详细信息，包括：门禁状态、报警信息、门号、通行人员的卡号及姓名、进入时间、通行是否成功等信息。

(4)数据记录的查询功能：指可按部门、日期、人员名称、门禁点名称等查询事件记录。

(5)安全性：指对系统操作人员的分级授权；操作信息记录等。

9. 通行数据记录：包括控制器和监控中心管理计算机的通行数据、强行通行报警记录应一致；对现场控制器的操作记录；数据存储的时间是否符合管理要求。

思 考 题

1. 简述入口控制系统的组成。
2. 门禁系统的工作模式主要有哪几种？
3. 简述读卡机安装的要求。
4. 识别器功能检测有哪些内容？
5. 系统监控功能检测有哪些内容？
6. 电源检测有哪些主要内容？

实训项目

实训 小型门禁系统的搭建、检测

1. 实训目的

(1) 熟悉门禁系统组成；

(2) 掌握门禁系统缆线的布放要求；

(3) 掌握读卡器、电锁、控制器的使用方法和安装调试；

(4) 掌握如何对门禁系统进行检查和验收系统,如何分析和处理检查结果。

2. 实训工具

万用表、螺丝刀、尖嘴钳、电烙铁。

3. 实训设备与材料

多芯线、读卡器、控制器、电锁、桥架或管道等。

第8章 停车场(库)管理系统施工与监理

【内容提要】本章简要介绍停车场(库)管理系统的组成、设备和基本功能，同时还介绍了停车场(库)管理系统系统安装、调试以及验收、检测方法和手段等。通过本章的学习，要求掌握停车场(库)管理系统的安装、调试技能，了解和熟悉停车场(库)管理系统系统的验收、检测环节、步骤和方法。

8.1 概　　述

停车场(库)管理系统将计算机技术、自动控制、智能卡技术和传统的机械技术结合起来对出入停车场(库)车辆的通行实施出入控制、监视，以及行车指示、停车计费等综合管理。

停车场(库)管理系统集车库管理与收费管理于一体，具有方便快捷、收费准确可靠、保密性好、灵敏度高、使用寿命长、功能强大等优点。

在停车场(库)管理系统中已越来越多地采用非接触式感应卡作为通行卡，它已逐渐替代早期的磁卡、接触式 IC 卡而成为主流。

典型的停车场(库)系统如图 8.1.1 - 1 所示。

8.1.1 系统组成

停车场(库)管理系统的组成取决于管理系统的工作模式，通常有以下几类：

(1)半自动停车场(库)管理系统：由管理人员、控制器、自动道闸组成。由人工确认是否对车辆放行。

(2)自动停车场(库)管理系统根据其功能的不同可分成：

a. 内部停车场(库)管理系统：面向固定停车户、长期停车户和储值停车户，或仅用于内部安全管理，它只具备车辆的出入管理、监视和记录等功能；

b. 收费停车场(库)管理系统：除对进出的车辆实现自动出入管理外，还增加了对临时停车户实行计时、收费管理。

在上述两种自动停车场(库)管理系统中，还可附加图像对比功能的管理：在车辆入口处记录车辆的图像(车型、颜色、车牌号)，在车辆出场(库)时，对比图像资料，一致时放行。防止发生盗车事故。

停车场(库)管理系统通常由入口管理系统、出口管理系统和管理中心等部分组成。入口管理系统则由读卡机、发卡机、车辆探测器、自动道闸、满位指示器等组成；出口管理系统则由读卡机、车辆检测器、自动道闸等组成；管理中心由管理工作

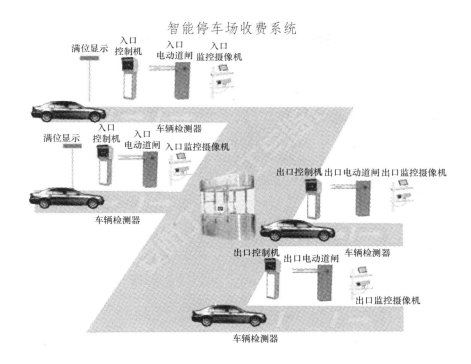

图 8.1.1 - 1　双车道停车场示意图

站、管理软件、计费、显示、收费等部分组成。自动道闸中包括了控制器和挡车器(道闸)。

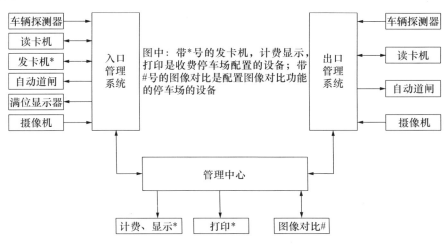

图 8.1.1 - 2　停车场(库)管理系统框图

对不同功能的停车场(库)其组成设备配置可参见表 8.1.1-2。典型的停车场(库)管理系统结构如图 8.1.1-3 所示。

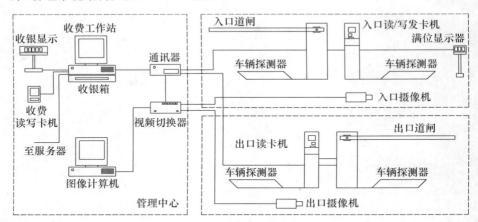

图 8.1.1-3   停车场(库)管理系统结构图

8.1.2   系统设备

根据表 8.1.1-1,停车场(库)管理系统的基本部件是车辆探测器、读卡机、发卡(票)机、控制器、自动道闸、满位显示器、计/收费设备和管理计算机。

1. 车辆探测器

车辆探测器是感应数字电路板,传感器都采用地感线圈,由多股铜芯绝缘软线按要求规格现场制作,线圈埋于栏杆前后地下 5cm～10cm,只要路面上有车辆经过,线圈产生感应电流传送给电路板,车辆探测器就会发出有车的信号。对车辆探测器的要求是灵敏度和抗干扰性能符合使用要求,车辆探测器实物如图 8.1.2-1 所示。

表 8.1.1-1   停车场(库)组成设备配置表

序号	系统构成	内部停车场	收费停车场	备注
1. 入口管理系统	车辆探测器	●	●	
	读卡机	●	●	
	发卡(票)机		●	
	控制机	●	●	
	自动道闸	●	●	
	满位显示器		●	
	彩色摄像机	●	●	具有图像对比功能的停车场

续表

序号	系统构成	内部停车场	收费停车场	备注
2. 出口管理系统	车辆探测器	●	●	
	读卡机	●	●	
	控制机	●	●	
	自动道闸	●	●	
	彩色摄像机	●	●	具有图像对比功能的停车场
3. 管理中心	管理计算机		●	
	计费显示器		●	
	收费、收据打印		●	
	管理软件	●	●	
	图像管理计算机(含图像采集卡,软件)	●	●	具有图像对比功能的停车场

2. 读卡机

对出入口读卡机的要求与出入口控制(门禁)系统对读卡器的要求相同,要求对有效卡、无效卡的识别率高;"误识率"和"拒识率"低;对非接触式感应卡的读卡距离和灵敏度符合设计要求等,中距离读卡头的实物如图 8.1.2-2 所示。

3. 发卡(票)机

发卡(票)机是对临时停车户进场时发放的凭证。有感应卡、票券等多种形式,一般感应卡都回收复用。对收费停车场入口处的发卡(票)机的要求是吐卡(出票)功能正常;卡(票)上记录的进场信息(进场日期、时间)准确,实物如图 8.1.2-3 所示。

图 8.1.2-1 车辆探测器　　　　　　图 8.1.2-2 中距离读卡头

4. 通行卡

停车场(库)管理系统所采用的通行卡可分:ID 卡、接触式 IC 卡、非接触式 IC 卡等,实物如图 8.1.2-4 所示。非接触式 IC 卡还按其识别距离分成近距离(20mm 左右)、中距离(30mm～50mm 左右)和长距离(70mm 以上)等种。

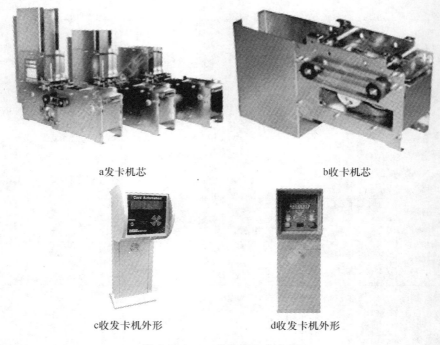

a发卡机芯   b收卡机芯

c收发卡机外形   d收发卡机外形

图 8.1.2-3　发卡机和收卡机

a射频EM卡、ID卡构造　　b接触式IC卡构造　　c非接触式Mifare1 IC卡　　d非接触式ID卡

图 8.1.2-4　几种通行卡

5. 控制器

控制器是根据读卡机对有效卡的识别,符合放行条件时,控制自动道闸抬起放行车辆。对控制器的要求是性能稳定可靠,可单独运行,可手动控制,可由管理中心指令控制,可接受其他系统的联动信号,响应时间符合要求等,实物如图 8.1.2-5 所示。

6. 自动道闸

自动道闸对车辆的出入起阻挡作用。自动道闸一般长 3m～4m(根据车道宽度选择),通常有直臂和曲臂两种形式,前者用于停车场出入口高度较高的场合,后者用于停车场出入口高度较低,影响自动道闸的抬杆,实物如图 8.1.2-6 所示。其动作由控制器控制,允许车辆放行时抬杆,车辆通过后落杆。对自动道闸的要求是升降功能准确;具有防砸车功能。防砸车功能是指在栏杆下停有车辆时,栏杆不能下落,以免损坏车辆。

图 8.1.2-5　主控制器和分控制器

直臂道闸　　　　　曲臂道闸　　　　　栅栏式道闸　　　　　内部结构

图 8.1.2-6　自动道闸

7. 满位显示器

满位显示器是设在停车场入口的指示屏,告知停车场是否还有空车位,实物如图 8.1.2-7 所示。它由管理中心管理。对满位显示器的要求是显示的数据与具体情况相符。

图 8.1.2-7　满位显示器

8.1.3　车辆出入场的管理流程

1. 车辆进场过程

车辆进场示意图如图 8.1.3-1 所示。

(1)对长期停车户(持贵宾卡、月卡、储值卡)的操作过程:

a. 车辆通过第一个车辆探测器,探测器信号启动读卡机、发卡机、控制器等设备由"睡眠"(待机节电)状态转为工作状态;

b. 车驶至读卡机前司机取出感应卡在读卡机感应区域晃动,系统自动核对、记录,并可显示车牌;发出感应过程完毕信号;图像对比系统自动摄取车辆的图像和车牌号;

c. 栏杆自动升起,如读卡有误中文电子显示屏会显示原因,如:"金额不足"、"此卡已作废"等;

d. 司机开车进场;

e. 车辆通过第二个车辆探测器进场后,栏杆自动关闭,满位显示屏显示的在库车辆数加 1。

(2)对临时停车户的操作过程:

a. 车辆通过第一个车辆探测器,探测器信号启动读卡机、发卡机、控制器等设备由"睡眠"(待机节电)状态转为工作状态;

b. 司机将车驶至发卡机前,值班人员通过键盘输入车牌号;

c. 司机按动位于发卡机盘面的出卡按钮取卡;

d. 在读卡机感应区晃动 IC 卡,将车牌号读进卡片中,发出感应过程完毕信号,图像对比系统自动摄取车辆的图像和车牌号;

e. 道闸开启,司机开车入场;

f. 车辆通过第二个车辆探测器进场后,栏杆自动关闭。满位显示屏显示的在库车辆数加 1。

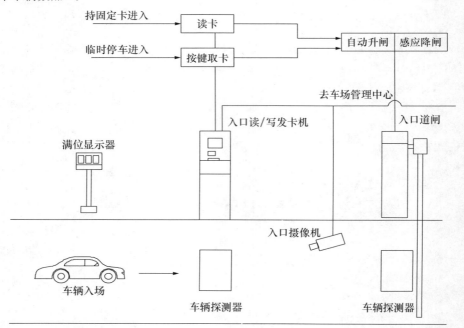

图 8.1.3-1　车辆进入示意图

2. 车辆出场过程

车辆出场示意图如图8.1.3-2所示。

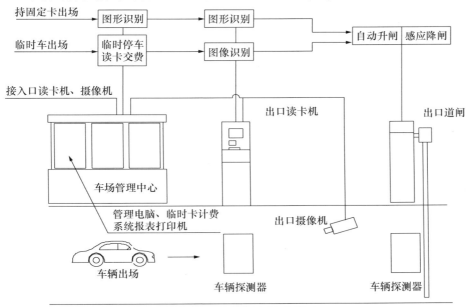

图8.1.3-2 车辆出场示意图

(1)对长期停车户(持贵宾卡、月卡、储值卡)的操作过程:

a. 司机将车驶至车场出口读卡机旁,取出IC卡在读卡机盘面感应区晃动;

b. 读卡机接受信息,电脑自动记录、扣费,并在显示屏显示车牌;

c. 出口处摄像机摄取的图像信号,与图像对比系统中储存的信息进行对比,车牌可自动识别或由值班人员识别,以确保车辆安全;

d. 读卡机发出感应过程完毕信号,如不能出场,会显示原因;

e. 栏杆自动升起,司机开车离场;

f. 出场后栏杆自动关闭,满位显示屏显示的在库车辆数减1。

(2)对临时停车户的操作过程:

a. 司机将车驶至车场出口收费处,将IC卡交给值班员;

b. 值班员将IC卡在收费器的感应区晃动,收费电脑根据收费程序自动计费;

c. 计费结果自动显示在电脑显示屏及读卡机盘面的中文显示屏上,同时作语音提示;

d. 出口处摄像机摄取的图像信号,与图像对比系统中储存的信息进行对比,车牌可自动识别或由值班人员识别,以确保车辆安全;

e. 司机付款,值班人员按电脑确认键,电脑自动记录收款金额;

f. 栏杆开启,车辆出场;

g. 出场后栏杆自动关闭,满位显示屏的在库车辆数减1。

8.1.4 系统功能

系统功能是指出入口管理系统和管理中心的功能,包括计费、收费功能。管理中心的计费、收费、打印票据、统计、信息储存等功能应符合设计要求。

1. 出入口管理系统

(1)出入口读卡机应能独立工作,确保在管理系统发生故障,或出入口同时读卡时系统能正常工作。

(2)由出入口管理系统完成的读卡、发卡、抬杆等动作的时间,在正常情况下应小于1s～2s。对具有图像对比功能的管理系统的时间应在5s左右。

(3)出入口的自动道闸应安装有防砸车检测装置,下落过程中如检测到栏杆下有车辆或其他障碍物时,能自动再次抬起,防止砸坏车辆等物体。

2. 管理中心

(1)系统管理软件应提供丰富的查询功能,提供多种条件查询方式,并可生成常用报表。

(2)具收费功能的管理中心应有自动计费、显示收费金额、语音提示、与出入口的对讲、自动储存进出车辆的记录等功能,并可提供各种报表查询的功能。

(3)系统的界面和提示信息应为中文或图形显示,方便系统的设置和使用。

8.1.5 管理系统使用的卡

停车场管理系统使用的卡是针对停车户的身份凭证,也是通行和结算的凭证。它代表了停车场的设备和管理水平。

卡有纸卡、磁卡、接触式IC卡、非接触式IC卡(感应卡)等形式,非接触式IC卡中又有一般的感应卡、射频卡、远距离/超远距离射频卡等。几种卡的比较见表8.1.5-1。

表 8.1.5-1 几种卡的比较

	纸卡	磁卡	接触式IC卡	感应卡
发卡	进、出场由人工操作发卡、收卡	自动发卡	自动发卡	自动发卡
计费	人工计费	电脑计费	电脑计费	电脑计费
使用方便程度	车辆进出场必须停车	车辆进出场必须停车	车辆进出场必须停车	长距离卡可以无须停车
设备寿命		接触式读卡使卡片及读卡设备寿命受到一定影响	接触式读卡使卡片及读卡设备寿命受到一定影响	卡片及读卡设备寿命都比较长
投资	较少	少	稍高	较高
日常开支	日常耗材费用较高	一般	较小	小
安全性	容易仿制	较高	高	最高
管理	管理难度大	较方便	较方便	自动化管理

纸卡、磁卡、接触式 IC 卡的使用逐渐减少。

非接触式 IC 卡使用较普遍,但它的识别距离较近,一般为 10cm～20cm 左右,给使用者带来一些不便,司机必须将车停准,把驾驶窗玻璃摇下,减缓了出入口的通行速度。

射频卡的使用可将读卡距离扩展到 70cm 左右,驾驶员甚至可以不必打开窗户就可完成验证过程,给使用带来了方便。

远距离/超远距离射频卡的作用距离可扩展到 3m 甚至更远,它可实现无需减速、停车即可通行,只需将该卡固定在窗玻璃或车辆的底盘上,当车辆进入有效识别区域时,即可识别该车辆是否可通行,实现无障碍通行。

8.1.6　系统联动功能

(1)火灾自动报警及消防联动系统报警时,要求将停车场(库)的自动道闸置于打开状态,并不再放下直至人工复位后才转向正常工作状态。

(2)入侵报警系统报警时,要求停车场(库)管理系统置于关闭状态,防止入侵者借机动车逃逸。

8.1.7　图像对比系统

该系统由高清晰度带背景光补偿摄像机、广角自动光圈镜头、防护罩、室外支架、聚光灯、视频捕获卡、图像管理计算机、图像处理软件等组成。镜头采用自动光圈,便于自动调节图像的亮度,广角型是为了扩大摄像的范围。聚光灯用在当环境光线太暗时,提供摄像照明用。在停车场的出、入口各装一套摄像机、镜头、防护罩、室外支架、聚光灯和视频捕获卡。图像管理计算机、图像处理软件可共用。

图像对比是指对进场的车辆记录其车型、颜色、车牌号,并存入图像管理计算机,当该车驶离停车场时,在出口处根据卡号在图像计算机中检索、调用该车的图像记录,并与出口处的摄像机获取的车型、颜色、车牌号进行对比,一致时放行。

目前车型和颜色的鉴别一般为人工鉴别,车牌已可进行自动鉴别。

对图像对比系统的要求是鉴别的速度快;准确率高,"误识率"和"拒识率"低。

8.1.8　车位引导系统

有些停车场管理系统还配置车位引导系统,它将停车场内各个车位占用情况的信息反馈到管理中心,显示当前车位的空闲状况,为进入停车场的车辆指示车库内可供停泊的空车位位置。

车位引导系统由车位检测系统和车位显示屏两部分组成。车位检测方法通常有:超声探测、摄像机检测等。

超声探测是在每个停车位设置探测器,对探测器设地址码,当车位被占用时发出相关信息,通过总线传输到管理中心,送显示屏显示。

摄像机检测方案是摄像机摄取停车场的图像,再通过图像处理方法,辨认出车位占用情况,送显示屏显示。摄像机按现场配置,一台摄像机可监视一个分区。

车位显示屏模拟停车场实际布局状态，放置于相应区域位置，用 LED 显示车位状态。当车位空置时，对应车位无显示；当有车辆停泊时，对应车位 LED 发光或用不同颜色指示车位的占用状态，对行驶车辆进行相应的引导。用户进入后，观察车位显示屏，根据分区指示的路标，寻找指定的空置车位，驶往该处停泊。对大型停车场，可在总入口处设灯箱指示，在各分区入口设车位显示屏，方便地引导停车。

8.2　停车场(库)管理系统施工

8.2.1　停车场(库)管理系统施工要求

停车场(库)管理系统施工时，要注意如下几点：

(1)停车场(库)管理系统施工现场必须设一名现场工程师，以指导施工进行，并协同建设单位做好施工中的隐蔽工程检测与验收。

(2)停车场(库)管理系统施工前应具备下列图纸资料：

a. 入口/出口控制装置(验票机、感应线圈与道闸)通道管理的引导系统及管理中心(收费机、中央管理主机)、通信管理(内部电话主机等)和摄像机等设备，安装平面图、系统布置图、系统原理及系统连接图；

b. 管线要求及管线敷设图；

c. 设备、器材安装要求及安装图；

(3)停车场(库)管理系统施工应按图纸进行，不得随意更改。确需更改原设计图纸时，应按程序进行审批。审批文件(通知单等)需经双方授权人签字后方可实施。停车场(库)管理系统竣工时，施工单位提交下列图纸资料：

a. 施工前全部图纸资料；

b. 工程竣工图；

c. 设计更改文件；

d. 检测记录，包括绝缘电阻、接地电阻等测试数据；

e. 隐蔽工程的验收记录。

8.2.2　管路线缆的敷设

(1)管路、线缆敷设应符合设计图纸的要求及有关标准规范的规定。有隐蔽工程的应办隐蔽验收。

(2)线圈和馈线应用 1.5mm 多股铜线，馈线应双绞，每米 20 绞，使用一根无接点的铜线，如有接头需要焊接并要防水，虚焊可能导致检测器不正常工作，馈线会被干扰，需用屏蔽线，屏蔽线和检测器的接地相连。

(3)感应线圈埋设深度距地表面不小于 0.05m，线圈可以是正方形也可以是长方形的，长度不小于 1.6m，宽度不小于 0.9m，每边至少相距 1m，感应线圈至检测器箱处的线缆应采用金属管保护，并固定牢固；应埋设在车道居中位置，并与读卡机、闸门机的中心间距保持在 0.9m 左右,且保证环形线圈 0.5m 平面范围内不可有其他金属物,严防碰触周围金属。

(4)如有 2 个线圈相距很近,建议一个线圈绕多一点,另一个少绕一点。以防串扰,为避免检测器的误动作,建议线圈相距至少 2m,并且使用不同的频率。

(5)对于线圈安装,在路面上割一个槽,为防止损坏线圈的线缆在角上切一个 45°的角,槽宽为 4mm,深 30mm～50mm,一个角上引出一个槽至路边。

(6)在线圈和馈线埋设好后,槽可以用环氧树脂或沥青填埋。

8.2.3　系统设备安装施工

(1)车库管理系统安装示意图,如图 8.2.3-1 所示。

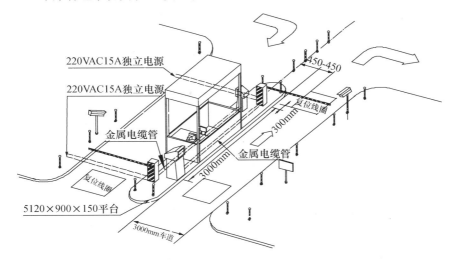

图 8.2.3-1　车场(库)管理系统安装示意图

(2)检测器应安装在防水的箱内尽可能靠近线圈。

(3)闸门机和读卡机(IC 卡机,磁卡机,出票读卡机,验卡票机)的安装规定:

a. 应安装在平整、坚固的水泥基墩上,保持水平,不能倾斜。

b. 一般安装在室内,安装在室外时,应考虑防水措施及防撞装置。

c. 闸门机与读卡机安装的中心间距一般为 2.4m～2.8m。

(4)信号指示器的安装规定:

a. 车位状况信号指示器应安装在车道出入口的明显位置,其底部离地面高度保持 2.0m～2.4m 左右。

b. 车位状况信号指示器一般安装在室内,安装在室外时,应考虑防水措施。

c. 车位引导显示器应安装在车道中央上方,便于识别引导信号;其离地面高度保持 2.0m～2.4m 左右;显示器的规格一般不小于长 1.0m,宽 0.3m。

8.3 停车场管理系统的检测

8.3.1 检测依据

执行《安全防范工程技术规范》GB 50348—2004 第 7.1.9、7.2.5 以及其他有关的国家标准和规范的规定。

8.3.2 检测数量及合格判定

停车场(库)管理系统功能、联动功能和数据图像记录的保存等应全部检测,功能符合设计要求为合格,合格率为 100% 时为系统功能检测合格。

图像对比系统的车牌识别系统应全部检测,功能符合设计要求为合格,对车牌的自动识别率达 98% 时为检测合格。

8.3.3 检测项目

1. 系统前端设备功能的检测

(1)车辆探测器检测;

(2)读卡机检测;

(3)发卡(票)机检测;

(4)控制器检测;

(5)自动道闸检测;

(6)满位显示器检测。

2. 系统管理功能的检测(包括图像对比功能的检测);

3. 管理计算机软件功能的检测;

4. 系统联动功能的检测;

5. 图像及数据记录的检测;

6. 停车场联网系统检测。

8.3.4 检测方法

1. 系统前端设备的功能检测

(1)车辆探测器。用一辆车或一根铁棍($\phi 10 \times 200$mm 左右)分别压在出、入口的各个感应线圈上,检查感应线圈是否有反应,并检查探测器的灵敏度;探测器有无电磁干扰。

(2)读卡机。

a. 分别用实际使用的各类通行卡(贵宾卡、长期卡、临时卡等)检查出、入口读卡机对有效卡的识别能力,有无"误识"和"拒识"的情况。

b. 分别用实际使用的通行卡检查出、入口非接触式感应卡读卡机的读卡距离和灵敏度,应符合设计要求。

(a)读卡机的读卡距离:按设计要求,分别在设计读卡距离的 0%、25%、50%、

75％和100％等5个距离上检查读卡机的读卡效果；

（b)读卡机的响应时间：应小于2s。

c. 分别用无效卡在入口站、出口站进行功能检查,读卡机应发出拒绝放行信号,并向管理系统报警。

（3)发卡(票)机。

a. 用实际操作和目测观察检查入口处发卡(票)机功能是否顺畅、正常,是否每车一卡,有无一次吐多张卡,或吐不出卡等现象；

b. 检查卡上记录的车辆进场日期、时间、入口点等数据是否准确无误。

（4)控制器。

a. 用观察和秒表分别检查出、入口控制器动作的响应时间,应符合要求；

b. 用实地操作分别检查应急情况下对出、入口控制器的手动控制功能；

c. 分别检查管理中心对出、入口控制器的控制作用；

d. 分别检查出、入口控制器与消防系统和入侵报警系统的联动功能。

（5)自动道闸。

a. 分别检查出、入口道闸的手动、自动、遥控升降功能；升降速度、运行噪声应符合要求；

b. 用模拟方法分别检查出、入口栏杆的防砸车功能。当栏杆下有"车辆"时,手动操作栏杆下落,检查栏杆是否会下落；当栏杆下落过程中碰到阻碍时,栏杆是否自动抬起。

（6)满位显示器。检查满位显示器显示的数据是否与停车场内的实际空车位数相符。

2. 系统管理功能的检测

（1)检查管理中心对出、入口管理系统的管理是否达到设计要求。

（2)检查管理计算机与出、入口管理站的通信是否正常。

（3)对临时停车户的管理包括计费是否准确、收费显示是否正确、打印票据。

（4)图像对比功能的检测：

a. 检查出、入口摄像机摄取的车辆图像信息(包括车型、颜色、车牌号)是否符合车型可辨认、颜色失真小、车牌字符清晰的要求；

b. 检查车辆图像信息在图像管理计算机中的存储情况；

c. 检查图像调用的正确性,调用的响应时间应符合要求；

d. 采用车牌自动识别时检查识别情况,应满足识别率大于98％。

3. 检查管理计算机的软件功能

采用软件演示和实际操作,检查：

（1)系统安全性：对系统操作人员的分级授权功能。

（2)系统对日期、时间的设置、修改,并下载至读卡机、发卡(票)机和控制器。

(3)收费类型的设置:年租、季租、月租、固定、免费、计时、计次等。

(4)计费标准的设置、修改,按车型、停车时间设置计费标准。

(5)系统的统计、报表管理、备份数据等功能,查询功能。

(6)对卡管理的安全性检测,包括:

a. 未进先出;

b. 入库车辆未出库,再次持该卡进场("防折返"功能);

c. 已出场的卡再重复出场一次;

d. 临时卡未交款先出场;

e. 临时卡交款后在超出规定的时间后出场;

f. 出场车辆的卡号和进场时车辆的车牌号、车型不同等。

4. 系统联动功能的检测

系统联动功能的检测应根据工程的具体要求进行以下检查:

(1)火灾自动报警及消防联动系统报警时与停车场(库)管理系统的联动;

(2)入侵报警系统报警时与停车场(库)管理系统的联动。

5. 图像及数据记录的检测

(1)检查管理中心的车辆通行数据记录;

(2)检查管理中心的通行车辆的图像数据记录;

(3)检查管理中心的临时停车收费数据记录。

8.3.5 检测记录

检查结果填写到《停车场(库)管理系统分项工程质量检测记录表》(附表8.3.6-1)。

表8.3.6-1　停车场(库)管理系统分项工程质量检测记录表　　　编号

单位(子单位)工程名称			子分部工程	安全防范系统
分项工程名称		停车场(库)管理系统	检测部位	
施工单位			项目经理	
施工执行标准名称及编号				
分包单位			分包项目经理	
	检测项目(主控项目)		检测记录	备注
1	车辆探测器	出入车辆灵敏度		
		抗干扰性能		
2	读卡器	对卡的识别功能		
		非接触卡读卡距离和灵敏度		
3	发卡(票)器	吐卡功能		
		入场日期及时间记录		

续表

4	控制器	动作的响应时间		
		手动控制功能		
5	自动道闸	升降功能		
		防砸车功能		
6	满位显示器	功能是否正常		
7	管理中心功能	计费、显示、收费功能		
		与监控站通信		
		数据记录、存储功能		
8	图像对比系统功能	调用图像的准确性、响应时间		
		图像记录清晰度		
		车牌识别准确率		
9	系统管理软件	系统设置功能		
		收费功能		
		系统的统计功能		
		对卡的安全管理		
		系统安全性		
10	系统联动功能			
11	数据存储记录			

检测意见：

监理工程师签字：　　　　　　　　　　　　　　　检测机构人员签字：

(建设单位项目专业技术负责人)日期：　　　　　　　　　　日期：

说明：

1. 本表为子分部工程安全防范系统的分项工程停车场(库)管理系统的检测表,本检测内容为主控项目。

2. 停车场(库)管理系统的功能包括:入口系统检测、出口系统检测、管理中心功能检测、系统管理软件功能检测、系统联动功能检测、数据存储记录、图像对比功能检测等项,在入口和出口系统中应分别检测车辆探测器、读卡器、发卡(票)器、控制器、自动道闸和满位显示器等部件的功能。根据工程的具体要求,需增加检测项目时,可在表中检测项目一栏中增加项目。

3. 表中 1 栏～6 栏为每个出/入口填写一张表,在检测部位填被检出口、或入口的编号、部位,多个出/入口的表格以附加编号区别,即表 8.3.6-1-XX,其中 XX 为被检出/入口的排列序号;7 栏～11 栏为整个分项工程填写一张表。

4. 车辆探测器(包括入口站、出口站)。

(1)出入车辆灵敏度:指车辆探测器对通过的各种车辆反应的灵敏度。

(2)抗干扰性能:指车辆探测器周围有无电磁干扰,探测器抗干扰性能。

5. 读卡器(包括入口站、出口站)。

(1)对卡的识别功能:指对各种卡的识别功能;对无效卡的识别功能;有无"误识"/"拒识"情况。

(2)非接触卡读卡距离和灵敏度是否达到规定的范围内,是否满足合同要求。

6. 发卡(票)器。

(1)吐卡功能:指是否每操作一次出一张卡;有无不吐卡、吐多张卡、或吐卡不顺畅现象。

(2)入场日期及时间记录:指卡上记录的日期、进场时间是否与时钟一致。

7. 控制器(包括入口站、出口站)。

(1)动作的响应时间:指读卡器给出通行信息到控制器给出抬杆的信号为控制器的响应时间。

(2)手动控制功能:指人工操作(包括管理中心遥控、就地人工操作)控制器的功能。

8. 自动道闸(包括入口站、出口站)。

(1)升降功能:指自动道闸的升降功能、升降速度应符合要求。

(2)防砸车功能:指当栏杆下有"车辆"时,无论是自动、或人工操作栏杆均不应下落;或当栏杆下落过程中碰到阻碍时,栏杆应自动抬起。

9. 满位显示器:指每有一辆车辆进/出场后,满位显示器反应在场车辆的数据是否正确。

10. 管理中心功能。

(1)计费、显示、收费功能:指对临时停车户的计费、收费显示是否正确;打印票据等功能。

(2)与监控站通信:指管理计算机与入口管理站、出口管理站的通信是否正常。

(3)数据记录、存储功能:指通行记录、收费记录等。

11. 图像对比系统功能(包括入口站、出口站)。

(1)调用图像的准确性、响应时间:指在出口站根据卡从图像管理计算机中调用图像的正确性和时间。

(2)图像记录清晰度:指车辆的图像信息应符合车型可辨认、颜色失真小、车牌号字符清晰的要求。

(3)车牌识别准确率:指采用车牌自动识别时识别的准确率应大于98%。

12. 系统管理软件。

(1)系统设置功能:指系统对日期、时间的设置、修改,下载至读卡机、发卡(票)机和控制器的功能。

(2)收费功能:指对收费类型的设置;按车型、停车时间的计费标准的设置、修改。

(3)系统的统计功能:指系统的统计、报表管理、备份数据等功能,查询功能。

(4)对卡的安全管理:指对各种非正常使用的管理,如:未进先出;入库车辆未出库,"防折返";已出场的卡再重复出场;临时卡未交款先出场或交款后在超出规定的时间后出场等。

(5)系统安全性:对系统操作人员的分级授权功能。

13. 系统联动功能:联动功能应根据工程的具体要求进行检测。

14. 数据存储记录:指管理中心的车辆通行数据、图像数据、临时停车收费数据记录等应满足管理要求。

思 考 题

1. 简述停车场管理系统的组成。

2. 停车场管理系统管路和线缆有什么具体要求?

3. 停车场管理系统主要检测项目有哪些?

4. 停车场管理系统前端设备如何检测？

实训项目

停车场管理系统器材及主控设备的认识

1. 实训目的

了解认识车辆探测器、读卡机、收、发卡机、控制器、自动道闸，掌握系统的工作原理，熟悉它们的安装和连接，了解它们的调试方法。

2. 实训环境

实训室。

第9章　电源系统的施工与监理

【内容提要】电源是安防工程中的重要保障项目,其可靠性将直接影响到各子系统的正常运行。本章介绍电源系统供电方式、电源系统的接地、不间断电源,同时还介绍了电源系统的验收、检测方法和手段等。通过本章的学习,要求掌握电源系统的供电方式,电源系统的接地、不间断电源以及机房电源的安装调试要求,了解电源系统的验收、检测环节、步骤和方法,学会处理电源系统在安装调试中出现的一些典型故障。

9.1　系统概述及施工要求

安防工程中的电源要求供电连续、可靠。通常包括正常工作状态下的供电电源和应急状态下的备用电源。

安全防范系统电源是建筑电源系统的一部分,建筑电源系统包括正常工作状态下的供电电源包括主电源;独立设置的稳流、稳压电源;备用电源主要是指不间断电源(UPS)和应急发电装置等,整个电源系统还包括供电、配电、操作、保护和改善供电质量的其他设备。

图 9.1-1 描述了建筑电源系统中各类设备的关系。

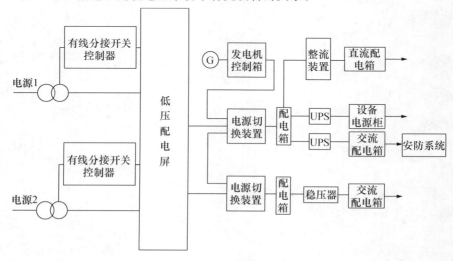

图 9.1-1　建筑供电系统结构

9.1.1　电源系统的供电质量

建筑物内外的电源由建筑的机电设备统一提供,安防工程系统从统一的电源系统引接。电源监测系统对整个电源系统的工作状态和故障进行监测。

建筑物的供电质量是指供电系统的电压、电流和频率的质量。它们是这个安防工程系统能否正常运行的保证。电网电压的波动会导致电力设备不能正常工作或引致损坏;电网频率的变化对安防工程中部分子系统的影响很大,电网频率的大范围变化,将导致磁盘机的转速变化,从而引发信息存取发生错误或信息丢失。

对安防工程系统供电质量的要求:

(1)建筑内的供电系统应采用频率 50Hz,电压 220V/380V,TN-S 系统;

(2)一般要求、安全可靠、技术先进;

(3)可靠性:不可用度 $\leqslant 5 \times 10^{-6}$;

(4)一般安防系统交流电源要求:电压偏离范围 220V$\pm$10％;频率偏移 50Hz$\pm$1％,电压波形畸变率 $\leqslant$7％;允许断电持续时间 4ms～200ms。

如电源参数不符合上表要求,应采用 UPS 供电,并进行相关检测;

电压波形畸变率达不到标准时应采用稳压或稳频措施。

在电源污染严重,影响系统正常运行时,应采取电源净化措施。

9.1.2　电源供电方式

供电系统按用户负荷要求性质的不同,可分成三类供电方式:

1. 一类供电

一类供电是指供电如突然中断,将会导致重大的事故、人身危害、设备损坏等难以弥补的损失。如国防建设、工业生产的监控、交通运输、财政、金融、证券等;对这类负荷应建立不间断供电系统。

2. 二类供电

二类供电是指供电如突然中断,将会导致重大的事故,计算机将不能正常运行,在一定程度上影响生产、通信、运输等,给用户带来一定的损失,对这类负荷应建立备用电供电系统。

3. 三类供电

三类供电是指供电如突然中断,不会引起重大的损失,这类负荷为一般用户供电系统。

9.1.3　电源系统的接地

三相电源的接地系统有多种方式,常用的有以下几种:

1. 三相四线接地系统(TT 系统)

三相四线接地系统的中性线 N 与保护接地 PE 无一点电气连接,即中性点接地与 PE 线接地是分开的,如图 9.1.3-1 所示。其特点是无论三相负荷平衡与否,PE线均不会带电。常用于来自公共电网的建筑物供电系统。

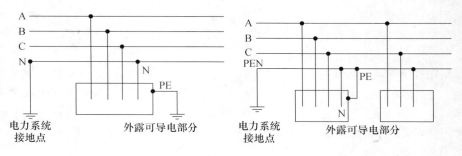

图 9.1.3-1　TT 接地系统　　　　　　图 9.1.3-2　TN-C 接地系统

2. 三相四线系统（TN-C 系统）

三相四线系统（TN-C 系统）的中性线 N 与保护接地 PE 合二为一,也称 PEN 线。一其特点是:简单经济,对接地故障灵敏度高,如图 9.1.3-2 所示,适于三相负荷较平衡的场所使用。对存在不平衡负荷的环境,中性线 N 上的不平衡电流易引起电压波动,造成中性点接地电位不稳定漂移,使设备外壳（与 PEN 线连接）带电,对人身造成不安全。

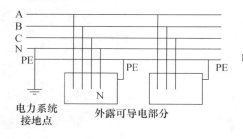

图 9.1.3-3　TN-S 接地系统　　　　　　图 9.1.3-4　TN-C-S 接地系统

3. TN-S 系统

是三相四线加 PE 线的接地系统,如图 9.1.2-3 所示,其特点是中性线 N 与保护接地线 PE 除在变压器中性点共同接地外,两线不再有任何的电气连接。中性线 N 是带电的,而 PE 线不带电。它具备安全和可靠的基准电位,适用于建筑物内设有独立变配电所时的电源接地。

4. TN-C-S 系统

TN-C-S 系统由两个接地系统组成,由区域变电所到建筑物的供电,在进户之前采用 TN-C 系统;进户处做重复接地;进户后变成 TN-S 系统,如图 9.1.3-4 所示。在建筑物内的使用同 TN-S 系统。在智能建筑中由于大量的电子设备、计算机等均为单相负荷,很难使三相负荷达到平衡,故通常都采用 TN-S 系统或 TN-C-S 系统;

9.1.4　不间断电源

不间断电源系统（Uninterruptible Power System,简称 UPS）是随着计算机的普

遍应用而发展起来的,它为计算机的稳定和可靠工作、数据的安全准确提供了保障。现代计算机的电源设计,已可保证当电网欠压时,可依靠电源系统的滤波器电容维持工作,但一般只能维持在 10ms 左右。为避免存储器中数据丢失,要求能在市电一旦停电后,后备电源可在 10ms 内对原负荷继续供电,使计算机系统不至于丢失信息、损伤设备,保证计算机系统的正常运行。

1. UPS 电源作用

(1)提高供电的可靠性。采用 UPS 供电后,当电源切换时,不仅供电不会中断,也不会产生电弧干扰,保证计算机正常工作,不会丢失信息和损伤设备。

(2)提高供电质量。当市电供电时,电网的供电质量,受电网的负荷变化、运行方式、大负荷投入和切除,以及故障等情况使电网的电源和频率很不稳定,难以满足计算机对供电质量的要求。采用 UPS 供电后,可提高供电电压的质量。

a. 提高输出电压稳定精度;

b. 降低输出电压波形失真度;

c. 降低输出电压不平衡度;

d. 对电源起净化作用,它可过滤和消除高次谐波(11 次～13 次前谐波);

e. 提高电源调整的精度,UPS 的电压自动调节装置可使电压的调节精度达到 $\pm1\%$。

所以 UPS 可将电网的谐波、电压波动、频率波动以及电压噪声等干扰隔离在负载之前。

2. 不间断电源工程的实施

不间断电源的实施有两种方式:一种是由整个建筑统一提供的集中式不间断电源,各分项系统从统一的不间断电源系统引接;另一种是分散提供不间断电源,它由各分项工程独立配套。

3. 对不间断电源的要求

(1)当市电正常工作时,UPS 应能自动开机;

(2)在市电不稳定或负载变化较大时具有正常运行的功能,仍能输出纯净合格的电压;

(3)UPS 的平均无故障时间应大于 10000h;

(4)具有良好的用户界面、自诊断、通信功能;

(5)具备外部停电报警功能:当市电中断或超过规定范围($\geqslant\pm15\%$)时能自动发出报警信号。

4. 不间断电源的分类

按其工作原理可分成:在线式、后备式;在实际使用中还派生出多种变形结构如电压按其输入、输出可分成:单进—单出、三进—单出、三进—三出。按输出波形可分成:正弦波(按内部处理方式又可分为工频和高频)、方波。

5. 不间断电源的组成

不间断电源的基本组成部分有整流滤波、充电器、逆变器、输出变压器及滤波器、静态开关、蓄电池组和监测控制部分等。

(1)整流滤波：对市电电网电源进行桥式整流和阻容滤波、形成直流电压保持输出电压基本稳定并抑制电网干扰；其输出一路给充电器，另一路给逆变器。

(2)充电器：从整流后的直流电，经充电电路给蓄电池组恒流充电，当达到浮充电压时，充电器按恒压充电。

(3)逆变器：将整流滤波器或蓄电池组送来的直流电转变为交流电输出，通常其输出为准方波。逆变器的性能不仅决定 UPS 电源的体积和重量；并将直接影响UPS 电源的输出的波形、效率、可靠性、瞬态响应等。

(4)静态开关：保证 UPS 电源系统不间断供电。当 UPS 电源正常供电时，逆变器输出交流电向负载供电；当计算机设备启动或发生浪涌超负载或逆变器发生故障时，通过电压检测信号，静态开关迅速将负载由逆变器供电转移到市电供电，当恢复正常后，经检测市电与逆变器电压同步、同频时，又转换至逆变器供电。

(5)蓄电池：储存电能的装置，在正常供电时，直流电源对蓄电池进行充电，将电能转换成化学能储存起来；当市电中断时，UPS 电源将依靠蓄电池的能量输出直流电，维持逆变器的正常工作。

(6)控制部分：是对市电、UPS 各部分进行监测、控制、报警、显示工作状态的部分，并在出现过压、过流、短路和过热等故障时产生报警，对 UPS 进行保护。

6. 在线式 UPS

在线式 UPS 的最大特点是逆变器双向工作。

在市电工作正常时，由 AC-DC、DC-AC 逆变器经输出变压器及滤波器、静态开关向负载供电；AC-DC 变换器同时向电池充电。

当市电出现失电、电压过高、过低等故障时，蓄电池向逆变器提供直流电，UPS向负载供电，供电转换的切换时间比极短。

当市电供电恢复正常而逆变器出现故障，或输出过载时，UPS 工作在旁路状态，静态开关将负载切换到市电供电，并给出报警信号。

其结构框图如图 9.1.4 - 1 所示，实物如 9.1.4 - 2a、b 所示。

在线式 UPS 系统的特点：

(1)因为无论有无市电，负载的全部功率都由逆变器给出，所以可以向负载提供高质量的电源，电压稳定度、频率稳定度、输出电压动态响应、波形失真度等指标，都比较高；

(2)市电掉电时，输出电压不受任何影响，几乎没有转换时间；

(3)因为无论有无市电，全部负载功率都由逆变器供出，UPS 的功率余量有限，输出能力不理想，所以对负载提出限制条件，例如：限制输出电流峰值系数(一般只达到 3∶1），过载能力、输出功率因数（一般为 0.8）、输出有功功率（小于标定的 kVA 数）、应付冲击负载的能力等。

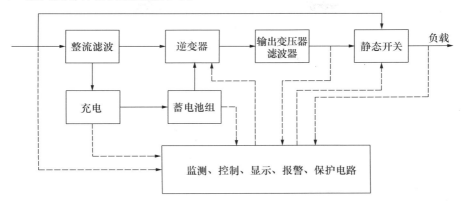

图 9.1.4-2　在线式 UPS 结构框图

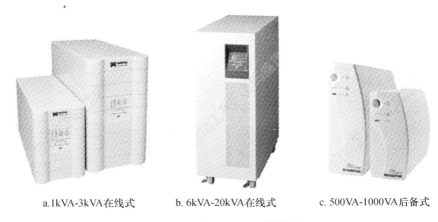

a.1kVA-3kVA 在线式　　　b.6kVA-20kVA 在线式　　　c.500VA-1000VA 后备式

图 9.1.4-2　UPS 实物图

（4）由于整流电路会对电网形成电流谐波干扰，输入功率因数低，经滤波后，一般最小的谐波电流成分在 10% 左右，输入功率因数只有 0.8 左右。

（5）在市电存在时，由于整流器、逆变器都承担 100% 的负载功率，所以整机效率低，10kVA 以下的 UPS 为 80% 左右，50kVA 的可达 85%～90%，100kVA 以上的可达 90%～92%。

7. 后备式（离线式）UPS

在市电工作正常时，转换开关切换到市电端，UPS 工作在旁路冷备用状态，电网电压经调压后直接向负载供电。

当市电出现失电、电压过高、过低等故障时，UPS 由蓄电池向逆变器提供直流电，转换成交流电向负载供电。

在电网失压和恢复的过程中，后备式 UPS 的切换过程，会引起瞬间的断电，切换过程大约在 3ms～10ms 内完成，不影响负载供电；对计算机的工作不会有影响，切换过程会引起电压波动，其电压稳定性能要比在线式 UPS 差。

其结构框图如即 9.1.4‑3 所示，实物如图 9.1.4‑2c 所示。

后备式（离线式）UPS 的特点：

（1）当市电存在时，效率高，可达 98% 以上；

（2）当市电存在时，输入功率因数和输入电流谐波取决于负载电流，UPS 本身不产生附加输入功率因数和谐波电流失真；

（3）当市电存在时，输出能力强，对负载电流波峰系数、浪涌电流系数、输出功率因数、过载等没有严格的限制；

（4）当市电存在时，输出电压稳定精度差，但能满足负载要求；

（5）当市电存在时，整机要靠附加滤波电路提高 UPS 双向抗干扰能力；

（6）市电掉电时，输出有转换时间，一般在 4ms 左右，可以满足负载要求；

（7）由于输出有转换开关，受切换电流能力和动作时间的限制，UPS 输出功率做大有一定困难，适于小功率 UPS，大多在 2kVA 以下；

（8）电路简单，成本低，可靠性高。

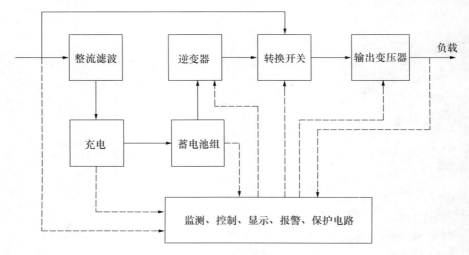

图 9.1.4‑3　后备式 UPS 结构框图

9.1.5　应急发电设备

应急发电机组是建筑物中主要的备用电源设施。对其主要要求是：能随时启动、可靠运行、性能达标、保障供电。通常采用快装式高速柴油机组作为备用电源。

柴油发电机组由柴油机、封闭式水箱、油箱、消声器、三相交流无刷同步发电机、电压调节装置、控制屏、联轴器和底盘等组成。

9.1.6 安防工程系统机房专用电源系统

1. 安防工程系统的机房电源

安防工程系统的机房电源主要是指：

(1)中央控制室、子系统机房的电源设备；

(2)各楼层中用于安防工程系统的电源箱,包括正常供电电源和不间断电源。

2. 机房专用配电柜的一般要求

(1)机房专用配电柜的各路供电要准确、可靠,不同性质的供电对象不宜放在一个柜内控制,配电柜内应留有备用回路；

(2)配电柜内选用的自动空气开关、接触器、熔断器、隔离开关等部件应性能可靠,能满足计算机和辅助设备工作的要求；

(3)配电柜内应有应急开关,当出现严重故障或火警时能立即切断机房电源、空调电源等；

(4)配电柜应设有电流表、电压表,供检查电源电压、电流及三相间负载的平衡；

(5)配电柜内各供电分路应设指示灯,指示各回路的通断情况；

(6)配电柜内应根据设备的不同要求设置保护接地线、接地线的连接端子板；

(7)配电柜内的母线（A 相：黄色、B 相：绿色、C 相：红色）、各种电缆、导线、中线（淡蓝色）、接地线（黄绿双色）应符合国家标准的颜色、编号,并标志清楚、牢固；

(8)配电柜的各种开关、操作手柄、按钮等应标志清楚,防止使用中出现误操作；

(9)配电柜的绝缘性能应符合国标规定,一般情况下绝缘电阻值不小于 $0.5M\Omega$。

9.2 电源系统的检测

9.2.1 检测依据

执行《安全防范工程技术规范》GB 50348—2004 第 7.6 节以及相关的国家标准的规定。

9.2.2 检测要求

(1)安防工程系统的电源应依照《安全防范工程技术规范》GB 50348—2004、《建筑电气工程施工质量验收规范》GB 50303—2002 验收合格的公用电源。

(2)安防工程系统独立设置的稳压、稳流、不间断电源装置检测应执行《安全防范工程技术规范》GB 50348—2004 第 7.6.2 节、《建筑电气工程施工质量验收规范》GB 50303—2002 第 9.1 和第 9.2 节的规定；

(3)入侵检测、入口控制的备用电源检验应执行《安全防范工程技术规范》GB 50348—2004 第 7.6.4 节；

9.2.3　检测数量及合格判定

稳压、稳流、不间断电源装置和蓄电池组及充电设备应全部检测。安防工程系统机房集中供电设备及线路安装全部检查,安防工程系统的其他专用电源设备及电源箱的抽检数量应不低于 20%,且不少于 3 台,少于 3 台时应全部检测。

电源系统的检测结果全部符合设计要求的为检测合格。

9.2.4　检测项目

(1)安防工程系统正常工作时的供电电源和应急工作状态下的供电电源及切换;

(2)安防工程系统独立设置的稳压稳流装置、不间断电源装置的供电及切换;

(3)安防工程系统机房的供电;

(4)安防工程系统机房电源线路的安装质量。

9.2.5　检测方法

1. 电源系统设备的安装质量

(1)核查公共系统电源的验收文件;

(2)采用实测或检查测量记录,检查电源质量是否符合设计要求和产品使用要求;

(3)检查柜、屏、箱、台等的金属框架及基础型钢必须接地或接零可靠,装有电器的可开启的门和框架的接地端子间应用裸编织铜线连接,且有标识;

(4)检查柜、箱、台等应有可靠的电击保护,柜(屏、箱、台)内的保护导体应有裸露的连接外部保护导体的端子;当设计无要求时,柜(屏、箱、台)内的保护导体最小截面积符合表 9.2.5-1 规定;

表 9.2.5-1　保护导体最小截面积

相线截面积 S(mm²)	对应保护导体最小截面积 S_p(mm²)
S≤16	S
16<S≤35	16
35<S≤400	0.5S

(5)采用便携式绝缘电阻测试仪实测或检查绝缘电阻测试记录,检查柜、屏、箱、台等间线路的线间和线对地间绝缘电阻值,馈电线路必须大于 0.5MΩ;二次回路必须大于 1MΩ。

(6)采用便携式绝缘电阻测试仪实测或检查绝缘电阻测试记录、检查柜、箱、屏、台、等间二次回路交流工频耐压试验,当绝缘电阻值大于 10MΩ 时,用 2 500V 兆欧表摇测 1min 应无闪络击穿现象;当绝缘电阻值在 1MΩ~10MΩ 时,用 1 000V 兆欧表摇测 1min,应无闪络击穿现象。

（7）采用观察、实测或检查测试记录,检查配电箱(盘)内的电器安装和布线,应符合:

a. 箱(盘)内配线整齐,无绞接现象;导线连接紧密,不伤芯线,不断股;垫圈下螺丝两侧压的导线截面积相同;同一端子上导线连接不多于 2 根;防松垫圈等零件齐全;

b. 箱(盘)内开关动作灵活可靠;带有漏电保护的回路,漏电保护装置动作电流不大于 30mA,动作时间不大于 0.1s;

c. 箱(盘)内,分别设置零线(N)和保护地线(PE)汇流排,零线和保护地线经汇流排配出。

（8）采用观察或检查测试记录,检查电源箱的过负荷,短路及缺相保护等功能,以及电压、电流检测的指示仪表;

（9）通过检查或检查测试记录,检查试通电情况。

（10）通过检查或检查测试记录,检查电线或母线连接处温升。

2. 稳压、稳流、不间断电源装置

（1）检查并核对设备型号和规格;检查接线连接正确;紧固件齐全、可靠、不松动;焊接连接无脱落现象;

（2）检查不间断电源的电气交接试验记录,包括整流装置、逆变装置和静态开关装置的功能;

（3）检查不间断电源的输入、输出各级保护系统和输出的电压稳定性、波形畸变系数、频率、相位、静态开关的动作等各项技术性能指标,参数调整必须符合产品技术文件和设计文件要求;

（4）采用便携式绝缘电阻测试仪实测或检查绝缘电阻测试记录的方法,检查装置间连线的线间、线对地间绝缘电阻值,绝缘电阻值应大于 0.5MΩ。

（5）检查不间断电源输出端的中性线(N 极),必须有两点以上与由接地装置直接引来的接地干线相连接;

（6）检查主回路和控制电线、电缆的敷设及连接;

（7）检查可接近裸露导体的接地或接零情况;

（8）检查运行时的噪声;

（9）检查机架组装、紧固,水平度、垂直度偏差均应不大于 15%。

3. 系统主机房集中供电专用电源线路的安装质量

系统机房(中央监控室、综合布线机房等)的电源线路的安装,应符合《建筑电气工程施工质量验收规范》GB 50303—2002,第 12.1、13.1、14.1、15.1 条的要求。

（1）检查金属电缆桥架及其支架和引入或引出的金属电缆导管必须接地(PE)或接零(PEN)可靠,且必须符合下列规定:

a. 金属电缆桥架及其支架全长应不少于两处与接地(PE)或接零(PEN)干线相连接；

b. 非镀锌电缆桥架间连接板的两端跨接铜芯接地线,接地铜线最小截面积不小于 4mm²；

c. 镀锌电缆桥架间连接板的两端不跨接地线,但连接板两端不少于两个有防松螺帽或防松垫圈的连接固定螺栓；

d. 电缆敷设严禁有绞拧、铠装压扁、护层断裂和表面严重划伤等缺陷；

e. 金属电缆支架、电缆导管必须接地(PE)或接零(PEN)可靠；

f. 金属的导管和线槽必须接地(PE)或接零(PEN)可靠,且必须符合下列规定：

(a)镀锌的钢导管、可挠性导管和金属线槽不得熔焊跨接接地线,以专用接地卡跨接的两卡间连线为铜芯软导线,截面积不得小于 4mm²；

(b)当非镀锌钢导管采用螺纹连接时,连接处的两端焊跨接接地线；当镀锌钢导管采用螺纹连接时,连接处的两端用专用接地卡固定跨接接地线；

(c)金属线槽不作设备的接地导体,当设计无特殊要求时,金属线槽全长应不少于两处与接地(PE)或接零(PEN)干线相连接；

(d)非镀锌线槽间连接板的两端跨接铜芯接地线,镀锌线槽间连接板的两端不跨接接地线,但连接板两端不少于两个有防松螺帽或防松垫圈的连接固定螺栓；

g. 金属导管的连接：

(a)金属导管严禁对口熔焊连接；镀锌和壁厚小于 2mm 的钢导管不得套管焊接连接；

(b)防爆导管不应采用倒扣连接；当连接有困难时,应采用防爆活接头,其接合面应严密。

h. 当绝缘导管在砌体上剔槽埋设时,应采用强度等级不小于 M10 的水泥砂浆抹面保护,保护层厚度大于 15mm。

(2)检查电缆线的敷设：

a. 三相或单相的交流单芯电缆、不得单独穿于钢导管内；

b. 不同回路、不同电压等级和交流与直流的电线,不得穿于同一导管内；同一交流回路的电线应穿于同一金属导管内,且管内电线不得有接头；

c. 爆炸危险环境的电缆额定电压不得低于 750V；且必须穿于钢导管内。

(3)采用观察检查,主机房集中供电专用电源线路安装质量。

9.2.6　检测记录

检查结果填写到《电源系统分项工程质量检测记录表》(1)、(2),见表 9.2.6-1、2。

表 9.2.6-1 电源系统分项工程质量检测记录表(1)

单位(子单位)工程名称			子分部工程	电源与接地
分项工程名称	电源系统—稳流稳压、不间断电源装置、应急发电机组		检测部位	
施工单位			项目经理	
施工执行标准名称及编号				
分包单位			分包项目经理	
检测项目			检测记录	备注
1	引接 GB 50303 验收合格的公用电源			主控项目
2	稳流稳压、不间断电源装置	核对规格、型号和接线检查		主控项目
		电气交接试验及调整		
		装置间的连线绝缘电阻值测试		
		输出端中性线的重复接地		
		主回路和控制电线、电缆敷设及连接		一般项目
		可接近裸漏导体的接地或接零		
		运行时噪音的检查		
		机架组装平直度、紧固情况		
3	蓄电池组及充电设备蓄电池组充放电			主控项目

检测意见：

监理工程师签字： 检测机构人员鉴字：
(建设单位项目专业技术负责人)
日期： 日期：

说明：

1. 本表为子分部工程电源与接地系统的分项工程电源系统中的稳流稳压、不间断电源装置、应急发电机组的检测表,本检测内容包括主控项目和一般项目。

2. 稳流稳压、不间断电源装置、应急发电机组的检测包括:电源的引接、稳流稳压、不间断电源装置;蓄电池组及充电设备蓄电池组充放电;应急发电机组等项,根据工程的具体要求,需增加检测项目时,可在表中检测项目一栏中增加项目。

3. 每个工程填写一张表,即表 9.2.6-1。检测部位不用填写。

4. 引接 GB 50303 验收合格的公用电源:指智能化系统的电源应引接自依 GB 50303 验收合格的公用电源。

5. 稳流稳压、不间断电源装置:应执行 GB 50303 第 9.1.1、9.1.2、9.1.3 条的规定。

(1)主控项目。

a. 核对规格、型号和接线检查:指核对设备型号、规格;检查接线连接正确,紧固件齐全,可靠不松动,焊接连接无脱落现象。

b. 电气交接试验及调整:指电气交接试验记录,包括不间断电源的各项技术性能指标(输出电压稳定性、波形畸变系数、频率、相位、静态开关动作等)试验调整必须符合产品技术性文件和设计文件要求。

c. 装置间的连线绝缘电阻值测试:指连线的线间、线对地间绝缘电阻值,应大于 0.5MΩ。

d. 输出端中性线的重复接地:指不间断电源输出端的中性线(N 极),必须与由接地装置直接引来的接地干线相连接,做重复接地。

(2)一般项目。

a. 主回路和控制电线、电缆敷设及连接。

b. 可接近裸漏导体的接地或接零。

c. 运行时噪音的检查。

d. 机架组装平直度、紧固情况:指机架组装、紧固,以及水平度、垂直度偏差≤15%。

6. 蓄电池组及充电设备蓄电池组充放电(主控项目):应执行 GB 50303 第 6.1.8 条的规定。指:

(1)检查充、放电记录,首次充、放电的各项指标均必须符合产品技术条件及施工规范规定。

(2)蓄电池组母线对地绝缘电阻值,110V 的蓄电池组不小于 0.1MΩ;220V 的蓄电池组不小于 0.2MΩ。

(3)直流屏主回路线间和线对地间绝缘电阻值应大于 0.5MΩ,直流屏所附蓄电池组的充、放电应符合产品技术文件要求;整流器的控制调整和输出特性试验应符合产品技术文件要求。

表 9.2.6-2   电源系统分项工程质量检测记录表(2)

单位(子单位)工程名称			子分部工程	电源与接地
分项工程名称	电源系统		检测部位	
施工单位			项目经理	
施工执行标准名称及编号				
分包单位			分包项目经理	
检测项目			检测记录	备注
1	专用电源设备及电源箱交接试验	电气交接试验		主控项目
		电压、电流及指示仪表检查		一般项目
		试通电检查		
		电线或母线连接处温升检查		

续表

2	智能化主机房集中供电专用电源线路安装质量	金属电缆桥架、支架的安装与接地		主控项目
		电缆沟和竖井内电缆敷设检查		
		金属导管敷设及接地		
		电缆敷设的防涡流效应		
		金属电缆桥架的膨胀和收缩的适应性		一般项目
		电缆沟和竖井内支架支持和固定		
		线缆的标志、绑扎		

检测意见：

监理工程师签字：　　　　　　　　　　　检测机构人员签字：
（建设单位项目专业技术负责人）
日期：　　　　　　　　　　　　　　　日期：

说明：

1. 本表为子分部工程电源与接地系统的分项工程电源系统中的电源箱、智能化主机房集中供电的检测表，本检测内容包括主控项目和一般项目。

2. 电源箱、智能化主机房集中供电的检测包括：专用电源设备及电源箱交接试验、智能化主机房集中供电专用电源线路安装质量等项，根据工程的具体要求，需增加检测项目时，可在表中检测项目一栏中增加项目。

3. 表中 1 栏为每个被检专用电源设备及电源箱填写一张表，在检测部位填被检设备编号、安装位置（包括楼层及部位），多个被检设备的表格以附加编号区别，即表 9.2.6-2-XX，其中 XX 为被检设备的排列序号；2 栏为每个智能化系统机房填写一张表，在检测部位填被检机房名称、楼层及部位，多个被检机房的表格以附加编号区别，即表 9.2.6-2-YY，其中 YY 为被检机房的排列序号。

4. 专用电源设备及电源箱交接试验：应执行 GB 50303 第 10.1.2 条的规定。

(1)主控项目。电气交接试验：指检查与智能化系统有关的各楼层和设备机房电源箱的电气交接试验。

(2)一般项目。

(1)电压、电流及指示仪表检查：指检测电压、电流的指示仪表，以及电源箱的过负荷、短路及缺相保护等功能。

(2)试通电检查。

(3)电线或母线连接处温升检查。

5. 智能化主机房集中供电专用电源线路安装质量，指智能化系统机房（中央监控室、网络中心、程控交换机房、有线电视机房、综合布线机房等）的电源线路的安装，应执行 GB 50303 第 12.1、13.1、14.1、15.1 条的规定。

(1)主控项目。

(1)金属电缆桥架、支架的安装与接地：指金属电缆桥架及其支架和引入或引出的金属电缆导管必须接地(PE)或接零(PEN)可靠，且符合规范规定。

（2）电缆沟和竖井内电缆敷设检查：指电缆敷设严禁有绞拧、铠装压扁、护层断裂和表面严重划伤等缺陷。

（3）金属导管敷设及接地：指金属导管和线槽必须接地（PE）或接零（PEN）可靠，且符合规范规定。

（4）电缆敷设的防涡流效应：指三相或单相的交流单芯电缆，不得单独穿于钢导管内，同一交流回路的电线应穿于同一金属导管内，且管内电线不得有接头；不同回路、不同电压等级和交流与直流的电线，不得穿于同一导管内。

（2）一般项目。

（1）金属电缆桥架的膨胀和收缩的适应性。

（2）电缆沟和竖井内支架支持和固定：指支架的支持和固定间距、接地等应符合规范规定。

（3）线缆的标志、绑扎：指线缆应按不同功能、回路绑扎，并有永久性标志，标志明确、清晰。

9.2.7　检测设备

1. 电源参数检测

（1）配电输出电压检测，要求用万用表测量输出电压；

（2）频率检测，要求用频率计测量电源频率；

（3）波形畸变率检测，要求用波形失真仪测量波形失真率；

2. 绝缘电阻检测

将被测回路从电路中断开，要求用500V兆欧表测量，测量该线路导线与导线之间，导线与穿线金属管（或接地线）间的绝缘电阻，记录测量时电阻的最小值为所测绝缘电阻值。

3. UPS的检测

（1）UPS电源的产品检测内容：

a. 静态测试：

（a）在功率因数为0.8的条件下，分别在50%和100%额定负荷时测UPS电源的输出端、输入端各相电压、线电压；测试输入、输出频率的变化；

（b）在不平衡负载为30%的情况下，测试UPS电源的输出电压（单进单出、三进单出不测）。

b. 动态测试：

（a）UPS电源在正常运行时，加、减20%负荷，测试输出电压的变化情况；

（b）UPS电源在正常运行时，加、减100%负荷，测UPS电源输入、输出电压的变化和恢复正常的时间；

（c）在三相负载不平衡的条件下，UPS电源的输出稳定性（单进单出、三进单出不测）；

（d）在输入缺相的情况下，UPS电源的输出特性（单进单出、三进单出不测）；

（e）输入电压在规定范围内波动时，UPS电源的输出特性。

c. 过载试验：

（a）过载为125%时，运行10min，UPS的工作情况；

（b）过载为 150％时,运行 1min,UPS 的工作情况;

（c）过载为 200％时 UPS 的工作情况;

（d）放电试验:将 UPS 电源连续充电 24h 后,加上正常负载,切断市电,测试 UPS 电源的供电时间;

（e）不间断试验:将 UPS 电源在正常工作时,切断市电,从示波器上看负载端转换供电有无中断。

d. 特殊情况试验:

（a）输入电压超过供电范围(＋10％)时,UPS 电源的工作情况,是否有报警信号;

（b）输入电压低于供电范围(－10％)时,UPS 电源的工作情况,即调整市电电压使其低于下限电压值,检查 UPS 是否转入蓄电池供电,再从低于下限电压值恢复到下限电压值以上时,检查 UPS 是否恢复市电供电;

（c）输入电压缺一相时,UPS 电源的工作情况(单进单出、三进单出不测);

（d）输入电压缺二相时,UPS 电源的工作情况(单进单出、三进单出不测);

（e）短路时 UPS 电源的工作情况;

（f）有干扰的情况下,UPS 电源的工作情况;当频率变化不稳定时,如由备用发电机供电,UPS 电源的工作情况。

e. 频繁操作试验:

（a）连续接通、断开 UPS 电源 5 次;

（b）市电和 UPS 间的频繁切换(一般为 5 次);

（c）负载从 0 到 100％通断 5 次。

（2）UPS 电源的工程检测内容:

a. 当电源 1 正常或失效时 UPS 的供电电压、电流、频率和功率;

b. 当电源 2 正常或失效时 UPS 的供电电压;电流扩频率和功率;负载有逆变器或旁路供电时的电压、电流、频率和功率;

c. 蓄电池的充电、放电功能;

d. 手动旁路开关断开和闭合时的工作情况;

e. UPS 的报警功能:整流器、充电器、逆变器、旁路开关等的故障报警;

f. 蓄电池组的故障报警功能;

g. 风机的工作情况和故障报警功能;

h. UPS 的闭合和紧急停机功能。

9.3　常见质量问题

1. 绝缘电阻检测不规范,有的甚至不知道如何测试

处理方法:

（1）对民用低压线路进行绝缘电阻检测时，应使用 $500\mathrm{V}$ 的兆欧表对各回路线间的绝缘情况进行检查；

（2）在工程中，应分如下三段进行检测（如图 9.3-1 所示），检测前各分段之间应完全断开；

图 9.3-1　建筑物供电回路方框图

a. 总控制屏或柜至分控制柜或箱。对该段线路进行检测时，首先应搞清楚配线图。如果配线为三相或二相，则应对每相之间，每相对零线、每相对地线以及零线对地线之间的绝缘电阻进行检测；若为单相配线，则应对相线与零线，相线与地线以及零线与地线之间的电阻进行检测；

b. 分控制柜或箱至各子系统控制柜或箱。应分别对每户的相线对零线、相线对地线、零线对地线的绝缘电阻进行检测；

c. 各子系统控制柜或箱至用电设备。应分回路对各回路的线间绝缘情况进行检查。例如：照明回路（通常不设保护线），只对相线（火线）对零线绝缘电阻进行检测。对插座回路，应对相线与零线、相线与地线以及零线与地线之间的绝缘电阻情况进行检测。

2. 绝缘电阻检测中，常常会出现不合格点

（1）原因分析：

a. 电线材质差，绝缘外皮为再生产品易破损；

b. 施工中电线绝缘皮遭到破坏或电管破损处以及接头处进水，影响了绝缘电值；

c. 电线接头处绝缘包裹不严密，包裹层数不够，未使用两种胶带包裹，接头处绝缘强度不足；

d. 插座、灯具或配电箱内电器、配件绝缘不合格。例如：零线端子排绝缘垫块质量差，使得零线对连接箱体的地线的绝缘电阻达不到合格要求；

e. 插座回路与照明回路未完全分开。在这种情况下，如果该回路白炽灯开关有一个处于闭合状态，就会导致回路中火线与零线通过灯具电阻丝相通，从而使检测数值达不到合格要求；

f. 线路检测时，各分段之间应完全断开。单极和三极断路器，一般只能断开火线（相线），不能断开零线，如果检测时只通过断开单极或三极断路器开关进行隔离，零线与地线就有可能与地线在进户重复接地处相通，使得检测数值为零。有时，即便零线与地线在进户重复接地点已断开，但因零线在远处可能有多处重复接地，也会导致检测数值为零；

　　g. 照明与插座回路未按图纸要求分开敷设。一般来说,照明与插座回路是属于不同用电回路。如果检测插座回路时,闭合照明回路白炽灯开关,则火线对零线的检测数值立即指向零。这正是由于未按图纸要求分开敷设施工的缘故。

　　(2)处理办法:

　　a. 加强对电缆管、电线及用电保护器质量的控制。进场的原材料必须具有有效的合格证或者通过了产品质量检测。严禁不合格电气产品进入施工现场;

　　b. 加强对敷管穿线项目的隐蔽验收。检查电管、电线是否按图施工,电管的转角处以及电管、电线的接头处连接是否符合规范要求。电线的接头位置以及接头处的绝缘处理是否符合规范要求;

　　c. 必须使用合格的器材、部件,采用规范的施工方法,严格检查管理措施,才能保证绝缘电阻的检测结果符合规范要求。

思　考　题

1. 画出建筑电源供电系统的结构图。
2. 简述电源供电的方式以及适用的用户。
3. 试说出不间断电源的种类和特点。
4. 画出在线式不间断电源结构框图。
5. 说出配电柜中集中主要电线的国家标准色谱。
6. 系统主机房集中供电专用电源线路的安装有哪些具体要求?
7. 如何对 UPS 进行工程检测?

第10章 防雷和接地系统的施工与监理

【内容提要】接地和防雷是安防工程中的重要配套项目,其安全性、可靠性将直接影响到各系统的正常运行。接地装置和防雷系统优劣将直接影响人身安全以及系统设备的正常运行。本章简要介绍安防工程中的防雷、屏蔽和接地系统,同时还介绍了防雷和接地系统的验收、检测方法和手段等。通过本章的学习,要求掌握电源系统的防雷、屏蔽和接地系统安装调试要求,了解防雷、屏蔽和接地系统的验收、检测环节、步骤和方法,学会处理防雷、屏蔽和接地系统在安装调试中出现的一些典型故障。

10.1 概述及施工要求

10.1.1 防雷

安防工程装备中有计算机、通信及小信号设备,它们中有不少设备采用大量的微电子设备,通过大量的传感器、探测器、控制器、网络设备、弱电机柜等为用户提供服务。系统中的微电子设备有工作电压低、绝缘程度低、耐受过压能力差,抗干扰、抗电涌的能力差等致命弱点,一旦遭雷电干扰,其后果往往是不但会使这些昂贵的设备损坏,而且有可能使整个系统的运行中断,造成巨大的经济损失。

建筑物的防雷工程是一个系统工程,其作用是防止建筑物受直击雷和感应雷的破坏,它主要涉及建筑防雷设计、电气设计等专业,当然和弱电设计也有关,需综合考虑。

1. 建筑物防雷的基本知识

(1)雷电防护区。雷电防护区的划分是将需要保护和控制雷电电磁脉冲环境的建筑物,从外部到内部划分为不同的雷电防护区(LPZ)。雷电防护区一般划分为:

a. 直击雷非防护区(LPZ0$_A$):电磁场没有衰减,各类物体都可能遭到直接雷击,属完全暴露的不设防区;

b. 直击雷防护区(LPZ0$_B$):电磁场没有衰减,各类物体很少遭受直接雷击,属充分暴露的直击雷防护区;

c. 第一防护区(LPZ1):由于建筑物的屏蔽措施,流经各类导体的雷电流比直击雷防护区减小,电磁场得到初步衰减(衰减的效果取决于整体的屏蔽措施),各类物体不可能遭受直接雷击;

d. 第二防护区(LPZ2)：进一步减小所导引的雷电流或电磁场而引入的后续防护区；

e. 后续防护区(LPZn)：需要进一步减小雷电电磁脉冲，以保护敏感度水平高的设备。序号更高的防雷区是为了防止信息丢失和信息失真而设置的。保护区序号越高，预期的干扰能量和干扰电压越低。

建筑物雷电防护区(LPZ)划分如图 10.1.1 - 1 所示。

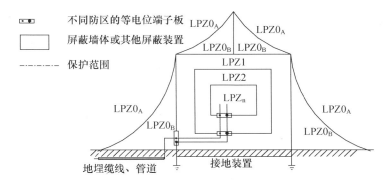

图 10.1.1 - 1　建筑物雷电防护区(LPZ)划分

根据雷电保护区的划分，建筑物外部是直击雷的区域，在这个区域内的设备最容易遭受损害，危险性最高，是暴露区。但是通过外部的防雷系统，建筑物的钢筋混凝土及金属外壳等构成的屏蔽层可保护建筑免受雷击损害。故建筑物内部及计算机房、监控中心等所处的位置通常在非暴露区，越往内部，危险程度越低。内部防雷可通过全楼的综合等电位接地、安装避雷器等方式进行防范。

(2)建筑物雷电防护的等级。建筑物的雷电防护按规范规定分为四级，根据建筑物的性质、功能、重要性等因素确定。建筑物电子信息系统雷电防护等级选择见表 10.1.1 - 1。

(3)直击雷和感应雷。雷电作为一种大气物理现象，每一次雷击都是由一系列的放电(云间、云地)形成的，可分为直击雷和感应雷两类。

a. 直击雷。直击雷是带电云层和大地之间放电造成的、在形成雷云的过程中、某些积累起正电荷的雷云接近到一定程度时，发生迅猛的放电，出现耀眼的闪光。当雷云很低，周围又没有异性电荷的雷云时，就会在地面或者建筑物上感应出异性电荷，形成带电云层向建筑物或地面的树木、动植物上放电，瞬时电流可达到几十甚至几百千安，放电时间为 $50\mu s \sim 100\mu s$，这种放电就是直击雷，直击雷对建筑物和人畜安全危害甚大，雷电的电效应、热效应等混合力作用，可直接摧毁建筑物、构架或引起人员伤亡等。但直击雷只占雷击的 10% 左右，可使用避雷针、避雷线和避雷网等来有效防范。

b. 感应雷。感应雷是由雷电静电感应和雷电流的电磁感应两种原因所引起的,当带电的云层(雷云)靠近架空输电线路、地埋线路、金属管线或类似的传导线路时,会在它们上面感应出异性电荷,这些异性电荷被雷云电荷束缚着,当雷云对附近的目标或接闪器(如避雷针等)放电时,其电荷迅速中和,而输电线路上束缚的电荷便成了自由电荷,形成局部感应高电位。这种感应高电位发生在低压架空线路时亦可达100kV,在电信线路上可达40kV~60kV。该电压通过传输导体传送至设备,间接摧毁微电子设备。此外雷击后巨大的雷电流在周围空间产生交变磁场,由于电磁感应使附近设备感应出高电压,从而使设备损坏。

表 10.1.1-1　建筑物雷电防护等级

雷电防护等级	电子信息系统
A级	1. 大型计算机中心、大型通信枢纽、国家金融中心、银行、机场、大型港口、火车枢纽站等; 2. 甲级安全防范系统,如国家文物护档案库的视频监控系统和报警系统; 3. 大型电子医疗设备; 4. 五星级宾馆。
B级	1. 中型计算中心、中型通信枢纽;移动通信基站、大型体育场(馆)监控系统、证券中心; 2. 乙级安全防范系统,省级文物、档案库视频监控系统和报警系统; 3. 雷达站、微波站、高速公路的监控和收费系统; 4. 中型电子医疗设备; 5. 四星级宾馆。
C级	1. 小型通信枢纽、电信局; 2. 大中型有线电视系统; 3. 三星级以下宾馆。
D级	除上述A、B、C级以外的一般用途的电子信息系统设备

当雷击时处于避雷针保护范围内的电源保险丝、电源变压器、整流元件、集成电路等元件遭损,就是感应雷击的明证。

对微电子设备,特别是监控设备和电子计算机网络系统等,感应雷击的危害最大。据资料显示,微电子设备遭雷击损坏,80%以上是由感应雷击引起。所以安防工程系统的防雷主要考虑防感应雷(或称二次雷击)引起的浪涌过电压的危害。

(4)感应雷引入建筑物的通道主要有:

a. 建筑物中的电源线和各种电子设备的供电线路:建筑物的供电系统以50Hz工频工作,雷电的最大能量谐波分量分布在工频附近,极易与供电线路相耦合。据统计在感应雷击事故中由电源线路引入的感应雷击约占60%以上。

b. 建筑物中的天线馈线:智能化系统中的卫星电视天线、卫星地面接收站天线、开路电视接收天线、调频广播天线、无线通信覆盖系统天线等,都安装在建筑物的屋顶,这些天线首当其冲,它们的馈线最易将感应雷引入其前端设备和收/发信号设备。

　　c. 引入建筑物的网络接入线、电话线、局域网和通信设施必须和广域网、市话局电话网相接。其接入线也是感应雷引入的渠道之一。

　　d. 室外安装的电子设备引入建筑物的线缆（如安防设备的探头，摄像机的供电线、信号线等）也是建筑物引入感应雷的通道。

　　e. 建筑物内"长"距离布设的各种信号线缆。

　　f. 具有公共接地的建筑物中的一切金属管道，在直接雷电流流经其上时，其周围产生的磁场涡流在金属表面感应出雷电冲击波。

　　g. 雷电放电时，在金属表面感应出来的雷电冲击波。

　　(5)对雷电的防护。雷电防护措施的核心是泄放和均衡。

　　泄放是将雷电与雷电电磁脉冲的能量通过大地泄放，并且应符合层次性原则，即尽可能多、尽可能远地将多余能量在引入安防工程系统之前泄放入地；层次性就是按照所设立的防雷保护区分层次对雷电能量进行削弱。

　　均衡就是保持系统各部分不产生足以致损的电位差。采用可靠的接地系统、等电位连接用的金属导线和等电位连接器（防雷器）组成一个电位补偿系统，在瞬态现象存在的极短时间里，这个电位补偿系统可以迅速地在被保护对象所处区域内所有导电部件之间建立起一个等电位，使保护区域内的所有导电部件之间不存在显著的电位差。

　　一个有效的防雷系统，包括以下三部分：

　　a. 直击雷防护。避雷针（或避雷带、避雷网）、引下线和接地装置构成建筑物的直击雷保护，同时要抑制引雷过程中的二次效应，直击雷的防护一般都是由建筑的防雷设计解决。

　　b. 一点接地网络。除独立避雷针外，其他交流地、保护地、信号地、防雷地等不同的接地均接成一点接地网络系统，使其电位差不随雷击电流的变化而变化，形成"水涨船高"的接地电位网络。

　　建筑物内的等电位连接是必需的，为了达到防雷电电磁干扰的目的，应有目的地将接闪装置与建筑物的梁、板、柱和基础的钢筋进行可靠的电气连接，以使整个建筑物成为良好的立体等电位体，这是抑制雷电电磁脉冲对建筑物内电子设备干扰的有效措施。

　　c. 暂态浪涌电压抑制（避雷器）。由于大量微电子器件在设备中的使用，系统中的暂态浪涌电压会对系统造成很大的故障隐患。电子设备的雷电主要是通过引线引入的，因此，一方面应注意引线的屏蔽接地处理，另一方面应在其雷电通道的入口处——系统地装设浪涌保护器（SPD）。电子设备群体的防雷保护，主要是抑制雷电入口的脉冲过电压，视引线的性质加装不同类型的 SPD，同时处理好子系统引线的屏蔽及均压接地。

　　以上三者缺一不可，而正确的连接和接地是防雷系统中最关键的因素。

2. 等电位连接

过电压保护的基本原理是在瞬态过电压发生的瞬间（微秒或纳秒级），在被保护区域内的所有金属部件之间应实现一个等电位。等电位是用连接导线或过电压保护器将处在需要防雷的空间内的防雷装置、建筑物的金属构架、金属装置、外来的导体物、电气和电信装置等连接起来。等电位连接的目的在于减小需要防雷的空间内各金属部件和各系统之间的电位差。

建筑物内的等电位连接有总等电位连接和电子信息系统机房的等电位连接。前者是将建筑物柱内主筋、各层楼板内的钢筋、基础内钢筋等连成一体，在每层（包括机房、弱电间等）都设有等电位连接的端子板；电子信息系统机房的等电位连接是在建筑物总等电位连接的基础上对重点防护对象的防护措施。机房的等电位连接方式如图 10.1.1-2 所示，典型接地系统如图 10.1.1-3 所示。

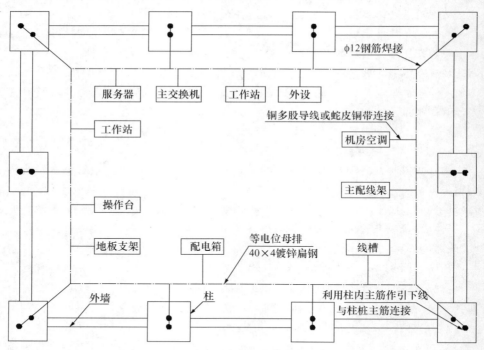

图 10.1.1-2　机房等电位连接示意图

它要求将机房内的机柜、机架、金属管、槽、屏蔽线缆外层、电气和电子设备的金属外壳、信息设备的防静电接地、安全保护接地、浪涌保护器（SPD）接地端以最短的距离与等电位连接网络的接地端子连接。与端子板连接的接地干线应采用多股铜导线或铜带连接，截面不小于 16mm²。

在等电位连接中的一些具体措施：

由于电气通道以及金属管路穿过各级雷电保护区,因此要求它们的金属构件必须在每一穿过点做等电位连接。

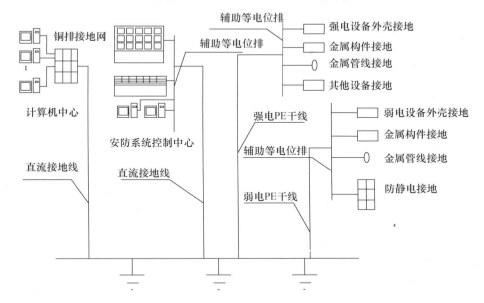

图 10.1.1-3　接地系统图

(1)进入建筑物的所有管线(包括电缆金属外皮、燃气管、自来水管、消防干管)和金属构件,以及架空敷设管道的钢架等,在进入大楼前要进行电气连接,并与大楼的主筋连接。

(2)从室外进入的信号线和从室内到室外的电源线、控制线等均应穿金属管,并在管两端分别与基座和大楼的钢筋焊接。

(3)楼内的强电、弱电竖井的桥架、水平线槽、电梯轨道、电线暗管等必须进行等电位连接,并与大楼的主筋相连接。

(4)机房内的抗静电地板的金属支架应进行电气连接和与大楼的主筋连接,每5m 用 6mm² 铜线与等电位连接端子排连接。

(5)机房内的配电箱、柜、桥架、线槽、控制操作台、机柜、空调机等机壳必须接地;

(6)在大楼现场安装的设备,如摄像机的机架、门禁读卡器、控制器、传感器、执行器等的外壳必须良好接地。

(7)由于电感(L)越大,瞬变电流在电路中产生的电压(U)就越高,而电感主要与导线的长度成正比,因此,应使连接导线尽可能地短。同时,采用多条连接导线并联也能明显地降低电感量;因此可采用星型或网型结构将被保护的装置连接到一条等电位连接带上。

(8)对于系统中无法使用连接导线进行等电位连接的地方,应使用浪涌保护器

（SPD）实现瞬态等电位连接。因此需要选用一些响应速度快的元件,在瞬态过电压的情况下将数十千安的电流传导入地。在建立了由连接导线和浪涌保护器组成的等电位连接网络后,当网络出现瞬态浪涌过电压甚至受到雷击时,可以认为在极短的时间内形成了一个等电位岛,这个等电位岛对于远处的电位差可高达数十万伏,而岛内由于实现了等电位连接,所有导电部件之间不会产生有害的电位差。

4. 浪涌保护器（SPD）

鉴于目前的雷电致损特点,基于浪涌保护器的防护方案是最简单、经济、可靠的雷电防护解决方案。浪涌保护器用于保护电子设备和装置免受浪涌的危害,以及为电子传输系统提供等电位连接。其主要原理是瞬态现象时将其两端的电位保持一致或限制在一个范围内,转移有源导体上的多余能量。浪涌保护器的应用是实现均压等电位连接的重要手段。浪涌保护器根据其应用主要分为电源系统防雷器、信号系统防雷器和绝缘火花间隙三种,实物如图 10.1.1-4 所示。

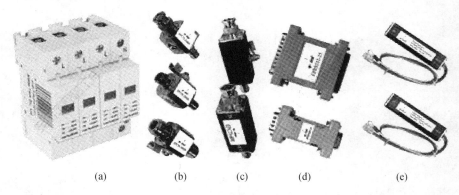

（a）　　　　（b）　　　　（c）　　　　（d）　　　　（e）

图 10.1.1-4　部分浪涌保护器
（a）电源 SPD；（b）射频 SPD；（c）视频 SPD；（d）232/485SPD；（e）网络 SPD

（1）供电系统的防浪涌保护。电子信息系统设备由 TN 交流配电系统供电时,配电线路必须采用 TN-S 系统的接地方式。根据供电系统的建设,对电源系统的防雷一般可采用四级防护,最大限度地保护机房设备的安全性。

第一级保护:可装于室外,在电力变压器的副边端,保护电力电缆及整个大楼全部用电设备,每根电源线分别独立保护（此部分由建筑电气设计考虑）。

第二级保护:安装于分配电柜（楼层配电柜）（此部分由建筑电气设计考虑）。

第三级保护:安装于安防系统机房的主配电柜,保护机房内通过此配电柜的所有用电设备。SPD 的响应时间小于 25ns,允许通过电流 40kA。

第四级保护:安装于需要特殊保护的设备,如计算机网络系统的主交换机、数字程控交换机、UPS 电源、机房空调电源等。安装在重要机器及设备的专用开关电源进线端,保护主机电源及用电设备（若所有机器均使用被保护的 UPS 的电源则此保护可不设)。

SPD 的允许通过电流可达 6.5kA,残余电压为 700V 左右。

采用多级 SPD 防护的目的是达到分级泄漏,避免单级防护因过大的雷击电流出现损坏保护器和在设备电源端口产生高残压,确保设备的安全。

浪涌保护器的选择要根据配电线路设备在雷电分区的位置,以及配电设备属于哪一级放电等因素选配。

电源线路的浪涌保护器(SPD)应分别安装在被保护设备电源线路的前端,并联安装在各级配电箱的开关之后;SPD 各接线端子应分别与配电箱内线路的同名端相线连接。SPD 的接地端与配电箱的保护接地线(PE)接地端子板连接,配电箱接地端子板应与所处防范雷区的等电位接地端子板连接。如图 10.1.1-5 所示

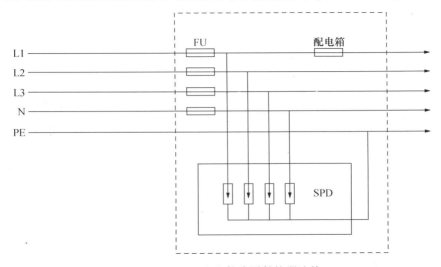

图 10.1.1-5　配电箱浪涌保护器连接

避雷器的工作原理是:当线路为正常电压时,避雷器呈高阻状态,只有很小的泄漏电流年 μA 数量级,功率损耗极小;当线路中出现过压时,避雷器呈低阻状态(时间效应为 10^{-9}s 数量级)。而雷电过电压的电流是很快上升到峰值、然后较慢下降的脉冲电流,国标采用的数据是上升到峰值的时间为 8×10^{-6}s,下降到半峰值的时间是 20×10^{-6}s,其时间量值为 10^{-6}s 数量级。过电压以放电电流的形式通过避雷器流入大地,过电压被抑制下来,浪涌电压过后,线路电压恢复正常时,避雷器又呈高阻绝缘状态,因此避雷器必须有良好的接地装置与之配合。

各级浪涌保护器的连接导线应平直,导线长度不宜超过 0.5m,连接导线的截面积参见表 10.1.1-2。

检查浪涌保护器的耐冲击过电压额定值、系统配电线路浪涌保护器和设备适配的电源浪涌保护器的数量、参数及安装位置是否符合设计要求。

表 10.1.1-2　SPD 连接导线截面积

保护级别	SPD 类型	导线截面积(mm)	
		SPD 连接相线铜导线	SPD 接地端接铜导线
第一级	开关型或限压型	16	25
第一级	限压型	10	16
第一级	限压型	6	10
第一级	限压型	4	6

注:组合型 SPD 参照相应保护级别的截面积选择

（2）信号线路的防浪涌保护。安防工程系统的信号线种类较多,各种不同的信号应选择不同的浪涌保护器。

信号线路浪涌保护器的选择应按表 10.1.1-3 选择。

表 10.1.1-3　信号线路浪涌保护器选择列表

	非屏蔽双绞线	屏蔽双绞线	同轴电缆
标称导通电压(V)	$\geqslant 1.2U_n$	$\geqslant 1.2U_n$	$\geqslant 1.2U_n$
标称放电电流(kA)	$\geqslant 1$	$\geqslant 0.5$	$\geqslant 1$

注:U_n——最大工作电压

（3）计算机网络系统的防浪涌保护:

a. 进、出建筑物的传输线应根据建筑物所处的地区、建筑物的风险程度确定安装浪涌保护器的范围和级数:A 级防护系统宜采用两级或三级信号浪涌保护器;B 级防护系统宜采用两级信号浪涌保护器,C、D 级防护系统宜采用一级或两级信号浪涌保护器。

b. 各级浪涌保护器宜分别安装在直击雷非防护区（LPZ0$_A$）或直击雷防护区（LPZ0$_B$）与第一防护区（LPZ1）的交界处,以及第一防护区（LPZ1）与第二防护区（LPZ2）的交界处。

c. 采用光缆传输时,所有金属接头、金属挡潮层、金属加强芯等应在入户处直接接地。

d. 在重要设备,如路由器、局域网核心交换机等设备的传输线路上安装适配的信号防浪涌保护器;

e. 信号线路的防浪涌保护器应根据被保护设备的工作频率、工作电压、传输速率、带宽、参数介质、插入损耗、特性阻抗、接口形式等参数选择;

f. 机房内信号线路防浪涌保护器的接地端宜采用截面积不小于 1.5mm^2 的多股绝缘铜导线,单点连接至机房内的局部等电位接地端子板,接地线应平直;

g. 计算机机房的安全保护地、信号工作地、屏蔽接地、防静电接地和防浪涌保护器接地等均应连接到局部等电位接地端子板上；

h. 若进入建筑物的计算机网络接入线采用光缆，则对光缆除按规范接地外，可不必另考虑信号防雷措施。

(4)安全防范系统前端电子设备集中供电线路的防浪涌保护：

a. 在安全防范系统中有摄像机、读卡器；建筑设备监控系统户外安装的传感器、执行器等设备等的供电线路一般由监控中心集中供电，应根据被保护设备的工作电压、接口形式等参数，按供电系统的选择原则选择适配的 SPD；

b. SPD 应安装在防雷分区交界面处；

c. 供电线路应与信号线路分开敷设。

(5)同轴电缆线路的防浪涌保护：

a. 安全防范系统中户外安装的摄像机的视频信号采用视频电缆传输；以及出、入建筑物其他系统的同轴射频电缆，也应根据被保护设备视/射频信号的工作电平、传输速率、带宽、参数介质、插入损耗、特性阻抗、接口形式等参数选择适配的 SPD；

b. 在安全防范系统中摄像机视频信号的输出端和监控中心视频矩阵控制器、分控机的输入端均应安装适配的视频信号线路 SPD；并安装在进、出建筑物直击雷非防护区(LPZ0$_A$)或直击雷保护区(LPZ0$_B$)与第一防护区(LPZ1)的交界处，如图 10.2.1-6 所示；

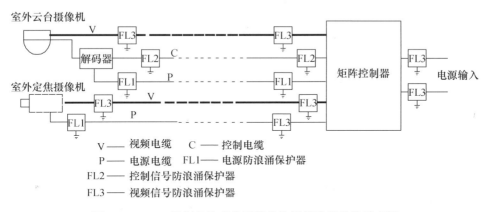

图 10.2.1-6　视频监控系统摄像机浪涌保护器连接示意图

c. 视频电缆应穿钢管地埋敷设，屏蔽层和钢管应两头接地；

d. 摄像机侧 SPD 的接地端可连接在云台金属外壳的保护接地线上，云台金属外壳保护接地端接至接地网上。

e. 监控中心一侧应设局部等电位连接端子板，各个 SPD 的接地端应分别连接到机房的等电位接地端子板上，接地线选用截面积不小于 1.5mm^2 的铜芯导线，接地干线宜采用截面积不小于 16mm^2 的多股绝缘铜芯导线。

(6)双绞线线路的防浪涌保护：

　　a. 安全防范系统中摄像机的解码器控制信号线路、报警信号线；建筑设备监控系统户外安装的传感器、执行器等设备；火灾报警系统的报警主机、联动控制盘、火灾紧急广播、火灾紧急电话等。它们的信号线、控制线通常都采用双绞线传输，应采用有金属屏蔽层线缆或穿金属管埋地敷设，并在线路进、出建筑物的直击雷非防护区（LPZ0$_A$）或直击雷防护区（LPZ0$_B$）与第一防护区（LPZ1）的交界处安装适配的信号线路防浪涌保护器；

　　b. 在建筑物内部的双绞线，如果它连接的设备不在一个电源环境内或走线距离比较长时（不在一个房间内或者跨越楼层时），双绞线两端连接的设备都应安装防浪涌保护器；

　　c. 在监控中心、消防控制室应设置等电位连接网络，室内所有的机架、机壳配线线槽、设备保护接地、安全保护接地、防浪涌保护器接地端均应就近接至等电位接地端子板；

　　d. 接地干线应采用截面积不小于 16mm^2 的铜芯绝缘导线，并宜穿管敷设接至本层或就近的等电位接地端子板。

10.1.2　屏蔽

　　为使建筑物内某些特定的区域满足电磁环境的要求，应采用屏蔽措施，对安全防范系统而言，包括线缆的敷设与屏蔽、机房的屏蔽两个方面。

　　1. 线缆的敷设与屏蔽

　　(1)为防止安全防范系统与其他电缆线和机电设备间的电磁干扰，要求信号线缆的敷设满足：

　　a. 在设计信号线缆的路由时，应尽量避免由线缆自身形成的感应环路；

　　b. 确保信号线缆与机电设备间的距离，信号线缆与机电设备间的距离应满足表 10.1.2-1 的要求；

　　c. 确保信号线缆与电力电缆间的距离。信号线缆与电力电缆间的距离应满足表 10.1.2-2 的要求。

表 10.1.2-1　信号线缆与机电设备的最小间距

设备名称	最小间距(m)	设备名称	最小间距(m)
配电箱	1	变电室	2
电梯机房	2	空调机房	2

表 10.1.2-2　信号线缆与电力电缆的最小间距

类　　别	信号电缆与电力电缆的敷设方式	最小净距离(mm)
380V 电力电缆 (<2kVA)	与信号电缆平行敷设	130
	有一方在接地的金属线槽或钢管中	70
	双方都在接地的金属线槽或钢管中	10

类　　别	信号电缆与电力电缆的敷设方式	最小净距离(mm)
380V 电力电缆 (2kVA～5kVA)	与信号电缆平行敷设	300
	有一方在接地的金属线槽或钢管中	150
	双方都在接地的金属线槽或钢管中	80
380V 电力电缆 (>5kVA)	与信号电缆平行敷设	600
	有一方在接地的金属线槽或钢管中	300
	双方都在接地的金属线槽或钢管中	150

注:1. 当 380V 电力电缆的容量小于 2kVA,双方都在接地的线槽中,即两个不同线槽或在同一线槽中用金属板隔开时,且平行长度不超过 10m 时,最小间距可以是 10mm。

　　2. 电话线缆中存在振铃电流时,不宜与计算机网络在同一根双绞线电缆中。

(2)需要保护的信号线缆,宜采用屏蔽电缆;在线缆两端的屏蔽层及雷电保护区交界处做等电位连接,并接地;

(3)若采用非屏蔽线缆,则应穿金属管道并埋地敷设;金属管道应电气导通,并在雷电保护区交界处做等电位连接,并接地。

(4)采用光缆传输信号时,应将光缆的所有金属接头、金属挡潮层、金属加强芯等在入户处直接接地。

2. 机房的屏蔽

(1)为防止机房的电子设备遭受雷击,应尽量将机房设在建筑物底层的中心部位,并尽可能设在远离外墙和结构柱的雷电防护区的高级别区域内。

(2)进入机房的金属导体;电缆屏蔽层及金属线槽应做等电位连接。

(3)当设备为非金属外壳或机房屏蔽达不到电磁环境要求时,可对个别设备设金属屏蔽网或金属屏蔽室。金属屏蔽网、金属屏蔽室应与等电位接地端子板连接。

10.1.3　接地

1. 接地的类型

建筑物内具有多种接地体,包括:

(1)防雷接地。为将雷电流迅速导入大地而设置的接地体。独立的防雷保护接地电阻应≤10Ω;

(2)交流工作接地。将供电系统中的变压器中性点或中性线(N 线),直接或经特殊设备(如阻抗,电阻等)与大地做金属连接,称为交流工作接地。可保证单相电源的使用。N 线必须用铜芯或铝芯绝缘线,且不能与其他接地系统如直流接地,屏蔽接地,防静电接地等混接,也不能与 PE 线连接。独立的交流工作接地电阻应≤4Ω;

(3)直流工作接地。为建筑物内的计算机、通信设备、网络设备及其他智能化设备提供稳定的供电电源和基准电位,采用较大截面的绝缘铜芯线作为引线,而设置

接地体。它不宜与 PE 线连接,严禁与 N 线连接。独立的直流工作接地电阻应≤4Ω;

(4)安全保护接地。安全保护接地就是将电气设备不带电的金属部分与接地体之间作良好的金属连接。是建筑物内设备及人身安全的保障。独立的安全保护接地电阻应≤4Ω。

(5)屏蔽接地与防静电接地。屏蔽接地是为有效防止来自内部自身传导或外来的电磁干扰;防静电接地是将产生的静电导入大地的接地体。屏蔽接地与防静电接地的做法是:将所有设备外壳与 PE 线连接;穿管敷设的导线管路两端与 PE 线可靠连接;屏蔽线缆屏蔽层的两端与 PE 线可靠连接;室内屏蔽也应多点与 PE 线可靠连接。

在机房内防雷接地应与系统机房的其他接地分开,并保持一定距离。

建筑物内智能化系统与交流工作接地、直流工作接地、安全保护接地等宜共用一组接地装置,共用接地体为接地电位基准点升由此分别引出各种功能接地引线。共用接地装置的接地电阻值必须按接入设备中要求的最小值确定。接地装置的接地电阻越小越好,通常要求共用装置的接地电阻≤1Ω。

2. 接地的处理

接地装置应优先利用建筑物的自然接地体,当自然接地体的接地电阻达不到要求时应增加人工接地体:

(1)采用人工接地装置或利用建筑物基础钢筋的接地装置,必须在地面以上按设计要求位置设测试点;

(2)接地模块顶面埋深不应小于 0.6m,接地模块间距不应小于模块长度的 3～5 倍;接地模块埋设基坑,一般为模块外形尺寸的 1.2～1.4 倍,且在开挖深度内详细记录地层情况;

(3)接地模块应垂直或水平就位,不应倾斜设置,保持与原土层接触良好;

(4)测试接地装置的接地电阻值必须符合设计要求;

(5)在直击雷非防护区(LPZ0$_A$)或直击雷防护区(LPZ0$_B$)与第一防护区(LPZ1)的交界处应设置总等电位接地端子板,共用接地装置应与总等电位接地端子板连接,通过接地干线引至楼层等电位接地端子板;

(6)机房应设局部等电位接地端子板,局部等电位接地端子板应与预留的楼层主钢筋接地端子板连接;接地干线宜采用截面积不小于 16mm² 的多股铜导线连接;

(7)不同楼层的弱电间或不同雷电防护区的配线间应设置局部等电位接地端子板;配线柜的接地线应采用截面积不小于 16mm² 的绝缘铜导线连接;

(8)在电气竖井中的接地干线宜采用面积不小于 16mm² 的铜带明敷,并与楼层主钢筋做等电位连接;

(9)计算机等用电设备的接地:宜采用单点接地并宜采取等电位措施。单点接地是指保护接地、工作接地、直流接地在设备上相互分开,各自成为独立系统。可从机柜引出三个相互绝缘的接地端子,再由引线引到总等电位接地端子排上共同接地;不允许把三种接地连接在一起;再用引线接到等电位接地端子排上,这种接法实际上变成混合接地,既不安全又会产生干扰,是规范不允许的。

10.2　接地和防雷系统检测

10.2.1　检测依据

防雷及接地系统的检测应执行《安全防范工程技术规范》GB 50348—2004 第7.7 条并参照《建筑物电子信息系统防雷技术规范》GB 50343—2004 等相关的国家标准的规定执行。

10.2.2　检测要求

(1)安全防范系统防雷的重点部位是:监控中心、计算机房,应重点检查的细节是:建筑物的等电位连接、电源系统、信号系统的防浪涌保护;机房、设备和管、线槽等的接地,以及接地电阻。

(2)机房接地电阻的要求:

a. 交流工作接地,接地电阻应不大于 4Ω;

b. 安全保护接地,接地电阻应不大于 4Ω;

c. 直流工作接地,接地电阻应按电子设备、系统的具体要求确定;

d. 防雷保护接地,按《建筑物电子信息系统防雷技术规范》GB 50343—2004 执行。交流工作接地、安全保护接地、直流工作接地等共用一组接地装置时,其接地电阻值应 $\leqslant 1\Omega$。

(3)检查数量及合格判定:安防系统的防雷与接地应全部检查,全部符合设计要求的为检测合格。

10.2.3　检测项目

(1)防雷与接地系统的引接;

(2)系统等电位连接及共用接地系统,包括接地装置与等电位接地连接导体的规格和连接方式、接地干线的规格和敷设方式、金属管道与接地线直接的连接、等电位连接接地带的材料规格和连接方式等;

(3)系统增加的人工接地体装置;

(4)系统的屏蔽接地及布线,包括进出建筑物线缆的安装和屏蔽、进出机房的线缆的安装和屏蔽等;

(5)系统的防雷与接地,包括防浪涌保护器的选型是否适配、安装位置、连接方式、连接导线的规格、接地线的规格和连接方式等;

(6)系统的接地线缆敷设。

10.2.4　检测方法

检查按《安全防范工程技术规范》GB 50348—2004 第 7.7 条验收合格的共用接地装置的验收文件和系统的防雷与接地系统的引接情况。

1. 系统等电位连接及共用接地系统的检测

(1)检查系统机房等电位连接网络,电气和电子设备的金属外壳、机柜、机架、金属管、金属线槽、屏蔽线缆外层、设备防静电接地、安全保护接地、防浪涌保护器(SPD)接地端等均应以最短的距离与等电位连接网络的接地端子板连接。

(2)检查室内总等电位接地端子板、楼层等电位接地端子板、机房局部等电位接地端子板的设置情况,包括安装位置、环境及连接点机械强度和电气连续性。

(3)检查共用接地装置与室内总等电位接地端子板连接,接地装置应在不同处采用两根连接导体与总等电位接地端子板连接,其连接导体截面积,铜质接地线不小于 35mm²,钢质接地线不小于 80mm²。

(4)检查接地干线引至楼层等电位接地端子板和机房局部等电位接地端子板、局部等电位接地端子板与预留的楼层主钢筋接地端子板的连接情况,接地干线采用多股铜芯导线或铜带时,其截面积不小于 16mm²,并检查接地干线的敷设情况。

(5)检查楼层配线柜的接地情况,楼层配线柜的接地线应采用绝缘铜导线,截面积不小于 16mm²。

(6)检查在电气竖井中的接地干线的敷设,接地干线宜采用铜带明敷,截面积不小于 16mm²,并与楼层主钢筋做等电位连接。

(7)检查暗敷的等电位连接线及其连接处的隐蔽工程记录,以及竣工图上注明的实际部位走向。

(8)检查等电位接地端子板、接地线的安装情况,等电位接地端子板表面应无毛刺、无明显伤痕、无残余焊渣,安装应平整端正、连接牢固;接地绝缘导线的绝缘层无老化龟裂现象。

(9)采用便携式数字接地电阻计实测或检查接地电阻测试记录,检查接地电阻值是否符合设计要求。

2. 系统的人工接地体装置

(1)检查接地装置测试点的设置,人工接地体装置必须在地面以上按设计要求位置设测试点。

(2)采用便携式数字接地电阻计实测或检查接地电阻测试记录,检查接地电阻值。新建工程可用建筑物共用接地电阻的测试报告。

(3)查验接地模块的埋设深度、间距和基坑尺寸等的验收记录。

(4)检查隐蔽工程部分验收合格记录。

3. 系统的屏蔽接地

(1)检查机房的设置及设备的安放位置,应满足设置在雷电防护区高级别区域

内的要求;

(2)检查金属导体、电缆屏蔽层及金属线槽等进入机房的等电位连接的要求。

(3)检查非金属外壳的电子设备设置金属屏蔽网或金属屏蔽室与等电位接地端子板的连接情况;

(4)检查采用屏蔽线的信号线缆屏蔽层的等电位连接并接地情况;

(5)检查敷设电缆的金属管道应电气导通,并在雷电防护区交界处做等电位连接并接地;

(6)检查建筑物之间的互联屏蔽电缆,电缆屏蔽层应能承载可预见的雷电流;

(7)检查光缆的金属接头、金属挡潮层、金属加强芯在入户处的直接接地。

4. 系统的防雷与接地

(1)检查系统设备由 TN 交流配电系统供电时,配电线路必须采用 TN-S 系统的接地方式;

(2)检查配电线路各级设备的防浪涌保护措施,选配的防浪涌保护器的数量、参数及安装位置是否符合设计要求;

(3)检查进出建筑物的信号线缆所采取的屏蔽措施、等电位连接和接地措施;检查从室外进入设备机房的信号线缆的防浪涌保护器的参数选择及安装情况;

(4)计算机网络系统的防雷与接地

a. 检查进出建筑物的传输线路上的防浪涌保护器的设置和安装。

b. 检查计算机设备的输入/输出端口处信号防浪涌保护器的设置;机房内信号防浪涌保护器的接地端导线单点应连接至机房局部等电位接地端子板上。

c. 计算机机房的安全保护地、信号工作地、屏蔽接地、防静电接地和防浪涌保护器接地等均应连接到局部等电位接地端子板上。

d. 检查多个计算机系统共用一组接地装置时的组合型等电位连接网络。

(5)安防子系统的防雷与接地

a. 检查置于户外的摄像机信号控制线输入、输出端口的防浪涌保护器设置。

b. 检查与户外设备有连接的矩阵控制器(或控制计算机)、分控机的信号控制线、通信线、各监控器的报警信号线的防浪涌保护器的设置;

c. 检查系统户外的供电线路、视频信号线路、控制信号线路的金属屏蔽及穿钢管敷设的接地与敷设;

d. 检查系统的共用接地情况。

5. 系统的接地线缆敷设

(1)检查接地线的截面、敷设路由、安装方法;

(2)检查接地线在穿越墙体、楼板和地坪时加装的保护管。

10.2.5　检测记录

检查结果填写到《防雷与接地系统分项工程质量检测记录表(1)》(附表

10.2.5-1)。

防雷与接地系统的单独接地装置的检查结果填写到《单独接地装置分项工程质量检测记录表(2)》(附表附表10.2.5-2);

防雷与接地系统的接地线的检查结果填写到《接地线分项工程质量检测记录表(3)》(附表附表10.2.5-3);

防雷与接地系统的等电位接地带的检查结果填写到《等电位接地带分项工程质量检测记录表(4)》(附表10.2.5-4);

防雷与接地系统的电源防浪涌保护器的检查结果填写到《防浪涌保护器分项工程质量检测记录表(5)》(附表10.2.5-5)。

附表10.2.5-1　防雷与接地系统分项工程质量检测记录表

单位(子单位)工程名称			子分部工程	电源与接地
分项工程名称	防雷与接地系统		检测部位	
施工单位			项目经理	
施工执行标准名称及编号				
分包单位			分包项目经理	
检测项目			检测记录	备注
1	防雷与接地系统引接GB 50303验收合格的共用接地装置			主控项目
2	建筑物金属体作接地装置接地电阻不应大于1Ω			主控项目
3	防过流和过压接地装置、防电磁干扰屏蔽接地装置、防静电接地装置	防过流、过压元件接地装置		主控项目
		防电磁干扰屏蔽接地装置		
		防静电接地装置		
		接地装置埋没深度、间距和搭接长度		一般项目
		接地装置的材质和最小允许规格		
		接地模块与干线的连接和干线材质选用		

检测意见:

监理工程师签字:　　　　　　　　　　　检测机构人员签字:
(建设单位项目专业技术负责人)
日期:　　　　　　　　　　　　　　　　日期:

说明:

1. 本表为子分部工程电源与接地系统的分项工程电源系统中的防雷与接地系统的检测表,本检测内容包括主控项目和一般项目。

2. 防雷与接地系统的检测包括:防雷与接地系统的引接、接地装置接地电阻、防过流和过压接地装置、防电磁干扰屏蔽接地装置、防静电接地装置等项,根据工程的具体要求,需增加检测项目时,可在表中检测项目一栏中增加项目。

3. 每个工程填写一张表,即表 10.2-5-1。检测部位不用填写。

4. 防雷与接地系统引接 GB 50303 验收合格的共用接地装置:指智能化系统的防雷与接地应引接自按 GB 50303 验收合格的建筑物共用接地装置。

5. 建筑物金属体作接地装置接地电阻不应大于 1Ω。

6. 防过流和过压接地装置、防电磁干扰屏蔽接地装置、防静电接地装置。智能化系统采用单独接地装置时应执行 GB 50303 第 24.1.1、24.1.2、24.1.4、24.1.5 条的规定。

(1)主控项目。

a. 防过流、过压元件接地装置:指是否符合设计要求。

b. 防电磁干扰屏蔽接地装置:指是否符合设计要求。

c. 防静电接地装置:指是否符合设计要求。

(2)一般项目。

a. 接地装置埋没深度、间距和搭接长度:指接地体在土壤中宜埋设在冻土层下,埋设深度不应小于 0.5m;接地装置的间距、及其搭接长度和焊接方式应符合规范要求。

b. 接地装置的材质和最小允许规格:指钢质或铜质。钢质接地线不小于 80mm²;铜质接地线不小于 50mm²。

c. 接地模块与干线的连接和干线材质选用:指接地干线采用多股铜芯导线或铜带时,其截面积不小于 16mm²。

附表 10.2.5-2　单独接地装置分项工程质量检测记录表

单位(子单位)工程名称				子分部工程	电源与接地
分项工程名称		防雷与接地系统单独接地		检测部位	
施工单位				项目经理	
施工执行标准名称及编号					
分包单位				分包项目经理	
检测项目(主控项目)				检查记录	备注
1	垂直接地体		材料		
			数量		
			规格		
			长度(m)		
			间距(m)		
			深度(m)		
2	水平接地体		材料		
			规格		
			总长度(m)		

续表

3	连接方式		
4	防腐措施		
5	测试点标志		
6	接地电阻值		
7	安装质量		

检测意见：

监理工程师签字：　　　　　　　　　　　检测机构人员签字：
（建设单位项目专业技术负责人）
日期：　　　　　　　　　　　　　　　　日期：

说明：

1. 本表为子分部工程电源与接地系统的分项工程电源系统中的防雷与接地系统中的单独接地装置的检测表，本检测内容为主控项目。

2. 单独接地装置的检测包括：垂直接地体检测、水平接地体检测、连接方式、防腐措施、测试点标志、接地电阻值和安装质量等项，根据工程的具体要求，需增加检测项目时，可在表中检测项目一栏中增加项目。

3. 每个工程填写一张表，即表 10.2.5-2。检测部位填写单独接地装置的部位。

4. 垂直接地体。

(1) 材料：指垂直接地体的材料，宜采用热镀锌钢质材料。

(2) 数量：指垂直接地体的数量。

(3) 规格：指垂直接地体的规格。

(4) 长度（m）：指垂直接地体的长度。

(5) 间距（m）：指钢质垂直接地体直接打入地沟时其间距不宜小于其长度的 2 倍，并均匀分布。

(6) 深度（m）：指接地体在土壤中宜埋设在冻土层下，埋设深度不应小于 0.5m。

5. 水平接地体。

(1) 材料：指水平接地体的材料。

(2) 规格：指水平接地体的规格。

(3) 总长度（m）：指水平接地体的总长度。

6. 连接方式：指钢质接地装置的连接方式，宜采用焊接连接，搭接长度和焊接方式应符合规范要求。铜质接地装置应采用焊接或熔接；钢质与铜质接地装置之间的连接应采用熔接或采用搪锡后螺栓连接。

7. 防腐措施：指焊接部位应做防腐措施。

8. 测试点标志：指在地面上设置的接地体测试点是否有明显的标志。

9. 接地电阻值：必须符合设计要求。

10. 安装质量：指接地体的施工质量和工艺水平。

附表 10.2.5-3　接地线分项工程质量检测记录表

单位(子单位)工程名称				子分部工程	电源与接地
分项工程名称		防雷与接地系统—接地线		检测部位	
施工单位				项目经理	
施工执行标准名称及编号					
分包单位				分包项目经理	
检测项目(主控项目)			检测记录		备注
1	接地装置至总等电位连接带连接导体	材料			
		截面			
		连接方式			
2	接地干线、接地线	材料			
		截面			
		敷设和连接方式			
3	PE 线与接地端子板连接	连接方式			
		防腐措施			
4	接地线与金属管道等自然接地体的连接	连接方式			
		防腐措施			
5	安装质量				

检测意见：

监理工程师签字：　　　　　　　　　　　　检测机构人员签字：
(建设单位项目专业技术负责人)
日期：　　　　　　　　　　　　　　　　　日期：

说明：

1. 本表为子分部工程电源与接地系统的分项工程电源系统中的防雷与接地系统中的接地线的检测表,本检测内容为主控项目。

2. 接地线的检测包括:接地装置至总等电位连接带连接导体、接地干线、接地线、PE 线与接地端子板连接、接地线与金属管道等自然接地体的连接和安装质量等项,根据工程的具体要求,需增加检测项目时,可在表中检测项目—栏中增加项目。

3. 每个工程填写一张表,即表 10.2.5-3。检测部位填写单独接地装置的部位。

4. 接地装置至总等电位连接带连接导体。

(1)材料:指铜质或钢质。

(2)截面:指铜质接地线不小于 50mm^2,钢质接地线不小于 80mm^2。

(3)连接方式:指应在不同处用两根连接与室内总等电位连接端子板连接。

5. 接地干线、接地线。

(1)材料:指等电位接地端子板之间的连接导线应采用多股铜芯导线。

(2)截面:指连接导线截面积不小于 16mm^2。

(3)连接方式:指等电位接地端子板之间的连接,连接导线应穿管敷设、采用螺栓连接。

6. PE 线与接地端子板连接。

(1)连接方式:指保护地线与接地端子板的连接应可靠,连接处有防松动措施。

(2)防腐措施:指保护地线与接地端子板的连接处应有防腐措施。

7. 接地线与金属管道等自然接地体的连接。

(1)连接方式:指接地线与金属管道等自然接地体的连接应采用焊接;焊接有困难时采用卡箍连接。

(2)防腐措施:指连接处应有防腐措施。

8. 安装质量:指接地线的施工质量和工艺水平。

附表 10.2.5 - 4　等电位接地带分项工程质量检测记录表

单位(子单位)工程名称			子分部工程	电源与接地
分项工程名称	防雷与接地系统-等电位连接带		检测部位	
施工单位			项目经理	
施工执行标准名称及编号				
分包单位			分包项目经理	
检测项目(主控项目)			检测记录	备注
1	总等电位接地端子板	设置位置		
		材料		
		连接方式		
2	楼层等电位接地端子板	设置位置		
		材料		
		连接方式		
3	局部等电位接地端子板	设置位置		
		材料		
		连接方式		
4	设备机房等电位连接网格形式、材料和规格			
5	总等电位接地端子板至楼层等电位接地端子板连接导体材料、规格			
6	楼层等电位接地端子板至局部等电位接地端子板连接导体材料、规格			

续表

7	屋面金属物接地		
8	金属管道接地		
9	电梯轨道接地		
10	低压配电保护接地		
11	线缆金属屏蔽层接地		
12	设备金属外壳、机架接地		
13	线槽、桥架接地		
14	其他等电位接地		
15	安装质量		

检测意见：

监理工程师签字： 检测机构人员签字：
（建设单位项目专业技术负责人）
日期： 日期：

说明：

　　1. 本表为子分部工程电源与接地系统的分项工程电源系统中的防雷与接地系统中的等电位连接带的检测表,本检测内容为主控项目。

　　2. 等电位连接带的检测包括:总等电位接地、楼层等电位接地和局部等电位接地端子板;设备机房等电位连接;总等电位接地端子板至楼层等电位接地端子板连接;楼层等电位接地端子板至局部等电位接地端子板连接、屋面金属物接地、金属管道接地、电梯轨道接地、低压配电保护接地、线缆金属屏蔽层接地、设备金属外壳、机架接地、线槽、桥架接地、其他等电位接地和安装质量等项,根据工程的具体要求,需增加检测项目时,可在表中检测项目一栏中增加项目。

　　3. 每个工程填写一张表,即表 10.2.5 - 4。检测部位填写等电位连接带检测的部位。

　　4. 总等电位接地端子板:指设置在直击雷非防护区(LPZO$_A$)或直击雷防护区(LPZO$_B$)与第一防护区(LPZO1)交界处设置的等电位接地端子板。

　　(1)设置位置:指是否设置在便于检查的位置,且不应有潮湿或有腐蚀性气体及易受机械损伤的地方。

　　(2)连接方式:与楼层主钢筋做等电位连接。

　　(3)材料。

　　5. 楼层等电位接地端子板:指设置在每一楼层的等电位接地端子板。

　　(1)设置位置:指是否设置在便于检查的位置,且不应有潮湿或有腐蚀性气体及易受机械损伤的地方。

　　(2)连接方式:与楼层主钢筋做等电位连接。

　　(3)材料。

6. 局部等电位接地端子板：指设置智能化系统设备机房的局部等电位接地端子板。

(1)设置位置：指是否设置在便于检查的位置，且不应有潮湿或有腐蚀性气体及易受机械损伤的地方。

(2)连接方式：与楼层主钢筋做等电位连接。

(3)材料。

7. 设备机房等电位连接网格形式、材料和规格：指设备机房内的电气和电子设备的金属外壳、机柜、机架、金属管、槽、屏蔽线缆外层、信息设备防静电接地、安全保护接地、SPD接地端与等电位连接网络的端子连接的形式、材料和规格。

8. 总等电位接地端子板至楼层等电位接地端子板连接导体材料、规格：指总等电位接地端子板与楼层等电位接地端子板连接的接地干线，应在电气竖井明敷，并与楼层主钢筋做等电位连接。接地干线宜采用多股绝缘铜芯导线或铜带，其截面积不应小于16mm²。

9. 楼层等电位接地端子板至局部等电位接地端子板连接导体材料、规格：指楼层等电位接地端子板与智能化系统设备机房的局部等电位接地端子板连接的接地干线。接地干线宜采用绝缘铜导线，其截面积不应小于16mm²。

10. 屋面金属物接地：指屋面的天线接收设备、通信基站等设备的金属物的接地。

11. 金属管道接地：指智能化系统的串线缆的金属管的接地。

12. 电梯轨道接地：指电梯轨道的接地。

13. 低压配电保护接地：指低压配电柜、各级配电箱的保护接地。

14. 线缆金属屏蔽层接地：指屏蔽线缆屏蔽层的接地。

15. 设备金属外壳、机架接地：指设备机房内的电气和电子设备的金属外壳、机柜、机架的接地。

16. 线槽、桥架接地：指线槽、桥架的接地。

17. 其他等电位接地。

18. 安装质量：等电位接地端子板表面应无毛刺、无明显伤痕、无残余焊渣，安装应平整端正、连接牢固。接地绝缘导线的绝缘层无老化龟裂现象。

附表 10.2.5-5　浪涌保护器分项工程质量检测记录表

单位(子单位)工程名称				子分部工程		电源与接地
分项工程名称		防雷与接地系统—浪涌保护器		检测部位		
施工单位				项目经理		
施工执行标准名称及编号						
分包单位				分包项目经理		
检测项目(主控项目)		检测记录	SPD 防护级数			备注
			1级	2级	3级	
1	电源防浪涌措施	监控中心机房				
		网络中心机房				

续表

2	信号防浪涌措施（户外设备）	设备监控系统	电源线		设备端		机房端	
			信号线		设备端		机房端	
		安全防范系统	电源线		设备端		机房端	
			信号线		设备端		机房端	
		其他系统	控制线		设备端		机房端	
3	安装质量							

检测意见：

监理工程师签字：　　　　　　　　　　　　检测机构人员签字：
（建设单位项目专业技术负责人）
日期：　　　　　　　　　　　　　　　　　日期：

说明：

1. 本表为子分部工程电源与接地系统的分项工程电源系统中的防雷与接地系统中的浪涌保护器的检测表，本检测内容为主控项目。

2. 浪涌保护器的检测包括：电源防浪涌措施、信号防浪涌措施、天馈防浪涌措施和安装质量等项，根据工程的具体要求，需增加检测项目时，可在表中检测项目一栏中增加项目。

3. 每个工程填写一张表，即表 B.0.1-1107。检测部位可不填写。

4. 电源的防浪涌措施。

(1) 监控中心机房：指机房电源箱浪涌保护器的设置情况。包括：

a. 型号：指电源浪涌保护器的型号与被保护设备耐冲击过电压值等是否相符。

b. 数量：指具有多级防护时每级都安装有适配的 SPD；以及 SPD 的防护级数。

c. 安装位置：指 SPD 的安装位置是否并联安装在各级配电箱开关之后的设备侧。

d. 标称放电流（KA）：指 SPD 的标称放电电流。

e. SPD 连接线的材料、长度（m）和截面（mm²）是否符合要求：包括电源线、N 线和接地线。

(2) 网络中心机房：同上。

(3) 程控交换机机房：同上。

(4) 其他机房：同上。

5. 信号防浪涌措施（户外设备）防浪涌措施。

(1) 设备监控系统：指设备监控系统中户外、露天安装的设备的防浪涌措施。

a. 电源线：指需由监控系统供电的设备的电源线防浪涌，要求同上电源线防浪涌措施。

b. 信号线：指设备向监控系统传输检测信号的信号线的防浪涌，要求见下安全防范系统防浪涌措施。

（2）安全防范系统：指安全防范系统中户外、露天安装的设备的防浪涌措施。

a. 电源线：指需由安全防范系统统一供电的户外设备的电源线防浪涌，要求同上电源防浪涌措施。

b. 信号线：指设备向监控中心传输检测信号的信号线（一般为同轴电缆）的防浪涌，要求：

（a）型号：指信号线路浪涌保护器的型号与被保护设备的工作电压、带宽、传输速率、插入损耗、特性阻抗、导通电压、连接形式等是否相符。

（b）接口形式：指 SPD 与前端设备、和设备机房设备连接的接口形式是否相符。

（c）数量：指具有多路信号时，是否每路信号线都安装有适配的 SPD。是否在设备端和机房端都安装SPD。

（d）安装位置：指 SPD 的安装位置是否安装在被保护设备的信号端口上。

（e）标称放电电流（KA）：指 SPD 的标称放电电流。

（f）SPD 与接地端子板、或接地体连接线的材料、长度（m）和截面（mm^2）是否符合要求。

c. 控制线：指由监控中心对前端设备如云台等的控制信号线（一般为双绞线）的防浪涌。

（3）其他系统：指其他智能化系统在户外安装设备的防浪涌。要求同信号线防浪涌。

6. 天馈防浪涌措施。

（1）电视接收系统：指天馈电缆进出建筑物时在入出口端浪涌保护器的设置情况。要求：

a. 型号：指天馈线路浪涌保护器的型号与被保护设备的工作频率、平均输出功率、连接形式、特性阻抗等是否相符。

b. 数量：指具有多副天线时，是否每副天线都安装有适配的 SPD 以及 SPD 的防护级数。

c. 安装位置：指 SPD 的安装位置是否安装在收/发通信设备的射频出、入端口处。

d. 标称放电电流（KA）：指指 SPD 的标称放电电流。

e. SPD 与接地端子板连接线的材料、长度（m）和截面（mm^2）是否符合要求。

（2）无线通信基站：指无线通信基站户外安装的天线的防浪涌。要求同天馈防浪涌。

7. 安装质量：指 SPD 的安装、压接和连接质量；接地线的敷设等的施工质量。

10.3　常见问题的处理

1. 同一台变压器的供电系统中的用电设备中存在着接地保护、接零保护混用的现象。

（1）原因分析：用户对供电部门统一规定（如严禁在同一台变压器供电的低压电气设备同时采用接地和接零两种保护方式）不明确，随意采用或改变保护方式，导致接地保护、接零保护混用。这样一旦采用接地保护的设备发生碰壳短路时，短路电流使零线电位升高，这时所有采用接零设备的外壳上就带有危险电压，危及人身安全，同时由于零线电位的升高，破坏了整台变压器供电范围内的单相、三相用电设备的正常供电，可能导致用电设备的烧坏。

（2）处理方法：必须严格遵守供电部门的规定，做到统一管理。

2. 一些电气设备既没有接地保护，又没有接零保护装置，也没有安装触电保安器。有的虽然安装了保护装置，但管理不善，接触不良，存在着危险现象。

处理方法为：①用户应按照要求，装设保护装置，提高安全用电意识。②主管部门应对用户严格检查,以保证安全。

3. 机房中的微机经常出现运行失常,读写错误,影响外部设备的正常运行,严重时,可影响到整个微机系统工作。

这种现象是系统没有良好的接地系统所致。但此时人们往往怀疑微机质量不好或微机带上了病毒等,而造成这些误解的多数原因是人们对系统接地的重要性不了解。现具体解释如下:

(1)电源部分。由于提供 12V 和 5V 的大电流电源,大部分用开关管工作在 25kHz 至 60kHz 之间,这样就会在开关管、整流管和线路的周围产生高频电磁波辐射,厂家均用带散热孔的金属屏蔽层,然后再和微机本身的公共接地点相连接,如果电源没有接地或接触不良,就会产生干扰。

(2)工作控制部分(包括键盘、主机、硬驱、软驱、CPU、内存条、显示器、打印机等)开关和启动都会产生较强的感应电动势,这瞬时的反向电压(尖峰波)很高,很容易对芯片产生较强的冲击,使芯片过早老化或击穿。如果接地良好,那么冲击波的尖峰部分就会通过地线通入大地,从而对微机起到保护作用。

(3)接地方法要正确,不要接到避雷接地线或者自然地体(如自来水管、暖气管等)上。

4. 压敏电阻或氧化锌避雷器安装错误,如图 10.3.1 - 2(a)所示,造成感应电荷对电子设备的冲击,避雷器不起作用。

(1)原因分析:由于雷击感应会在火线 L 和零线 N 上同时产生过电压,虽然对地感应过电压很高,但由于火线和零线通常是平行架设,所以感应电压的极性相同,波形相近,其电位差很低,很难套击穿压敏电阻或氧化锌避雷器,导致感应电荷对电子设备的冲击。

(2)处理方法:应按图 10.3.1 - 2(b)的方式安装,并应保护零线 PE 线重复接地,且接地线应尽量短。

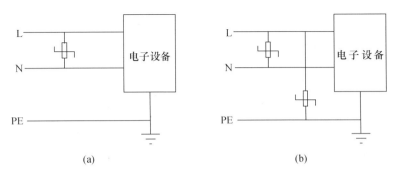

图 10.3.1 - 2　压敏电阻或氧化锌避雷器的接法
(a)错误接法;(b)正确接法

思 考 题

1. 画出建筑物雷电防护区(LPZ)划分图。
2. 简要说明感应雷引入建筑物的通道有哪些?
3. 等电位连接中的一些具体措施有哪些?
4. 说出浪涌保护避雷器的工作原理。
5. 安防前端设备供电电路如何进行防浪涌保护?
6. 弱电系统主要有哪几种接地体?
7. 机房几种接地电阻各是多少?
8. 系统等电位体及公共接地系统检测有哪些内容。

第11章　工程监理基础知识

【**内容提要**】本章简要介绍了工程项目建设监理的基本概念、特点和性质，介绍了工程项目监理组织机构的基本组织形式、工作目标、质量控制等，还介绍了竣工验收的一般程序以及一些常用监理表格和程序的填写方法等。通过本章的学习要求掌握监理的基本概念、监理的组织形式、施工阶段的质量控制，要求了解施工监理的基本程序和监理报表的填写过程。

11.1　工程项目建设监理和施工监理的基本概念

工程项目建设监理简称工程监理是工程建设的第三方依据甲方（建设单位）的要求，协调和乙方（施工单位）的关系，在确保公正、公平、公开的前提下，实现对工程项目的投资、进度、质量等多个目标，在事前、事中（又称过程）和事后进行严格控制和科学管理，达到或满足甲方的要求。

从上面的描述可以看出：施工监理只是工程建设监理全过程中的一个短暂的环节。

11.2　工程建设监理的目的

工程建设监理是一项综合性管理业务，主要是按照法律和行政法规（如监理法规和合同法等）和各种制度（如财务制度）进行监督管理。它的工作内容既包含有经济的（如工程概算、预算定额和各种费率），又有技术性（如各种设计和施工技术标准及规范）等各方面监督管理，其工作性质涉及咨询、顾问、监督、管理、协调、服务的多种业务。监理工作的目的就是通过监理技术人员谨慎而全面的工作，针对工程项目的投资、进度和质量等方面进行监理，以达到工程项目建设所要达到的经济和技术目标，确保工程建设项目的质量，提高工程建设项目的管理水平，充分发挥投资效益。对一个工程项目的监理既可以是阶段性监理也可以是工程项目的全过程的监理，这要取决于建设单位（业主）对监理单位的委托。工程全过程监理要求全面实现工程项目总目标，阶段性监理只要求工程项目在某个阶段实现目标。监理方的责任就是通过目标规划、动态控制、组织协调、合同管理、信息管理，与建设单位（业主）和施工单位一起在预定的目标内完成工程项目的建设。

11.3 工程建设监理

工程建设监理是个比较新的名词,目前还没有非常统一的定义,我国《工程建设规定》中工程监理的定义为:工程建设监理是监理单位受项目法人的委托,依据国家批准的工程项目文件、有关工程建设的法律、规范和工程建设监理合同及其他工程建设合同,对工程建设实施的监督管理。

11.3.1 工程建设监理的特点

(1)工程建设监理是针对工程项目建设所实施的监督管理活动;

(2)工程建设监理的行为主体是监理单位;

(3)工程建设监理的实施需要建设单位(业主)的委托和授权;

(4)工程建设监理是有明确依据的工程建设行为;

(5)工程建设监理主要发生在项目建设的实施阶段;

(6)工程建设监理是微观性质的监督管理活动。

整个监理过程体现了 3 个控制(质量控制、进度控制、投资控制)、2 个管理(信息管理、合同管理)、1 个协调(协调建设单位、施工单位等多方面关系),保证工程项目按预期目标完成。

11.3.2 工程建设监理的性质

工程建设监理是一种特殊的工程建设活动,是一种有较高技术含量的服务工作,它容服务性、独立性、公正性和科学性于一身。

11.3.3 工程建设监理组织

工程建设监理组织是为了使系统达到特定目标,对全体参加者进行分工与协作而设置的由不同层次权利和责任制度构成的一种人的组合体。目标是组织存在的前提,分工协作组织工作是组织存在的具体表现,不同层次的权利和责任是组织活动的必要保障。因此建立精干、高效的监理组织并使之正常运行是实现监理目标的前提条件。

1. 工程建设监理基本组织结构

工程建设监理基本组织机构的结构如图 11.3.3 - 1 所示。

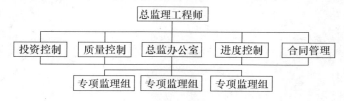

图 11.3.3 - 1 组织结构图

2. 建立相应项目监理组织的步骤

首先要确定建设监理目标,要根据监理目标划分部门、设置机构、确定人员、因事定岗、定职、定责。

　　其次要明确监理工作内容,并进行分类归并和组合,并考虑监理项目的规模、性质、工期、工程复杂程度及监理单位自身技术业务水平、监理人员数量、组织管理水平。

　　最后要根据工程项目规模、性质、建设阶段等的不同,选择不同的监理组织形式,确定管理层次、制定相应岗位职责、工作流程和考核标准、选派合适监理人员。

　　3. 常见的监理组织形式

　　工程建设监理常见的监理组织形式有:

　　(1)直线制监理组织形式。直线制监理组织形式的特点是:组织中各种职位是按直线排列的,总监理工程师负责整个项目的规划组织和指导,并着重于整个项目范围内各方面的协调工作;子项目监理工程师分别负责各子项目的目标值控制,具体领导现场专业或专项监理组的工作,该组织形式如图 11.3.3 - 2 所示。这种组织形式的主要优点是机构简单、权力集中、权责分明、政令畅通、决策迅速;缺点是要求总监理工程师熟悉各种业务,通晓各类专业知识和技能。

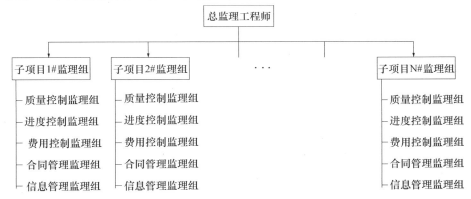

图 11.3.3 - 2　直线制监理组织示意图

　　(2)职能制监理组织形式。职能制监理组织形式是总监理工程师下设一些职能机构,分别从职能角度对基层监理组织进行业务管理,该组织形式如图 11.3.3 - 3 所示。这种形式的优点是目标控制分工明确,能够发挥职能机构的专业管理作用,专家参与管理,提高了管理效率,减轻了总监理工程师的负担,适用于工程项目在地理位置上相对集中的工程;缺点是多头领导,易造成权责不清。

图 11.3.3 - 3　职能制监理组织示意图

（3）直线职能制监理组织形式。直线职能制监理组织形式是吸收了直线组织形式和职能制组织形式的优点而构成的一种组织形式，该组织形式如图11.3.3-4所示。这种形式的优点是集中领导、职责清楚，有利于提高办事效率；缺点是职能部门与指挥部门易产生矛盾，信息传递线路长，不利于互通信息。

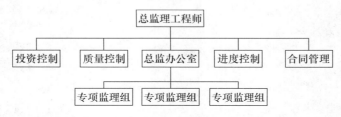

图11.3.3-4　直线职能制监理组织示意图

（4）矩阵制监理组织形式。矩阵制监理组织形式是由纵横两套管理系统组成的矩阵形组织结构，纵向是职能管理系统，横向是子项目管理系统，该组织形式如图11.3.3-5所示。这种形式的优点是加强了各职能部门间的横向联系，具有较大的机动性和适应性，能实现上下左右集权与分权的优势组合，有利于解决复杂问题，有利于培养监理人员的业务能力；缺点是纵横协调工作难度大，容易造成扯皮现象。

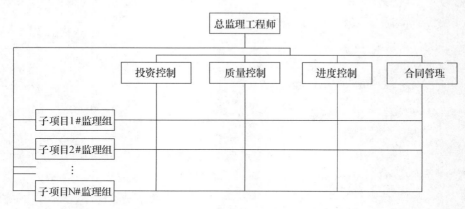

图11.3.3-5　矩阵制监理组织示意图

11.3.4　人员配备与分工

工程监理组织在人员配置方面要根据工程特点、监理任务及监理深度与密度，优化结构，形成人员结构合理、整体素质较高的监理组织。

1. 项目监理组织建设

项目监理组织要有合理的人员结构才能适应监理工作的要求。合理的人员结构包括以下两方面的内容：

（1）要有合理的专业结构，即项目监理组织应由与监理项目的性质（如工业项目、民用项目或专业性强的生产项目）及建设单位（业主）对项目监理的要求（全过程监理或阶段监理，多目标控制或单一目标控制）相称职的各专业人员组成，也就是各专业人员要配套。

一般来说，监理组织应具备与所承担的监理任务相适应的专业人员。但是，当监理项目局部具有某些特殊性或建设单位（业主）提出某些特殊的监理要求而需要借助于某种特殊的监控手段时，此时，将这些局部的、专业性很强的监控工作另行委托给相应的咨询监理机构来承担，也应视为保证人员合理的专业结构。

（2）要有合理的技术职务、职称结构。监理工作虽是一种高技能的技术性劳务服务，但绝非不论监理项目的要求和需要，而盲目追求监理人员的技术职务、职称越高越好。合理的技术职称结构应是高级职称、中级职称和初级职称有与监理工作要求相称的比例。一般来说，决策阶段、设计阶段的监理，具有中级及中级以上职称的人员在整个监理人员构成中应占绝大多数，初级职称人员仅做如旁站、填记日志、现场观察、计量等工作。这里所说的初级职称指助理工程师、助理经济师、技术员、经济员，还可包括具有相应能力的实践经验丰富的工人（应要求这部分人员能看懂图纸，能正确填报有关原始凭证）。

2. 监理人员数量的确定

（1）决定监理人员的主要因素有：

a. 工程建设强度，是指单位时间内投入的工具、建设资金的数量，它是衡量一项工程紧张程度的标准。工程建设强度＝投资/工期。显然工程建设强度越大，投入监理人力就越多，工程建设强度是确定监理人数的重要因素。

（a）工程复杂程度，每个工程的复杂程度可按方法、工程性质、工期要求、材料供应、工程分散程度分为简单、一般、一般复杂、复杂和很复杂几个级别，投入的人员数量随工程复杂程度的增加而增加。

（b）监理单位的业务水平，每个监理单位的业务水平是会随着人员素质、专业能力、管理水平、工程经验、设备手段等方面的差异而不同的，同样的工程高水平的单位投入的人员就可以少些。

b. 监理组织结构和职能分工。监理组织情况牵涉具体人员配备，务必使监理机构与任务职能分工的要求得到满足，因工作需要将人员做进一步的调整。

当然，在有建设单位（业主）人员参与的监理班子中或由施工方代为承担某些可由其进行的测试工作时，监理人员数量应适当减少。

（2）确定监理人员的方法。

a. 监理人员需要量定额。根据工程复杂程度等级按一个单位的工程建设强度来制定。

b. 确定工程建设强度。

c. 确定工程复杂程度。

d. 根据工程复杂程度和工程建设强度套用定额标准。

11.3.5　工程项目建设监理的工作重点

工程项目建设监理的中心任务是协助建设单位(业主)实现项目总目标。实现项目总目标是一个系统的过程。它需要制定计划,建立组织,配备监理人员,进行有效的领导,实施目标控制。只有系统地做好上述系列工作,才能完成工程建设监理的任务,实现监理总目标。在实施建设监理的过程中,监理单位要集中精力做好目标控制工作,事先对计划、组织、人员配备、领导等各项工作做出科学安排以实现有效控制。因此,项目监理规划需要对项目监理组织开展的各项监理工作做出全面、系统的组织和安排。

1. 工程项目建设监理阶段的划分

工程项目建设监理阶段是指监理单位所承担监理任务的工程项目建设阶段。可以按监理合同中确定的监理阶段划分。

(1)工程项目立项阶段的监理;

(2)工程项目设计阶段的监理;

(3)工程项目招标阶段的监理;

(4)工程项目施工阶段的监理;

(5)工程项目保修阶段的监理。

2. 工程项目建设监理范围

工程项目建设监理范围是指监理单位所承担工程项目建设任务的监理范围。如果监理单位承担全部工程项目的工程建设监理任务,监理的范围为全部工程项目,否则应按监理单位所承担的工程项目的建设阶段或子项目划分确定工程项目建设监理范围。

3. 工程项目建设监理目标

工程项目建设监理目标是指监理单位所承担的工程项目的监理目标。通常以工程项目的建设投资、进度、质量三大控制目标来表示。

(1)投资目标:以_____年预算为基价,静态投资为_____万元(合同承包价为_____万元)。

(2)工期目标:_____个月或自_____年_____月_____日至_____年_____月_____日。

(3)质量等级:工程项目质量等级要求:优良(或合格);主要单项工程质量等级要求:优良(或合格);重要单位工程质量等级要求:优良(或合格)。

4. 工程项目建设监理的工作重点

(1)工程项目立项阶段监理工作的主要内容:

a. 协助建设单位(业主)准备项目报建手续;

b. 项目可行性研究咨询或监理;

c. 技术经济论证；

d. 编制工程建设匡算；

e. 组织设计任务书编制；

f. 工程项目设计阶段建设监理工作的主要内容；

g. 结合工程项目特点,收集设计所需的技术经济资料；

h. 编写设计要求文件；

i. 组织工程项目设计方案竞赛或设计招标,协助建设单位(业主)选择好的勘测设计单位；

j. 拟定和商谈设计委托合同内容；

k. 向设计单位提供所需基础资料；

l. 配合设计单位开展技术经济分析,搞好设计方案的遴选,优化设计；

m. 配合设计进度,组织设计与有关部门,如消防、环保、土地、人防、防汛、园林,以及供水、供电、供气、供热、电信等部门的协调工作；

n. 组织各设计单位之间的协调工作；

o. 参与主要设备、材料的选型；

p. 审核工程估算、概算；

q. 审核主要设备、材料清单；

r. 审核工程项目设计图纸；

s. 检查和控制设计进度；

t. 组织设计文件的报批。

(2)工程项目施工招标阶段建设监理工作的主要内容：

a. 拟定工程项目施工招标方案并征得建设单位(业主)同意；

b. 准备工程项目施工招标条件；

c. 办理施工招标申请；

d. 编写施工招标文件；

e. 标底经建设单位(业主)认可后,报送所在地方建设主管部门审核；

f. 组织工程项目施工招标工作；

g. 组织现场勘察与答疑会,回答投标人提出的问题；

h. 组织开标、评标及决标工作；

i. 协助建设单位(业主)与中标单位商签承包合同。

(3)材料物资供应的监理工作的主要内容：

a. 制定材料物资供应计划和相应的资金计划；

b. 通过质量、价格、供货期、售后服务等条件的分析和遴选,确定材料设备等物资的供应厂家,重要设备还应访问现有使用用户,并考察生产厂家的质量保证系统；

c. 拟定并商签材料、设备订货合同；

d. 监督合同的实施，确保材料设备的及时到货。

（4）施工阶段的监理工作的主要内容：

a. 施工阶段的质量控制；

b. 施工阶段的进度控制；

c. 施工阶段的投资控制。

（5）合同管理的主要内容：

a. 拟定工程项目合同体系及合同管理制度，包括合同草案的拟订、会签、协商、修改、审批、签署、保管的工作制度及流程；

b. 协助建设单位（业主）拟定项目的分类合同条款，并参与各类合同的商谈；

c. 合同执行情况的分析和跟踪管理；协助建设单位（业主）处理与项目有关的索赔事宜及合同纠纷事宜。

（6）委托的其他服务。监理工程师可受建设单位（业主）委托，承担技术服务方面的其他内容，如：

a. 协助建设单位（业主）准备项目申请，如供水、供电、电信线路等的协议或批文；

b. 为建设单位（业主）培训技术人员等。

11.4　工程项目的质量控制

工程项目的质量控制的主要内容包括工程项目设计阶段、施工阶段和验收阶段的质量控制。

11.4.1　工程项目设计阶段的质量控制

工程项目的设计对工程来说是非常重要的。有关资料显示工程项目的前期工作对项目的经济性的影响达 90％～95％，初步设计阶段的影响为 70％～90％，技术设计阶段的影响为 35％～75％，施工图纸设计阶段的影响为 10％～35％，施工阶段的影响为 10％。

1. 工程项目设计阶段质量控制监理

（1）在设计准备阶段主要考虑以下几点：

a. 根据项目可行性报告或项目评审报告的要求，编制设计大纲或设计方案；

b. 协助建设单位组织招标或勘测设计准备工作；

c. 组织设计监理队伍，建立质量控制体系；

d. 做好外联工作，为设计准备必要的基础资料（如供水、供电、办公、通讯、运输等）。

（2）在设计阶段应考虑以下几点：

　　a. 审查设计基础资料的准确性和完整性,进行相关的经济分析;

　　b. 审查设计方案的适用性、合理性和先进性;

　　c. 对材料、设备进行全方位分析,最终确定材料、设备的规格型号并审查材料、设备清单;

　　d. 审查设计图纸,确认是否符合有关法规和标准。

　　(3)在设计完成阶段应该考虑以下几点:

　　a. 组织设计的评审和咨询;

　　b. 审核预算、概算所采用的计算方法;

　　c. 掌握材料、设备的质量和价格信息;

　　d. 处理设计变更。

　　2. 工程项目可行性分析阶段质量控制

　　(1)该项目的社会经济效益如何;

　　(2)是否符合国家规划和国民经济发展的需要;

　　(3)气象、地质等自然条件对工程项目建设的影响;

　　(4)项目建设各阶段人力、物力和资金的来源、建设周期等;

　　(5)项目建设设计与施工方案的可行性。

11.4.2　工程项目施工阶段的监理

　　施工阶段的监理包括施工进度控制、施工质量控制和施工安全控制,其中施工质量控制是本书的讨论重点,将在后面章节详细讨论。

　　1. 施工进度控制

　　(1)事前控制监理工作的主要内容有:对工程施工单位确定总工程进度目标、总进度目标分解和总进度目标风险分析等。

　　a. 总工程进度目标的制定,应该符合工程招标文件规定的目标,应符合客观实际情况,即通过努力可以实现此目标,如需调整总目标,应征得业主的同意;

　　b. 一般情况下总进度目标是需要进行分解的,对于安防系统工程项目可按各子系统(例如,入侵检测、视频监控系统等)进行分解;

　　c. 监理工程技术人员凭借自身的经验,应对实现进度目标的不利因素进行客观的分析,及时提出对策和建议报送业主。风险和不利因素通常包括:设计方案的重大调整、设备质量问题、资金的到位情况不理想等。

　　(2)事中控制是监理单位对施工进度的控制,其内容主要有:进行施工进度计划的审批、检查(监控)施工进度计划的执行、施工进度计划的调整、施工进度计划报告和施工进度控制的措施等。

　　a. 施工进度计划的审批主要内容有:施工的总工期,即合同工期或指令工期、完成各子系统工程或各专项工程施工阶段所需要的工期(包括开竣工日期)、各子系统工程或各专项工程施工技术方案和施工方法等;

b. 检查(监控)施工进度计划的执行,在施工阶段检查、监控施工进度计划的执行情况是监理单位的主要日常工作,具体做法是对工程实际完成情况与经过审批的进度计划表进行比较,及时发现偏差,采取相应的纠正措施,以保证进度计划的完成。在管理中,应建立进度信息反馈系统,实行周、旬或月记录和报告制度,以作为检查工程进度和进行决策的依据;

c. 施工进度计划的调整是经过检查与监控,发现施工实际进度与计划进度存在偏差时,应及时调整施工计划、纠正偏差。监理方需指出产生偏差的原因,供施工方参考,并督促施工方尽快调整施工进度计划,采取纠正偏差的措施;

d. 施工进度计划报告是监理方对施工方按规定上报的施工进度统计报表,应及时归纳和总结,并负责审核上报材料中有无不实情况,如发现偏差情况,应及时督促施工单位纠正。监理单位有责任定期书面向业主报告施工进度计划执行情况;

e. 施工进度控制的措施是当施工实际进度明显落后于计划进度时,仅仅靠监理单位的跟踪、分析、调整计划、报告无法解决问题时,监理单位必须如实向业主通报进度拖延的情况,指出延误施工进度的主要原因并组织召开协调会,采取组织协调、技术和经济等措施解决问题。

(3)事后控制是施工阶段事后进度控制,其工作主要包括以下两个方面:

a. 及时组织工程竣工预验收,当工程进展到90%～100%时,总监理工程师应及时组织进行该工程项目的竣工预验收,通过工程预验收,监理单位负责提出"未完工程明细表"、"工程整改清单"、"施工技术资料核查表"等,要求施工单位限期完成,为工程正式验收作准备。

b. 工程竣工验收阶段的监理工作,重点是工程质量的验收和评定,以及工程存在问题的整改处理。

2. 施工质量控制

施工过程中的质量控制是影响工程质量的关键,对于安防工程来说,就是如何要求施工单位严格按照《安全防范工程技术规范》GB 50348—2004中有关章节以及其他的国家标准和行业规范施工,具体内容已经在第3章中讨论过;对监理方就是如何要求施工单位严格按照《安全防范工程技术规范》GB 50348—2004中有关章节以及其他国家标准和行业规范检测验收,具体在11.4.3中讨论。

3. 施工安全监理

(1)安全施工概述。安全问题是安防工程施工中的核心问题,安防工程在施工时,不仅要保证施工人员的绝对安全,而且要保护系统仪器与设备的绝对安全。这是由于安防工程的高科技设备众多、价值昂贵,设备之间线路连接复杂,系统调试困难,因此容易出现安全事故。

在工程现场施工的过程中,安全生产管理必须坚持"安全第一,预防为主"的方针;建立健全的安全生产责任制和群防群治制度。

施工安全和工程质量是相辅相成的,安全管理做得好,施工人员在一个良好的安全环境中作业,容易施工出合乎要求的工程。安全是工程质量的条件,而工程质量的好坏,也为安全提供了保障,通常低劣的工程质量往往造成质量事故和安全事故。

(2)工程施工安全的监理。

a. 安防工程施工中的安全监理,是杜绝安全隐患不可缺少的一环。其主要工作内容有:

(a)工程监理在审定施工组织设计(或设计方案)时,必须审查其中的安全技术措施是否符合当前安全生产法规和标准,是否有针对性和可行性;

(b)督促和协助施工单位进行安全目标管理,建立符合被监理工程项目特点的安全生产责任制;制定并普及作业安全标准,建立安全目标的监督、检查制度;

(c)督促检查施工单位对安全制度的执行;

(d)参与定期和不定期的安全综合大检查,尤其是对现场火灾隐患的检查。

b. 安全监理的方法主要有以下几点:

(a)审查施工单位的安全资质;

(b)协助拟定工程建设单位与施工单位安全协议书,明确施工单位的安全责任;

(c)审查施工现场安全组织体系、安全检查体系和安全人员的配备;

(d)了解和熟悉作为本项目相关的安全建立依据的法规、法令以及安全技术资料,确定安全监理职责范围。

11.4.3　工程项目验收阶段的质量控制监理

1. 工程验收的前提条件

工程验收必须要符合下列要求:

(1)所有建设项目按批准设计方案要求全部建成,并满足使用要求;

(2)各个分项工程全部初验合格;

(3)各种技术文档、验收资料准备齐全;

(4)施工现场清理完毕;

(5)各种设备经上电试运行,情况正常;

(6)用户经试用,无意见。

2. 工程验收方案的审核与实施

在工程完工时,甲方、乙方、监理方三方共同确定验收方案。作为监理方,这时的主要工作是:确认工程验收基本条件;建议甲方、乙方共同推荐验收人员,组成验收组;确认工程验收时应达到的标准和要求;确认验收程序。

(1)确认工程验收基本条件的主要事项:

a. 是否完成建设工程设计和合同约定的各项内容;

b. 是否有完整的技术档案和施工管理资料;

c. 是否有工程中使用的主要设备、材料的进场和检验报告;

d. 是否有各单项工程的设计、施工、工程监理等单位分别签署的质量合格文件；

e. 是否有工程施工单位签署的工程保修单和培训的承诺书。

(2)建议甲方、乙方共同推荐验收人员，组成验收组。工程验收组的成员，原则上不使用监理方、施工方的人员，避免出现"谁监理谁验收，谁施工谁验收"的情况，考虑到验收组成员应对监理方、施工方保密。但监理方可作为甲方的邀请代表。理论上由上级主管部门确定验收单位和人选。

(3)确认工程验收时应达到的标准和要求。

a. 工程施工方应向监理方提供验收的国家标准、地方标准的条文或名称。

b. 甲方、监理方向验收组提供验收标准文本，并根据本工程的特点提出具体的要求。

(4)确认验收程序。验收程序主要有：验收准备工作；初步验收；正式验收；验收资料的保存。

a. 验收准备工作。工程验收、准备阶段，监理方应做如下工作：

(a)督促施工方组织人力绘制竣工图纸、整理资料；

(b)协同设计单位提供设计技术资料(可行性报告、立项报告、立项批复报告、设计任务书、初步设计、技术设计、工程概预算等)；

(c)组织人员编制竣工决算，起草和制定工程验收报告的各种文件和表格。

b. 初步验收。初步验收是在施工方自验的基础上，由建设单位、施工单位、监理单位组成初验小组，对工程各项工作进行全面检查，合格后提出正式验收申请。

c. 正式验收。上级主管部门或负责验收的单位收到竣工验收申请和竣工验收报告后，经过审查，确认符合竣工验收条件和标准的，即可组织正式验收。

d. 验收资料的保存。验收资料应作为工程项目的档案在工程验收结束后移交给甲方，作为今后工程扩建、维修的依据，也作为复查的依据，保存的资料要全面、完整，并由专门的机构保存。

3. 工程验收的组织

(1)工程验收组的构成。工程验收涉及的组织构成一般如图11.4-1所示。一般由甲方牵头，上级主管部门主持，验收单位或小组独立工作，监理单位、施工单位、甲方配合验收小组工作。

(2)工程验收组的分工。工程验收组在工程验收时，对其成员应有明确的分工。一般按分项工程成立测试(复核)小组、资料审查小组、工程质量鉴定小组。

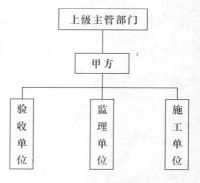

图 11.4-1 工程验收涉及的组织

a. 测试(复核)小组的主要工作。测试(复核)小组是根据提交的验收测试报告、提交的数据,通过仪器设备对关键点进行复测,验证其数据的正确性。所要复测的内容,应根据分项工程的具体情况和有关标准、规范的验收要求进行。

b. 资料审查小组的主要工作。资料审查小组应根据合同要求对乙方所提供的有关技术资料进行审查,资料要齐全,审查的资料大致分为:

(a)基础资料:招标书;投标书;有关合同;有关批文;系统设计说明书;系统功能说明书;系统结构图。

(b)工程竣工资料:工程开工报告;工程施工报告;工程质量测试报告;工程检查报告;测试报告;材料清单;施工质量与安全检查记录;工程竣工图纸;操作使用说明书;其他。

c. 工程质量鉴定小组的主要工作。工程质量鉴定小组根据具体的工程分别要做以下工作:

(a)听取甲方、乙方、监理方对工程建设的介绍;

(b)组织现场、复查验收;

(c)听取验收测试小组的工作汇报、资料审查小组的工作汇报、用户试用的汇报;

(d)起草工程验收的评语。

4. 售后服务与培训的监理

(1)售后服务的监理。售后服务一般分为两种状况:①采购、安装、调试过程中需要提供的服务;②试运行、正式运行后需要提供的服务。

监理单位一般只负责从采购到试运行期间的产品服务监督,正式运行后出现的设备质量问题由甲方直接与销售方解决。

有关服务的具体内容应在供货合同中注明。主要表现为:

a. 在安装过程中设备、产品不配套,与环境有冲突,无法安装;

b. 设备、产品的配件不合格;

c. 安装、调试过程中发现不合格设备、产品;

d. 因设备、产品本身设计原因产生的不合格产品;

e. 上述四点,监理方督促购货方向供货商联系更换或退货;

f. 正式运行过程中设备发生故障、损坏,应根据以下三点,由甲方直接与供货商解决:

(a)在保修期内发生故障;

(b)在保修期外发生故障;

(c)自然因素造成的意外。

(2)培训的监理。监理方督促乙方向甲方提供上岗人员的培训服务,并且提交培训教案,确定培训时间、培训质量、培训地点、培训人数、考核成绩,确保甲方系统能够正常运行。

11.5 工程竣工验收要求

工程竣工验收应由施工单位、监理单位和建设单位三方共同进行,它是工程验收中一个重要环节,要确定工程是否合格最终要通过该环节来确定。工程竣工验收包括整体工程质量、前端设备的传输性能、终端设备、工程施工质量以及机房工程质量的验收。验收是通过到工程现场检查的方式来实施的,具体内容可以参考工程验收检查的内容,其中前端设备、传输性能、终端设备工程施工质量主要是通过抽检方式进行,具体一些检测检验的方式方法在后面章节叙述。

11.5.1 工程验收准备

工程竣工后,施工单位应向用户单位提交一式三份的工程竣工技术文档,包括以下内容:

(1)竣工图纸,包含设计单位提交的系统图、施工图以及在施工过程中变更的图纸资料。

(2)设备材料清单,指各系统中设备类型、数量以及管槽等材料。

(3)安装技术记录,指施工过程中验收记录和隐蔽工程签证。

(4)施工变更记录,指经设计单位、施工单位以及用户单位一起商定的更改设计的资料。

(5)测试报告,指由施工单位对已经竣工的子项、系统或工程的测试结果记录。

11.5.2 验收的一般程序

正式验收的一般程序有8点:

(1)听取施工单位报告工程项目建设情况、自验情况及竣工情况;

(2)听取监理方报告工程监理内容和监理情况,以及对工程竣工的意见;

(3)组织验收小组全体人员进行现场检查;

(4)验收小组对关键问题进行抽样复核(如测试报告)和资料审查;

(5)验收小组对工程进行全面评价并给出鉴定;

(6)进行工程质量等级评定;

(7)办理验收资料的移交手续;

(8)办理工程移交手续。

11.5.3 工程验收检查

工程验收检查工作也是由施工单位、监理单位和建设单位三方共同进行。根据检查出的问题制定相应的整改措施,如果验收检查已基本符合要求,可以进行下一步竣工验收步骤。就安防工程来说,验收检查工作主要包括以下内容:

(1)前端设备(如监控摄像头、报警探头等)的检查。

a. 各子系统前端设备安装是否齐全,标记是否清楚,安装是否牢固,各部件螺丝是否连接可靠；

　　b. 各子系统前端设备的品牌、规格、型号是否按设计施工要求设置；

　　c. 各子系统前端设备的安装位置、朝向等是否合乎设计或场地实际情况；

　　d. 各子系统前端设备是否按设计要求做了接地连接。

　　(2)建筑物内线缆的敷设检查。

　　a. 线缆的品牌、规格、型号是否合乎设计要求；

　　b. 线缆敷设工艺是否合乎要求；

　　c. 管道、管槽内截面积与敷设的线缆容量是否合乎设计要求；

　　d. 管槽、管道施工检查铺设或安装路由是否合乎设计要求；

　　e. 施工工艺是否合乎设计要求和基本施工要求；

　　f. 地埋管道的手井或人井的施工是否符合设计要求，对于采用金属管的管槽，要检查接地是否可靠；

　　g. 要检查安装管道、管槽过程中破坏的建筑物局部区域是否已进行必要的修补，并达到原有的感观效果。

　　(3)线缆端接检查。

　　a. 到前端设备的线缆端接是否符合要求；

　　b. 配线设备模块端接是否符合要求；

　　c. 光纤配线模块的端接是否符合要求；

　　d. 各类跳线(含光纤跳线)的规格及安装工艺是否合乎要求。

　　(4)机柜和配线架的检查。

　　a. 品牌、规格、型号是否符合设计要求；

　　b. 安装位置是否符合要求；

　　c. 外观及相关标志是否齐全；

　　d. 各种紧固件是否固定牢固；

　　e. 接地连接是否可靠。

　　(5)建筑物间长距离线缆敷设的检查。

　　a. 线缆的路由是否符合设计要求，线缆品牌、规格、型号是否符合设计要求；

　　b. 线缆的电气防护设施是否正确安装；

　　c. 线缆与其他线路的间距是否符合相关要求；

　　d. 对于架空线缆要注意架设的方式以及线缆进入建筑物的方式是否符合要求，对于管道线缆要注意管径、入孔位置是否符合要求，对于直埋线缆注意其路由、深度、地面标志是否符合要求。

11.6　工程进度与质量监理中常用的表格

　　监理工程师在工程进度与质量监理过程中所使用的主要表格有三类：

(1)工程开工、施工过程中正常情况要用的表格；

(2)工程施工过程中非正常情况要用的表格；

(3)工程检验、日志所要用的表格。

11.6.1 工程开工、施工过程中正常情况要用的表格

1. 工程开工报审表

工程开工报审表的主要内容有：监理单位对施工（承包）单位的开工报告进行审查，提出审查意见，在报审时，施工（承包）单位应加盖公章，并由项目经理签字。总监理工程师应对报送的资料进行认真核实，根据国家现行法规和本地区地方政府要求，确认应当具备的各种报建手续已办妥，检查施工（承包）单位劳动力是否已按计划进场，机械设备是否已进场且处于良好状态，各岗位的管理人员是否已全部到位。对可以在开工后再完善、满足要求，且又需先开工的，应要求施工（承包）单位在指定的期限内完善开工条件。对不能按期完善开工条件的，可下令停工至具备条件时为止。

对涉及结构安全或对工程质量产生较大影响的分包单位，分包单位应获得总包单位签署的意见并报总监理工程师批准。填写的格式见表 11.6-1。

2. 施工组织设计（方案）报审表

施工组织设计（方案）报审表的主要内容有：监理单位对施工（承包）单位的施工组织设计（方案）进行审查，提出审查意见。施工（承包）单位应在表中加盖公章，并由项目技术负责人和项目经理签字。监理单位应在熟悉设计文件的基础上，根据监理合同中建设单位（业主）授权和委托的要求，有针对性地审查施工组织设计（方案）的有关内容，由专业监理工程师提出审查意见，由总监理工程师签署审查意见。

施工组织设计（方案）是施工（承包）单位提出的指导施工的纲领性技术文件。总监理工程师应首先根据本工程的情况和现行建设管理相关法规的要求，审查施工单位项目经理部的组织机构、管理制度和技术措施是否能满足本工程施工的需要，特别要检查施工（承包）单位是否有完善的质量保证体系并能正常运行，项目监理机构人员是否到位且能保证连续施工的需要。总监理工程师还应当仔细审查施工进度计划是否符合实际和合同要求，相应的施工机具、劳动力是否能满足进度安排的要求，网络计划中的关键线路是否正确，施工工段流水段的划分是否合理，进度计划的检查是否有操作性，以及审查施工安全技术措施是否得当等。

各专业监理工程师应着重审查相关专业的技术措施是否得当，配备的施工机械是否能保证工程质量和进度的要求，采用新工艺、新材料的技术资料是否完备，施工（承包）单位是否有实际施工经验等。填写的格式见表 11.6-2。

3. 分包单位资格报审表

分包单位资格报审表的主要内容有：根据合同条款，填写分包工程的名称、工

程量、部位、分包工程总造价及其占总包合同的百分比。主要审查分包单位的资质条件是否齐全、合格、有效,并据此签署"符合分包要求"或"不符合分包要求"。由专业监理工程师进行审查后签署意见,再由项目总监理工程师签认。填写的格式见表 11.6-3。

4. **工程施工进度计划(调整计划)报审表**

工程施工进度计划(调整计划)报审表的主要内容有:监理单位对施工(承包)单位所报送的工程施工进度计划(或者调整计划)进行审批、答复。审批意见可作为工程施工进度计划执行或者进行调整的依据。施工(承包)单位填写编制说明和计划表,编制人、项目经理签字。专业监理工程师根据工程施工进度计划的审查结果签署"同意"、"不同意"或"应补充"的意见。由专业监理工程师进行审查后,再由项目总监理工程师签认。填写的格式见表 11.6-4。

5. **施工测量放样报审表**

施工(承包)单位在承包工程测量放样后,绘制图纸,报送专业监理工程师审查,再由项目总监理工程师签认。填写的格式见表 11.6-5。

6. **(建筑)材料报审表**

(建筑)材料报审表的主要内容有:

(1)工程材料进场时所填写的报审表,须经专业监理工程师审查认可。

(2)填写要求:

a. 材料名称应准确,所列各项应完整填写,不得缺漏;

b. 当材料来源为非生产厂商直供时,相应栏内加填产地;

c. 用途一栏应分别填写用于结构的部位或应用的地方、类型;

d. 规格和种类应分项填写;

e. 试样来源应分别填为抽样、见证抽样或送样;

f. 试验日期栏内,应将实验人员填入;

g. 专业监理工程师意见栏中应有明确表态,"同意"或"不同意",未填内容的空白竖向划去;

h. 签字及盖章应及时,日期应准确。

填写的格式见表 11.6-6。

7. **主要工程设备选型报审表**

主要工程设备选型报审表的主要内容有:

(1)组成工程实体的永久设备,在订货前要确认两点:

a. 所列设备是设计图纸所要求的;

b. 拟选设备的技术参数能满足设计文件规定的要求。

(2)必须填写的内容:

a. 设计文件编号,即选型的依据;

b. 设备的型号、规格及主要技术参数；

c. 拟选设备的生产厂家。

（3）填写要求：

a. 设备名称应为列入产品目录的正式名称，不用简称或俗称；规格、型号应准确、完整；技术参数应为满足设计要求且最接近于设计计算值的标准参数；生产厂家为有意向订货且有供货能力的制造商。

b. 施工（承包）单位应填写编号；负责人签字、单位盖章；审核人意见应明确、具体，签字齐全。

c. 由专业监理工程师审查后再报项目总监理工程师审查签字认可。

d. 填写的格式见表 11.6-7。

8. 工程构配件报审表

工程构配件报审表的主要内容有：

（1）施工（承包）单位对拟进场的工程构配件报专业监理工程师审核、签认。合格者才能进场使用，不合格者应限期运出现场。

（2）填写要求：应具有以下附件：

a. 数量清单：包括物件名称、规格、型号、数量等。

b. 质量证明文件：包括准用证明、出厂合格证、有关试验资料；新材料、新产品应有经有关部门鉴定、确认的证明文件；对进口物配件应有进口商检证明文件。

c. 自检结果：施工（承包）单位应按有关规定对构配件进行自检，并将自检结果附上。

（3）监理审查意见若是"符合设计文件和规范要求"、"准许进场"、"同意使用于拟定部位"等，则将表中"不符合"、"不准许"、"不同意"划掉；反之，则将"符合"、"准许"、"同意"划掉。

填写的格式见表 11.6-8。

9. 复工申请表

复工申请表的主要内容有：

（1）在工程暂停施工之后，由于造成停工的因素已经消除，具备复工条件时，由施工（承包）单位填写报审表；经项目监理机构审查同意后，由总监理工程师签署，指令施工（承包）单位可以继续施工。

（2）填写要求：本表附件《具备复工条件的情况说明》由施工（承包）单位填写，并提出证明其已具备复工条件的相关资料，分以下两种情况：

a. 工程暂停是由于非施工（承包）单位的原因引起的（例如，业主的资金问题、拆迁问题），只是说明引起停工的这些因素已经消除，具备复工条件。

b. 过程暂停是由于施工（承包）单位的原因引起的，如因施工（承包）单位管理不到位、质量或安全出现问题或存在重大隐患等，施工（承包）单位应针对这些问题提出整改措施并进行整改并证明引起停工的原因已经消除。

(3)总监理工程师审定意见：

a. 工程暂停是由于施工(承包)单位以外的原因引起的,总监理工程师只需审查确认这些原因确实已经消除,便可签发复工表。

b. 工程暂停是由于施工(承包)单位的原因引起的,总监理工程师应重点审查整改措施是否正确有效,还应确认施工(承包)单位在采取这些措施后不会再发生类似的问题。

c. 项目监理机构应注意合同规定的时限。根据施工合同范本,总监理工程师应当在 48 小时内答复施工(承包)单位以书面形式提出的复工要求。监理工程师未能在规定的时间内提出处理意见,或收到施工(承包)单位复工要求后 48 小时内未给答复,施工(承包)单位可自行复工。

填写的格式见表 11.6 - 9。

10. 工程变更费用申请表

工程变更费用申请表的主要内容及填写要求：

(1)变更理由要充分、属实；

(2)变更涉及工程数量增减计算要仔细、正确；

(3)由施工(承包)单位填写,填表人及项目经理签字,专业监理工程师审核,总监理工程师签认后报建设单位审定。

填写的格式见表 11.6 - 10。

11. 费用索赔申请表

费用索赔申请表的主要内容有:当工程有索赔事件发生,施工(承包)单位有索赔意向时应详细填写索赔理由,证明材料要充分、属实,索赔金额要仔细、正确,费率计算标准要有依据、合情理,施工(承包)单位要加盖公章,并由项目经理签字。填写的格式见表 11.6 - 11。

12. 延长工期申请表

延长工期申请表的主要内容有:由于非施工(承包)单位原因造成的工期拖延,施工(承包)单位提出延长工期的要求。工期延期的依据、因素、期限等要明确写明。项目监理机构收到申请表后,根据工程进度计划进行分析,在施工合同文件约定期限内及时与建设单位、施工(承包)单位进行协商,做出工期延长的批复。填写的格式见表 11.6 - 12。

13. 整改复查报审表

整改复查报审表的主要内容有:施工过程中出现质量安全隐患,施工(承包)单位对专业监理工程师下达的《监理工程通知单》的回复。施工(承包)单位整改完毕,并自检全部合格后,填写本表一式三份,报项目监理机构。项目监理机构在审查确认该表时,要深入现场检查,掌握施工(承包)单位整改情况:要求整改的内容是否完成,整改结果是否符合相关规范、标准要求或图纸要求,经确认后,签署监理复查意见,返还施工(承包)单位、建设单位各一份。填写的格式见表11.6-13。

14. 技术核定报审表

技术核定报审表的主要内容有:本技术核定报审的内容不应涉及设计工艺方案的变动和已审定的安全及环保内容。施工(承包)单位应填写以下主要内容:变更原因说明、变更要求、工期的变更、费用的变更等。监理工程师在审核时应从质量、工期和费用上进行综合评估。填写的格式见表11.6-14。

15. 工程竣工报验表

工程竣工报验表的主要内容有:分部(子分部)工程完工和单位工程竣工时,施工(承包)单位提出报验申请。施工(承包)单位在提交时,必须自检合格(附自检记录),并完成工程资料的整编工作。单位工程竣工时,必须由施工(承包)单位盖章,分部(子分部)工程竣工交验可由施工(承包)单位项目部盖章。

总监理工程师在批准报验单后,签字认可。总监理工程师不予批准时,应在审查意见栏中列出工程需整改的各项内容,由施工(承包)单位在完成以上内容整改后,另行申报。填写的格式见表11.6-15。

16. 工程质量问题(事故)报告

工程质量问题(事故)报告的主要内容有:施工(承包)单位在施工质量问题(事故)发生后,及时提交报告,并采取必要措施防止事故扩大。项目监理机构签收后建设、设计、施工(承包)单位各留一份,重大事故报质量监督站。施工(承包)单位应将质量问题(事故)的详细经过情况、原因初步分析、性质、造成的经济损失及人员伤亡情况、补救措施和初步处理意见全面如实地填写。填写的格式见表11.6-16。

17. 工程质量问题(事故)处理方案报审表

工程质量问题(事故)处理方案报审表的主要内容有:施工(承包)单位在施工质量问题(事故)发生后,向设计方(或甲方)、监理方提交处理方案。该方案经设计方(或甲方)、监理方审查批准后,方可实施。填写的格式见表11.6-17。

18. 月完成工程量报审表

月完成工程量报审表是施工(承包)单位每月一次向监理单位申报工作量时所写的报表。有关内容以审定的预算为参考,甲方、监理单位以此作为支付月工程进度款的依据,但不作为决算的依据,填写的内容为当月完成的并且是合格的工程量。监理单位依此计算月进度。填写的格式见表11.6-18。

19. 月付款报审单

月付款报审单是施工(承包)单位每月一次向监理单位申报月工程进度款的报审表,依此向甲方申请月工程进度款。填写的内容为当月的工程造价和按合同规定的比例支付的月工程进度款。监理工程师应对完成的工程量进行核算,现场检查后,方可签字认可。填写的格式见表11.6-19。

20. 工程变更单

工程变更单是施工(承包)单位根据建设单位、设计单位或施工现场的需要,向监理单位提出的工程变更申报表。该单填写的内容为:变更的原因、变更的项目、要求变更的依据等。经建设单位代表、设计单位代表、项目监理机构一致同意后,方可变更。此变更单作为竣工验收和工程款结算的依据。填写的格式见表11.6-20。

11.6.2　工程施工过程中非正常情况要用的表格

1. 监理备忘录

监理备忘录的主要内容有:监理备忘录是监理单位对工程建设过程中的相关问题,与建设、施工(承包)单位进行联系的一种书面方式。当与施工(承包)单位进行联系时,应抄报给建设单位。

填写要求:首先应有明确针对的事由,其次写明造成该事由的责任方,再次应写明监理单位对事由处理的方法,以及应表明监理单位对于事由的态度;备忘录如果与施工(承包)单位有联系,应抄报给建设单位,若与建设单位联系则一般不必抄报;由专业监理工程师对事由的状况、处理意见进行阐述,最后由总监理工程师进行签认。填写的格式见表11.6-21。

2. 监理工程师通知单

监理工程师通知单是监理工程师在工程施工中存在质量及安全隐患或事故时,给施工方提出要求整改的书面通知,并交付给乙方技术负责人或项目经理,要求其接受并签字表示认可。填写时要讲清"事由"、存在的问题和整改的要求,并由总监理工程师认可。填写的格式见表11.6-22。

3. 工程暂停令

工程暂停令的主要内容有:监理单位根据施工中所出现的必须实行暂时停工处理的情况向施工(承包)单位下达工程暂停令的理由(原因)和要求施工(承包)单位在接到《工程暂停令》后完成的各项工作。监理单位在下达《工程暂停令》时,应有充分的理由,并考虑由于停工可能带来的索赔事件。监理单位在施工工程中,发现施工(承包)单位有严重违反承包合同的行为,或工程发现质量事故,或有重大安全隐患,继续施工将造成更大或不可挽回的损害时,应果断下达工程暂停令。

监理单位在下达《工程暂停令》前应向建设单位(业主)说明情况,取得一致意见。填写的格式见表11.6-23。

4. 会议记录

会议记录的主要内容有:召开会议是工程建设监理过程中协调工作、解决问题的常用方法。在施工过程中召开的各种会议有:设计交底会、施工组织设计(方案)审查会、第一次工地会议、第二次工地会议、工地例会、各种专题会等。对需要解决的问题,有关单位和人员一起开会、共同协商,在充分讨论的基础上达成共识,使问题得到解决。对会议讨论的结果，形成会议记录，以便检查落实、互相监督，避免互相推诿、责任不清。

填写的格式见表 11.6-24，填写要求：

（1）会议记录，括号中填写会议名称，如"设计交底会议"、"第＿次工地会议"等。

（2）会议主要议题，即准备在本次会议上讨论、研究解决的问题。

（3）签到栏应由参会人员本人按表格内容填写清楚。

（4）表后附经过整理的会议记录或会议纪要。会议纪要对会议议定事项应归纳整理逐条列出，对会议确定要办理或解决的问题，应明确由谁负责，什么时候完成等，对未能达成一致的问题或暂时不能解决的问题也应列出，留待以后解决。

（5）较重要的会议记录应经有关方面审阅，签字盖章后再发送有关单位，避免扯皮的事情发生。

5. 专题报告

专题报告是针对工程存在影响质量、速度、投资等较大问题或隐患时使用的专题报告表。该报告由监理单位填写，填写时应实事求是，依据事实填写。该报告由总监理工程师签发，监理单位归档，并抄送建设单位。填写的格式见表 11.6-25。

6. 不合格分项工程通知

不合格分项工程通知是工程施工过程中，经检验或验收，工程不符合有关标准或规范，由监理单位发出的要求施工单位、施工（承包）单位进行处理的通知。处理的方式可分为撤除、更换、修补、返工、检测等，视不合格的程度选择其中一种或多种，并请乙方技术负责人签认。填写的格式见表 11.6-26。

7. 工程最终延期审批表

工程最终延期审批表是监理工程师对施工（承包）单位提出的延长工期申请的批准所用表。申请单位应写明延长工期的事由、操作程序。按合同的约定，监理工程师做出决定的依据，经总监理工程师签字认可。填写的格式见表 11.6-27。

8. 费用索赔审批表

费用索赔审批表是监理单位对施工（承包）单位报送的表 11.6-11（费用索赔申请表）的审批答复表。监理单位明确表态，同意或不同意索赔费用，并对由合同有关各方协商一致的条款给予认可，最后经总监理工程师签字和项目监理单位盖章生效。判断的依据有四点：

（1）索赔理由正确；

（2）索赔事件要有依据；

（3）索赔措施适当，报告及时；

（4）索赔金额计算方法符合国家有关条例。

填写的格式见表 11.6-28。

11.6.3　工程检验、施工监理日志所要用的表格

1. 质量保证资料检查记录表

质量保证资料检查记录表是工程施工方填写用表,抄送给专业监理工程师。填写的格式见表 1.6-29。

2. 实测项目检查记录表

实测项目检查记录是监理工程师在监理工作中进行实测检查时填写的。填写的格式见表 11.6-30。

3. 施工监理日志

施工监理日志主要内容有:施工监理日志是现场监理人员的工作日记,是工程施工过程中重要的工作证据之一,为今后追溯问题、分清责任提供资料依据,并为撰写监理月报、监理工作总结积累素材,同时,也是考核监理机构和监理人员的重要材料。

填写的格式见表 11.6-31,填写要求:

(1)监理日志由专业监理工程师填写,由项目总监理工程师签阅。总监理工程师可逐日审阅,也可集中每周审阅一次;

(2)内容应真实、准确、全面、力求详细、严谨、认真,书写工整,用语规范、简洁明了;

(3)准确记录时间和天气情况。因为时间是构成工期的重要因素,而天气对施工质量有直接影响,因此,必须准确记录,不可忽视;

(4)施工情况。当天施工内容,工地会议,主要材料、机械、劳动力出场情况;

(5)存在问题。对工程质量和工程进度方面存在的问题及影响质量和进度的因素如实、详细地记录;

(6)问题的处理情况及结果。签发的证书和单据(备忘录、监理通知单等)、现场协调内容;

(7)其他。包括安全、停工情况及合理化建议等。

4. 工程建设监理月报表

工程建设监理月报表是项目监理向建设单位(业主)、监理公司报告一个月监理工作简况的报表。本表应由总监理工程师组织填写。主要填写的内容有:

(1)内容提要;

(2)本月工程进度完成情况;

(3)工程签证情况;

(4)本月工程情况简述;

(5)本月监理工作小结;

(6)下月监理工作计划。

由总监理工程师签字上报。填写的格式见表 11.6-32。

表 11.6-1 工程开工报审表

工程名称:××工程   编号:××-×××

致××××工程监理公司(监理单位)

    我方承担的××工程,已完成了以下各项工作:

    一、施工组织设计(方案)已审批;

    二、劳动力按计划已进场;

    三、机械设备已进场;

    四、管理人员已全部到位;

    五、开工各项手续已经办妥(见附件)。

    特批申报开工,请批准。

施工单位(公章):_____

项目经理(签字):_____

日期:_____

总监理工程师审查意见:

    经检查验收,以上各项准备工作已基本就绪,具备施工条件,满足开工要求,同意开工。同时,在×月×日施工联系会上决定×年×月×日为工程正式开工日。

项目监理机构(公章):_____

总监理工程师(签字):_____

日期:_____

表 11.6 - 2　施工组织设计(方案)报审表

工程名称:××工程　　　　　　　　　　　　　　　　　编号:××－×××

致××××工程监理公司(监理单位)
现报上××工程施工组织设计(方案)(全套/部分),已经经过我单位上级技术部门审查批准,详细说明和图表见附件。请予审查和批准。   施工单位(公章):_____ 　　　　　　　　　　　　　　　　　　　项目经理(签字):_____ 　　　　　　　　　　　　　　　　项目技术负责人(签字):_____ 　　　　　　　　　　　　　　　　　　　　　　日期:_____
专业监理工程师审查意见: 　　1. 同意　　　2. 不同意　　　3. 按以下主要内容修改补充   　　原则上同意按该施工组织设计(方案)组织施工,但对该施工组织设计中"…………",应编制专项详细可行的施工组织设计(方案),确保工地施工质量和安全,并于____月____日前上报。 　　　　　　　　　　　　　　　　　专业监理工程师(签字):_____ 　　　　　　　　　　　　　　　　　　　　　　日期:_____
总监理工程师审查意见: 　　1. 同意　　　2. 不同意　　　3. 按以下主要内容修改补充   　　同意专业监理工程师意见,将应补充的施工组织设计(方案)报批准后可施工,并于_____月_____日前上报。 　　　　　　　　　　　　　　　　　项目监理机构(公章):_____ 　　　　　　　　　　　　　　　　　总监理工程师(签字):_____ 　　　　　　　　　　　　　　　　　　　　　　日期:_____

表 11.6-3　分包单位资格报审表

工程名称：××工程　　　　　　　　　　　　　　编号：××－×××

致××××工程监理公司(监理单位)：

我公司拟选的分包单位×××公司有承担下述施工的资质和能力。法人代表×××有经验、有能力，能胜任所承担下述工程，可以保证工程按全部文件的规定施工。分包后我们承担总责任，请予审查批准。

1. 分包营业文件____份____张　　　2. 分包单位企业介绍____份____张

①营业执照复印件　　　一份　　　　①企业介绍　　　　　　　一份

②企业资质证书　　　　一份　　　　②历年承包主要工程介绍　一份

③有关许可证　　　　　一份　　　　③企业主要人员履历表　　一份

　　　　　　　　　　　　　　　　④本项目负责人履历表　　一份

承包单位(公章)：_____

项目经理(签字)：_____

日期：_____

分包工程名称	工程量	部　位	分包总价	占总承包合同总价的百分率

分包工程开工日期：_____

分包工程预计完成日期：_____

专业监理工程师审查意见：	总监理工程师审查意见：
经审查，该分包单位符合承担××工程的条件。	
	项目监理机构(公章)：_____
签字：_____	签字：_____
日期：_____	日期：_____

表 11.6-4　工程施工进度计划(调整计划)报审表

工程名称:××工程　　　　　　　　　　　　　编号:××－×××

致××××工程监理公司(监理单位):

　　兹报上××工程施工进度计划(调整计划),请予审查批准。

　　编制说明:

　　1.工程施工图纸;

　　2.工程承包合同;

　　3.施工工期定额;

　　4.相关技术规范;

　　5.公司技术实力、机械设备情况及企业管理条件、制度;

　　6.ISO9000 标准施工程序控制文件;

　　7.该工程勘测报告;

　　8.甲方提供的××工程坐标图、高程图、红线定位图。

　　附件:计划表

总承包单位(公章):_____

编制人(签字):_____日期:_____

项目经理(签字):_____日期:_____

总监理工程师审查意见:

　　1. 同意　　　2. 不同意　　　3. 应补充

项目监理机构(公章):_____

专业监理工程师(签字):_____日期:_____

总监理工程师(签字):_____日期:_____

表 11.6 - 5　施工测量放样报审表

工程名称：××工程　　　　　　　　　　　　　编号：××－×××

致××××工程监理公司(监理单位)：

　　根据合同要求，我们已经完成××工程的施工放样，工作清单如下，请予查验。

　　附件：测量及放样资料

项目经理(签字)：_____

项目负责人(签字)：_____

施工员(签字)：_____

日期：_____

工程或部位名称	放样内容	备注

监理工程师审查意见：

　　经检查核实，_____。

　□查验合格

　□纠正偏差后合格

　□纠正偏差后再报

项目监理机构(公章)：_____

专业监理工程师(签字)：_____　日期：_____

总监理工程师(签字)：_____　日期：_____

表 11.6-6　建筑材料报审表

工程名称：××工程　　　　　　　　　　　　　编号：××－×××

致××××工程监理公司(监理单位)：

　　下列材料经现场见证取样,符合技术规范及设计要求,报请验证并准予使用。

　　附件:1. 材料出厂质量证明书　　　(4 份)

　　　　2. 材料自检实验报告　　　　(4 份)

　　　　　　　　　　　　　　　　　　　承包单位项目部(公章)：_____

　　　　　　　　　　　　　　　项目经理(签字)：_____日期：_____

　　　　　　　　　　　　　　总监理工程师(签字)：_____日期：_____

材料来源、产地：

用途：

材料规格：

本批材料数量：

试样来源：

取样地点、时间：

试验日期：

试验结果：

现场见证取样签字：

专业监理工程师意见：

(附审查报告)

　　　　　　　　　　　　　　　　　　　项目监理机构(公章)：_____

　　　　　　　　　　　　　　专业监理工程师(签字)：_____日期：_____

　　　　　　　　　　　　　　总监理工程师(签字)：_____日期：_____

表 11.6-7 主要工程设备选型报审表

工程名称:××工程 编号:××-×××

致××××工程监理公司(监理单位): 根据编号为_____的设计图纸的要求,需购买下列设备,请予认可:
承包单位项目部(公章):_____ 项目经理(签字):_____ 日期:_____
设备名称: 型号: 规格: 功率: 容量: 技术参数: 生产厂家: 出厂日期: 监理工程师审核意见: 项目监理机构(公章):_____ 专业监理工程师(签字):_____ 日期:_____ 总监理工程师(签字):_____ 日期:_____

表 11.6 - 8　工程构配件报审表

工程名称:××工程　　　　　　　　　　　　　　　　　　　　编号:××－×××

致××××工程监理公司(监理单位):

　　我方于____年____月____日进场的构配件数量如下(见配件)现将质量证明文件及检验报上,拟用于下述部位。

　　请于审核:

　　附件:1. 数量清单

　　　　　2. 质量证明文件

　　　　　3. 检验报告

承包单位项目部(公章):_____

项目经理(签字):_____

日期:_____

审查意见:

　　经查上述工程构配件,检测报告所提供的数据和质量证明文件符合/不符合设计文件和规范的要求,准许/不准许进场,同意/不同意使用于拟定部位。

项目监理机构(公章):_____

专业监理工程师(签字):_____ 日期:_____

总监理工程师(签字):_____ 日期:_____

表 11.6 - 9 复 工 申 请 表

工程名称:××工程 编号:××－×××

致××××工程监理公司(监理单位):

  鉴于_____工程的停工因素(见工程暂时停工通知单第_____号)已经清除,特请批准复工。

  附件:具备复工条件的情况说明

承包单位项目部(公章):_____

项目经理(签字):_____ 日期:_____

总监理工程师意见:

  经检查核实,同意项目整改方案,经检查,项目部已按整改方案整改,整改合格,___月___日可以复工。

项目监理机构(公章):_____

专业监理工程师(签字):_____ 日期:_____

总监理工程师(签字):_____ 日期:_____

表 11.6 - 10 工程变更费用申请表

工程名称:××工程　　　　　　　　　　　　　　　　　　编号:××-×××

变更项目	
申请日期		要求复工日期	
变更后的工作量	
变更情况及理由	
劳动力、主要设备材料及工程增减情况说明	

填表人(签字):_____项目经理(签字):_____日期:_____

专业监理工程师审核意见:
　　同意变更,增加工程费用__××__万元。

　　　　　　　　　　　　　　　　　　　　项目监理机构(公章):_____
　　　　　　　　　　　　　　　　　专业监理工程师(签字):_____日期:_____
　　　　　　　　　　　　　　　　　总监理工程师(签字):_____日期:_____

建设单位审定意见:
　　同意变更,增加工程费用__××__万元。

　　　　　　　　　　　　　　　　　　　　　　建设单位(公章):_____
　　　　　　　　　　　　　　　　　　　　负责人(签字):_____日期:_____

设计单位意见:
　　同意变更,增加工程费用__××__万元。

　　　　　　　　　　　　　　　　　　　　设计单位代表(签字):_____
　　　　　　　　　　　　　　　　　　　　　　　　　日期:_____

表 11.6‑11　费用索赔申请表

工程名称：××工程　　　　　　　　　　　　　编号：××－×××

致××××工程监理公司（监理企业）：

　　根据施工合同条款第 X 条的规定，由于_____的原因，我方要求索赔的金额（大写）_____，请予以批准。

　　索赔的详细理由及经过：

索赔金额的计算：

附：证明材料

　　　　　　　　　　　　　　　　　　　　　　承包单位（公章）：_____

　　　　　　　　　　　　　　　　　　　　　　项目经理（签字）：_____

　　　　　　　　　　　　　　　　　　　　　　日　　期：_____

表 11.6 - 12　延长工期申请表

工程名称:××工程　　　　　　　　　　　　　　　　编号:××-×××

致××××工程监理公司(监理企业):

　　××工程,根据合同条款的规定,由于_____的原因,要求延长工期_____天,即竣工工期从原来的___年___月___日延长到___年___月___日(包括已延长工期在内),请予以批准。

延长工期计算:

附件:

　　　　　　　　　　　　　　　　　　　　　　　　承包单位(公章):_____

　　　　　　　　　　　　　　　　　　　　　　　　项目经理(签字):_____

　　　　　　　　　　　　　　　　　　　　　　　　日期:_____

表 11.6-13 整改复查报审表

工程名称：××工程   编号：××－×××

致××××工程监理公司（监理单位）：

    根据第_____号监理通知单内容，我们已于____年____月____日整改完毕，现请复查。自检情况如下：

承包单位（公章）：_____

项目经理（签字）：_____

日期：_____

监理工程师复查意见：

    经复查，施工单位已按_____号通知内容整改，并达到整改要求。

项目监理机构（公章）：_____

专业监理工程师（签字）：_____

总监理工程师（签字）：_____

日期：_____

表 11.6 - 14　技术核定报审表

工程名称：××工程　　　　　　　　　　　　　　　　编号：××－×××

致××××工程监理公司(监理单位)：

　　因＿＿＿＿＿＿的原因,我单位提出第＿＿＿＿＿＿号技术核定单,请予审查,批准。

　　附件：

承包单位(公章)：————

项目经理(签字)：————

日　　　期：————

监理工程师复查意见：

　　经与××建筑设计院(设计单位)的专业设计人＿＿＿＿＿＿商讨一致后,认为该技术方案符合有关技术规范的要求。

项目监理机构(公章)：————

专业监理工程师(签字)：————

总监理工程师(签字)：————

日　　　期：————

表 11.6 - 15　工程竣工报验表

工程名称:××工程　　　　　　　　　　　　　　编号:××－×××

致××××工程监理公司(监理单位):
　　我方已按合同完成了××工程,经自检合格,请予以检查和验收。

　　附件:

　　自检资料:隐检、预检记录,分部(子分部)工程质量评定表及工程保证资料。

　　　　　　　　　　　　　　　　　　　　承包单位(公章):————
　　　　　　　　　　　　　　　　　　　　项目经理(签字):————
　　　　　　　　　　　　　　　　　　　　日　期:————

审查意见:

　　　　　　　　　　　　　　　　　　　　项目监理机构(公章):————
　　　　　　　　　　　　　　　　　　　　专业监理工程师(签字):————
　　　　　　　　　　　　　　　　　　　　总监理工程师(签字):————
　　　　　　　　　　　　　　　　　　　　日　期:————

表 11.6 - 16　工程质量问题(事故)报告

工程名称:××工程　　　　　　　　　　　　编号:××-×××

致××××工程监理公司(监理单位):

　　____年____月____日____时,在_____工程施工中,发生了工程质量问题(事故)。报告如下:

　　1. 详细经过情况及原因的初步分析

　　2. 性质

　　3. 造成的经济损失及人员伤亡情况

　　4. 补救措施及初步处理意见

　　待进行现场调查后,再另做详细报告,并提出处理方案以待审查。

	项目监理机构(公章):_____
承包单位(公章):_____	专业监理工程师(签字):_____
项目经理(签字):_____	总监理工程师(签字):_____
日期:_____	日期:_____

表 11.6-17 工程质量问题(事故)处理方案报审表

工程名称:××工程 编号:××－×××

致××××工程监理公司(监理单位):

____年____月____日____时,在_____工程施工中,发生的_____问题(事故)已于____月____日提出工程质量问题(事故)报告单。

现提出处理方案,请予审查。

附件:

承包单位(公章):_____

项目经理(签字):_____

日期:_____

设计单位审查意见:	总监理工程师审查意见:
设计人(签字):_____ 日期:_____	项目监理机构(公章):_____ 专业监理工程师(签字):_____ 总监理工程师(签字):_____ 日期:_____

表 11.6 - 18　月完成工程量报审表

工程名称:××工程　　　　　　　　　　　　　　　编号:××-×××

致××××工程监理公司(监理单位):

　　兹申报____年____月份完成的工程,请予以核验审定,核定的结果将作为我单位申请月付款的依据。

　　附件:1. 月完成工程量统计表

　　　　　2. 工程质量情况月报表

承包单位(公章):_____

项目经理(签字):_____

日　期:_____

总监理工程师审查意见:

项目监理机构(公章):_____

专业监理工程师(签字):_____

总监理工程师(签字):_____

日　期:_____

表 11.6 - 19 _____ 月付款报审单

工程名称：××工程   编号：××－×××

致××××工程监理公司（监理单位）：

    兹申报____年____月份完成的工程进度款，请予以核定。

    附件：月完成工程造价预算书

承包单位（公章）：_____

项目经理（签字）：_____

日期：_____

总监理工程师审查意见：

项目监理机构（公章）：_____

专业监理工程师（签字）：_____

总监理工程师（签字）：_____

日期：_____

表 11.6 - 20　_____工程变更单

工程名称：××工程　　　　　　　　　　　　　　编号：××－×××

致××××工程监理公司(监理单位)：

　　由于_____原因，我单位现提出_____工程变更(内容见附件)，请予以审批。

　　附件：

　　　　　　　　　　　　　　　　　　　　　　　　承包单位(公章)：_____

　　　　　　　　　　　　　　　　　　　　　　　　项目经理(签字)：_____

　　　　　　　　　　　　　　　　　　　　　　　　日期：_____

一致意见：

建设单位代表　　　　　　设计单位代表　　　　　　项目监理机构

(签字)：_____　　　　(签字)：_____　　　　(公章)：_____

日期：_____　　　　　日期：_____　　　　　日期：_____

表 11.6 - 21 监 理 备 忘 录

工程名称：××工程   编号：××－×××

事　　由	

项目监理机构(公章)：_____

总监理工程师(签字)：_____

日期：_____

表 11.6-22 监理工程师通知单

工程名称:××工程 编号:××-×××

致_____(承包单位):

事由:

问题内容:

整改的要求:

项目监理机构(公章):_____

总监理工程师(签字):_____

日期:_____

表 11.6 - 23 工程暂停令

工程名称:××工程   编号:××-×××

致_____(承包单位):

　由于:

　原因,现通知你方必须于____年____月____日____时起,对本工程的_____部位(工序)实施暂停施工,并按下述要求做好各项工作:

项目监理机构(公章):_____

总监理工程师(签字):_____

日期:_____

表 11.6 - 24　(第＿＿次施工协调会)会议记录

工程名称:××工程　　　　　　　　　　　　　　　　　编号:××-×××

分部工程		主持人	
会议地点		会议日期	

会议主要议题:

签到人	工作单位	职务	联系地址	电话

表 11.6 - 25 专 题 报 告

工程名称:××工程　　　　　　　　　　　　编号:××－×××

事由:

致_____(建设单位):

　　为确保工程进度、质量,在监理加强质量控制的同时,也提醒建设单位强化对指定供货商供货质量的要求。

就以上事由向贵方提出专题报告。
附件:

　　　　　　　　　　　　　　　　　　　　总监理工程师(签字):_____

　　　　　　　　　　　　　　　　　　　　　　　日期:_____

签收意见:

　　　　　　　　　　　　　　　　　　　　签收单位(公章):_____

　　　　　　　　　　　　　　　　　　　　负责人(签字):_____

　　　　　　　　　　　　　　　　　　　　　　日期:_____

表 11.6-26 不合格分项工程通知

工程名称:××工程　　　　　　　　　　　　　　　　编号:××-×××

致_____(建设单位):

　　现通知你单位,经检验/检测表明_____工程不符合技术规范。根据规范,这些要求

为_____

_____

_____,故要求对该工程_____

_____

项目监理工程师(签字):_____

总监理工程师(签字):_____

日期:_____

　　第_____号不合格工程通知已于____年____月____日收到,我方将根据通知的要求进行改正。

项目技术负责人(签字):_____

项目经理(签字):_____

日期:_____

表 11.6 - 27　工程最终延期审批表

工程名称：××工程　　　　　　　　　　　　　　　　编号：××－×××

致_____（承包单位）：

　　根据施工合同条款第_____条的规定，我方对你方提出的_____工程延期申请（第_____号）要求延长工期_____日的要求，经过审核评估：

　　最后同意工程延长_____日，使竣工日期（包括已指令延长的工期）从原来的____年____月____日延迟到____年____月____日，请你方执行。

　　说明：

　　　　　　　　　　　　　　　　　　　　　　　项目监理工程师（签字）：_____

　　　　　　　　　　　　　　　　　　　　　　　总监理工程师（签字）：_____

　　　　　　　　　　　　　　　　　　　　　　　日期：_____

表 11.6 - 28　费用索赔审批表

工程名称：××工程　　　　　　　　　　　　　　编号：××－×××

致_____（承包单位）：

　　根据施工合同条款第_____条的规定，你方提出_____费用索赔申请第____号，索赔（大写）_____的要求，经我方审核评估：

附：索赔费用计算书

同意/不同意索赔的理由：

索赔金额的计算：

　　　　　　　　　　　　　　　　　　　项目监理工程师（签字）：_____

　　　　　　　　　　　　　　　　　　　总监理工程师（签字）：_____

　　　　　　　　　　　　　　　　　　　日　期：_____

表 11.6 - 29 质量保证资料检查记录表

工程名称:××工程 编号:××-×××

施工单位			
序　号	项目名称	份　数	检查情况

检查结果:

专业监理工程师(签字):_____

日期:_____

表 11.6 - 30　实测项目检查记录表

工程名称:××工程　　　　　　　　　　　　　　　　编号:××－×××

序　号	实测项目	允许偏差	各实测点偏差	合　格　率

监理工程师意见:

专业监理工程师(签字):_____

日期:_____

表 11.6 - 31　施 工 监 理 日 志

工程名称:××工程　　　　　　　　　　　　　编号:××－×××

____年____月____日　星期____　气温最高____　气候____　最低____

监理人员(签字):_____

总监理工程师(签字):_____

日期:_____

表 11.6-32 ×××工程建设监理工作月报表

第 期 编号：

____年____月____日至____年____月____日

内容提要：
本月工程进度完成情况：
工程签证情况：
本月工程情况简述：
本月监理工作小结：
下月监理工作计划：
项目监理机构(公章)：_____ 总监理工程师(签字)：_____ 日期：_____

思 考 题

1. 工程建设监理的目的是什么？

2. 列举常见的监理组织形式，并说明其优缺点。

3. 决定监理人员数量的主要因素是什么？

4. 工程项目监理可分为几大阶段？

5. 工程项目监理的三大控制目标是什么？

6. 施工进度控制可分为哪几个阶段？

7. 工程施工安全监理的主要工作内容和方法有哪些？

8. 工程验收的前提条件有哪些？

9. 正式验收的一般程序有哪些？

10. 竣工验收前的准备工作主要内容包括哪些？

11. 工程验收检查工作的主要内容有哪些。

12. 监理工程师在工程进度与质量监理中所使用的表格主要有哪几类？包括哪几种？请具体说明。

参考文献目录

1. 刘国林:《综合布线系统工程设计》,电子工业出版社 1998 年版。

2. 余明辉、童小兵:《综合布线技术教程》,清华大学出版社、北京交通大学出版社 2006 年版。

3. 黄锦祝等:《综合布线设计与施工技术》,科学出版社 2005 年版。

4. 黎连业等:《网络与电视监控工程监理手册》,电子工业出版社 2004 年版。

5. 黎连业等:《入侵防范电视监控系统设计与施工技术》,电子工业出版社 2005 年版。

6. 沈士良等:《智能建筑工程质量控制手册》,同济大学出版社 2002 年版。

7. 张青虎、岳子平:《智能建筑工程检测技术》,中国建筑工业出版社 2005 年版。

8. 樊永锐:《有线电视 HFC 系统工程工艺》,山西科学技术出版社 2004 年版。

9. 冼有佳:《有线电视 700 问》,电子科技大学出版社 2002 年版。

10. 温怀疆:"谈高层住宅建筑的有线电视系统设计与施工",载《中国有线电视》2002 年第 3 期。

11. 温怀疆、曾云相:"浅谈有线电视系统中常用的光无源器件",载《有线电视技术》2005 年第 6 期。

12. 温怀疆:"谈非带状光纤的熔接",载《光通讯技术》2006 年第 10 期。

相关规范标准目录

1.《安全防范工程技术规范》GB 50348—2004

2.《安全防范系统验收规则》GA 308—2001

3.《入侵报警系统技术要求》GA/T 368—2001

4.《防盗报警控制器通用技术条件》GB 12663—2001

5.《报警系统环境试验》GB/T 15211—1994

6.《楼寓对讲电控防盗门通用技术条件》GA/T 72—2005

7.《视频安防监控系统技术要求》GA/T 367—2001

8.《民用闭路监视电视系统工程技术规范》GB 50198—1994

9.《彩色电视图像质量主观评价方法》GB 7401—1987

10.《出入口控制系统技术要求》GA/T 394—2002

11.《建筑与建筑群综合布线系统工程设计规范》GB/T 50311—2000

12.《建筑与建筑群综合布线系统工程验收规范》GB/T 50312—2000

13.《建筑物电子信息系统防雷技术规范》GB 50343—2004

14.《智能建筑设计标准》GB 50314—2006

15.《智能建筑工程质量验收规范》GB 50339—2003

16.《建筑电气工程施工质量验收规范》GB 50303—2002

17.《火灾自动报警系统设计规范》GB 50116—1998

18.《火灾自动报警系统施工及验收规范》GB 50166—1992

图书在版编目（CIP）数据

安防工程施工与监理 / 温怀疆等编著．—北京：中国政法大学出版社，2007.12

ISBN 978-7-5620-3131-4

Ⅰ．安... Ⅱ．温... Ⅲ．房屋建筑设备：安全设备 – 工程施工 – 监督管理

Ⅳ．TU89

中国版本图书馆CIP数据核字(2007)第185559号

出版发行	中国政法大学出版社
经　　销	全国各地新华书店
承　　印	固安华明印刷厂

787×960　　16开本　　22.25印张　　400千字

2007年12月第1版　　2007年12月第1次印刷

ISBN 978- 7-5620-3131-4/D·3091

定　价：36.00元

社　　址	北京市海淀区西土城路25号
电　　话	(010)58908325 (发行部)　58908285（总编室）　58908334（邮购部）
通信地址	北京100088信箱8034分箱　邮政编码 100088
电子信箱	zf5620@263.net
网　　址	http://www.cuplpress.com　（网络实名：中国政法大学出版社）
声　　明	1. 版权所有，侵权必究。
	2. 如有缺页、倒装问题，由本社发行科负责退换。
本社法律顾问	北京地平线律师事务所